コンピュータ工学への招待

柴山 潔 著

近代科学社

◆ 読者の皆さまへ ◆

　小社の出版物をご愛読くださいまして、まことに有り難うございます。

　おかげさまで、(株)近代科学社は 1959 年の創立以来、2009 年をもって 50 周年を迎えることができました。これも、ひとえに皆さまの温かいご支援の賜物と存じ、衷心より御礼申し上げます。

　この機に小社では、全出版物に対して UD（ユニバーサル・デザイン）を基本コンセプトに掲げ、そのユーザビリティ性の追究を徹底してまいる所存でおります。

　本書を通じまして何かお気づきの事柄がございましたら、ぜひ以下の「お問合せ先」までご一報くださいますようお願いいたします。

　　お問合せ先：reader@kindaikagaku.co.jp

　なお、本書の制作には、以下が各プロセスに関与いたしました：

- 企画：冨髙琢磨
- 編集：髙山哲司，冨髙琢磨
- 組版：藤原印刷 (LaTeX)
- 印刷：藤原印刷
- 製本：藤原印刷 (PUR)
- 資材管理：藤原印刷
- カバー・表紙デザイン：川崎デザイン
- 広報宣伝・営業：山口幸治，冨髙琢磨

- 本書の複製権・翻訳権・譲渡権は株式会社近代科学社が保有します。
- [JCOPY] 〈(社)出版者著作権管理機構 委託出版物〉
  本書の無断複写は著作権法上での例外を除き禁じられています。
  複写される場合は、そのつど事前に(社)出版者著作権管理機構
  （電話 03-3513-6969，FAX 03-3513-6979，e-mail: info@jcopy.or.jp）の
  許諾を得てください。

まえがき

　私たち人間の身の回りには，無数の多種多様なコンピュータが存在している．そして，私たち人間は，意識するしないにかかわらず，それらのコンピュータを身近な道具として利用している．
　現代の**コンピュータ**は，高速処理機能を担う**ハードウェア**と広範な問題適応機能を担う**ソフトウェア**による分担および協調によって，高速処理能力と広範な問題適応能力を同時に併せて実現する高度なシステムである．したがって，ハードウェアとソフトウェアの機能分担が実現するコンピュータの高度なシステム能力を強調する場合には，コンピュータを**コンピュータシステム**という．
　高度なコンピュータシステムを実現するためのハードウェアとソフトウェアの機能分担方式は**コンピュータアーキテクチャ**として定義できる．そして，コンピュータアーキテクチャにおいては，ハードウェアが分担する全体機能を**論理回路**という基本ハードウェア機構によって，ソフトウェアが分担する全体機能を**オペレーティングシステム**という基本ソフトウェア機能によって，それぞれ実装する．
　一方，**工学**は「人工物をつく（作，創，造）る」いわゆる**ものづくり**に関する学問である．工学には，「もの」を何にするかによって，いろいろな分野がある．「○○工学」は，工学の対象である「もの」を「○○」に絞って行う「ものづくり学」である．
　本書では，「もの」を現代の私たちの身近にある「コンピュータ」として，「コンピュータをつくること」すなわち「コンピュータづくり」に関する分野を**コンピュータ工学**と名付けて学習の対象とする．「コンピュータ工学」を学習して得るいろいろな知識は，専門的な知識としてだけでなく，現代の私たちが日常生活においてコンピュータを利活用する基盤を築いてくれるはずである．
　工科系大学や専修学校の情報系学科や課程の学習対象は，1970年代に誕生した「情報工学」をもとにして，ますます拡がり続けている．そして，このような現況では，学習科目数の増大によって，限られた学習時間における標準カリキュラムを構成することが難しくなってきている．そこで，情報系学科や課程における独立した基盤科目である「コンピュータシステム」，「論理回路」，「コンピュータアーキテクチャ」および「オペレーティングシステム」それぞれの学習体系を崩さずに相互に関連付ける整理・統合によって，**コンピュータ工学**という新しい学習科目を設計し，これらの学科や課程の学生および教員諸氏に提示・提供する．

本書は，コンピュータ工学に関する教科書として，「コンピュータ工学」という学習分野を構成する「コンピュータシステム」，「論理回路」，「コンピュータアーキテクチャ」および「オペレーティングシステム」ごとに，次のように章立てしてある．

- ▶ **第1章　コンピュータと工学**：現代の私たちの身近にある「コンピュータ」と，ものづくり学である「工学」との関係を明らかにして，本書による学習対象である**コンピュータ工学**を定義する．
- ▶ **第2章　コンピュータシステム**：ハードウェアとソフトウェアの機能分担によって実現する**コンピュータシステム**の全体を概観することによって，各章題としているコンピュータ工学に関する術語の相互関係を明らかにする．
- ▶ **第3章　論理回路**：コンピュータシステムにおけるハードウェアの分担機能を実現する基本機構である**論理回路**について，基本的なハードウェア部品の仕組みを簡潔な数学の枠組みのもとで解き明かすことによって，説明する．
- ▶ **第4章　コンピュータアーキテクチャ**：コンピュータシステムの基本機構および基本機能ごとに，実際的なハードウェアとソフトウェアの機能分担方式である**コンピュータアーキテクチャ**について詳説する．
- ▶ **第5章　オペレーティングシステム**：コンピュータシステムにおけるソフトウェアの分担機能を支える**オペレーティングシステム**について，ハードウェアとソフトウェアとの連携を実現する基本的な仕組みを明らかにすることによって，説明する．

> ★ 「コンピュータ工学への招待」（本書）では，コンピュータシステム（第2章）を構成するための基本ハードウェア機構である**論理回路**（第3章），および基本ソフトウェア機能である**オペレーティングシステム**（第5章），それぞれの根幹について学ぶ．また，それらハードウェアとソフトウェアの機能分担方式として定義できる**コンピュータアーキテクチャ**（第4章）の代表例について考察する．本書では，**コンピュータ工学**すなわち「コンピュータシステムをつくる」という観点から，コンピュータシステムを利活用している私たちコンピュータのユーザに対して，現代のコンピュータの原理や仕組みについて解き明かしている．

　本書は，「コンピュータ工学」という科目について，週1コマ（90分）の講義を半年（15コマ）行うペースを標準とする教科書として構成してある．この標準ペースでの章節ごとのおおよその講義時間（コマ）の割り振り（シラバス）例は次の通り（枠囲み）である．また，このペース（15コマ／半年）での割り振り例を参考にして，「コンピュータ工学」に割り当てられる総コマ数（別例：30コマ／1年 ※）に応じたシラバス（例※ならば，次の15コマの場合の「1コマ」を「2コマ」と読み替える）を構成できる．

- 第1章　コンピュータと工学　　　　　　　　（1コマ）
- 第2章　コンピュータシステム　　　　　　　（1コマ）
- 第3章　論理回路　　　　　　　　　　　　　（計4コマ）
  - 3.1　論理回路の数学　　　　　　　　　　（1コマ）
  - 3.2　論理関数の表現　　　　　　　　　　（1コマ）
  - 3.3　論理回路の設計　　　　　　　　　　（2コマ）
- 第4章　コンピュータアーキテクチャ　　　　（計6コマ）
  - 4.1　基本アーキテクチャ　　　　　　　　（1コマ）
  - 4.2　内部装置のアーキテクチャ　　　　　（3コマ）
  - 4.3　外部装置のアーキテクチャ　　　　　（2コマ）
- 第5章　オペレーティングシステム　　　　　（計3コマ）
  - 5.1　OSの役割と機能　　　　　　　　　　（1コマ）
  - 5.2　プロセッサとメモリの管理　　　　　（1コマ）
  - 5.3　外部装置の管理と制御　　　　　　　（1コマ）

　本書では，「コンピュータ工学」に関する重要な事項の説明は，本文の各所で，「枠囲み」で個条書きにしてある．また，本書の核となる術語は「定義」として，また，「定理」はできるだけ証明とともに，それぞれ枠囲みで明示してある．さらに，説明事項を実際的に補足するために，本文の各所に，「例題」を解答例を明示して設けてある．各章末には，章ごとに学習した事項についての理解度をチェックするために，その章全体に関する「演習問題」を置いてある．これらの演習問題の略解は，本書の末尾にまとめてある．

　また，補足的な説明および「コンピュータ工学」以外の術語や参考情報については，本文の論旨や展開を妨げないように，〔注意〕，《参考》あるいは「注釈」として本文の欄外に切り出してある．

　加えて，私たちの身近にある「コンピュータ」や「工学」に関する6つの話題について，やわらかくまたかみ砕いて紹介する枠囲みのコラムを，各章および本書の末尾に，【鳥瞰（ちょうかん）】と名付けて置いてあるので，学習や講義の合間の息抜きに使ってほしい．

　最後に，いつも陰ながら励まし応援してくれる 妻・真木子 に感謝する．

　　2014年 盛秋　　　京都・松ヶ崎あるいは岩倉にて

　　　　　　　　　　　　　　　　　　　　　　　　　　　　　　　　　柴山　潔

目　次

第1章　コンピュータと工学 …………………………………………… 1

1.1　コンピュータの能力 …………………………………………… 2
- 1.1.1　コンピュータと人間　《コンピュータはなくてはならない人間の道具だ》…. 2
- 1.1.2　コンピュータによる情報処理　《コンピュータによる情報の処理とは》…… 2
- 1.1.3　デジタル情報　《コンピュータはデジタル情報を扱う》………………… 3
- 1.1.4　ソフトウェアの役割　《多種多様な情報処理機能を実現するために》…… 5

1.2　コンピュータの原理と進歩 …………………………………… 6
- 1.2.1　ハードウェアとソフトウェアの機能分担　《ハードウェアやソフトウェアは何が得意か》…………………………………………………… 6
- 1.2.2　コンピュータ技術の進歩　《コンピュータの仕組みは移り変わっているのか》 8
- 1.2.3　コンピュータと人間との比較　《人間と比較してコンピュータが得意なこと不得意なこと》………………………………………………… 12

1.3　コンピュータ工学 ……………………………………………… 13
- 1.3.1　コンピュータ工学の学習目標　《コンピュータ工学で身に付く知識とは》…. 14
- 1.3.2　コンピュータ工学の学習分野　《コンピュータ工学はどんな学問分野をカバーするのか》………………………………………………… 14

第2章　コンピュータシステム ……………………………………… 19

2.1　コンピュータシステムの構成 ………………………………… 20
- 2.1.1　ハードウェアとソフトウェアの協調　《両ウェアが協調してコンピュータシステムは機能する》……………………………………………… 20
- 2.1.2　ハードウェアの構成　《ハードウェア機構も役割分担している》………… 21

2.2　コンピュータの仕組み ………………………………………… 22
- 2.2.1　マシン語　《コンピュータの言葉は "0" と "1" だけで構成する》………… 23

2.2.2　プログラム内蔵　《プログラムはあらかじめコンピュータの内部に》 24
　　　2.2.3　命令実行サイクルとハードウェア　《共用ハードウェアをくり返し使い回す》 25
　2.3　コンピュータにおける数の表現 26
　　　2.3.1　論理値と論理演算　《コンピュータはすべてを "0" と "1" でこなす》 26
　　　2.3.2　2進数　《コンピュータが扱う数値は2進数で表現する》 26
　　　2.3.3　10進数→2進数変換　《人間が扱う10進数値を2進数値へ変換すると》 28
　　　2.3.4　論理値と2進数値　《論理値と2進数値はどこが同じでどこが違うのか》 30

第3章　論　理　回　路 35

　3.1　論理回路の数学 36
　　　3.1.1　論理値と論理演算　《"0" と "1" の論理だけでコンピュータの動作原理を構築する》 36
　　　3.1.2　論理関数とその性質　《論理値どうしの数学的関係は論理演算式で表せる》 .. 39
　　　3.1.3　論理関数の基本定理　《論理関数の定理も論理関係だ》 44
　3.2　論理関数の表現 52
　　　3.2.1　真理値表　《論理関数を論理値だけで表す》 52
　　　3.2.2　標準形論理式　《論理関数を唯一形の式で表す》 54
　　　3.2.3　カルノー図　《論理関数を図で直感的に表す》 62
　　　3.2.4　論理関数の表現方法の比較　《標準積和形論理式と真理値表とカルノー図は1対1対応する》 67
　3.3　論理回路の設計 69
　　　3.3.1　論理関数と論理回路　《論理関数と論理回路は1対1対応する》 69
　　　3.3.2　組み合わせ論理回路の設計　《論理関数とカルノー図を使って論理回路を設計する》 77

第4章　コンピュータアーキテクチャ 99

　4.1　基本アーキテクチャ 100
　　　4.1.1　基本ハードウェア構成　《どのコンピュータも必ず装備しているハードウェア装置とは》 100
　　　4.1.2　命令セットアーキテクチャ　《基本的なコンピュータアーキテクチャは基本ハードウェア構成と基本マシン命令セットによって実現する》 103
　　　4.1.3　基本命令セット　《マシン命令の基本セットはどのコンピュータにも共通だ》 120

4.2 内部装置のアーキテクチャ 125
4.2.1 内部装置のハードウェア構成　《内部装置とはプロセッサ-メインメモリ対である》 125
4.2.2 プロセッサアーキテクチャ（1）―― 制御機構　《制御機能をプロセッサ内のハードウェア機構で実現する》 126
4.2.3 プロセッサアーキテクチャ（2）―― 演算機構　《演算機能をプロセッサ内のハードウェア機構で実現する》 138
4.2.4 メモリアーキテクチャ　《メモリ機能はメインメモリを中心に実現する》 149

4.3 外部装置のアーキテクチャ 175
4.3.1 外部装置　《主要な外部装置には入出力装置とファイル装置と通信装置の3種類がある》 176
4.3.2 入出力アーキテクチャ　《入出力装置と入出力ソフトウェアとの機能分担で入出力機能を実現する》 178
4.3.3 ファイル装置のアーキテクチャ　《大容量メモリ機能と高速入出力機能を兼ね備える外部装置がある》 186
4.3.4 通信アーキテクチャ　《通信装置と通信ソフトウェアとの機能分担で通信機能を実現する》 191

第5章　オペレーティングシステム 203

5.1 OSの役割と機能 204
5.1.1 OSの位置付け　《OSはハードウェアとソフトウェアの接点に位置する基盤ソフトウェアだ》 204
5.1.2 OSの機能　《ユーザプログラムとハードウェア装置の機能分担と協調を取り仕切る》 207
5.1.3 OSと割り込み　《ユーザプログラムとハードウェア装置との通信を取り仕切る》 215

5.2 プロセッサとメモリの管理 220
5.2.1 プロセッサとプロセスの管理　《プロセッサで実行するプログラムを無駄なく切り替える》 220
5.2.2 OSと仮想メモリ　《メインメモリを大容量に見せかける》 229
5.2.3 ファイル管理　《種々雑多な大量ソフトウェアを簡潔に一元管理する》 235

5.3 外部装置の管理と制御 238
5.3.1 入出力制御　《人間とコンピュータとの情報の送受を取り仕切る》 239
5.3.2 通信制御　《コンピュータネットワークを介した情報の送受を取り仕切る》 .. 244

第1章
コンピュータと工学

[ねらい]

「工学」はものづくりに関する学問で「ものづくり学」ともいう.「ものづくり」とは,「私たち人間のために役立つ人工物(例:物品,製品,機器,建物,器具,作品,物体,道具,システムなどなど)を作り出す」ことである.本章では,現代の「コンピュータ」(computer)を学問対象の「もの」とするものづくり学である「コンピュータ工学」がカバーする学問範囲について明らかにする.

[この章の項目]
  コンピュータと人間
  コンピュータによる情報処理
  デジタル情報
  ソフトウェアの役割
  ハードウェアとソフトウェアの機能分担
  コンピュータ技術の進歩
  コンピュータと人間との比較
  コンピュータ工学の学習目標
  コンピュータ工学の学習分野

1.1 コンピュータの能力

　私たち人間は，意識するしないにかかわらず，**コンピュータ**をなくてはならない道具として，いつでもどこでも使っているし，その世話になっている．本節では，「現代のコンピュータには何ができるのか」について考えてみよう．

1.1.1　コンピュータと人間　《コンピュータはなくてはならない人間の道具だ》

　私たち人間は，仕事や趣味などでパソコン（パーソナルコンピュータ (personal computer)）を使ったり，スマホ（スマートフォン (smartphone)）やケータイ（携帯電話）によって，友人や知人と E メール (mail) でコミュニケーション (communication) を図ったり，インターネット (internet) でいろいろな情報を発信したり得たりする際には，「コンピュータを使っている」意識があるだろう．一方，私たちが日常生活で使用しているいろいろな電化製品には**マイクロコンピュータ** (microcomputer) あるいは**マイクロプロセッサ** (microprocessor) と呼ぶ極小のコンピュータが主要な部品として入っていて，それらコンピュータがそれらの製品を制御している．したがって，私たちが電化製品を使うと，無意識のうちに，それらを制御しているコンピュータを使っていることになる．

　このように，私たちは，コンピュータを「コンピュータ」という明確な形を意識して使うこともあるし，逆に，意識しないあるいは意識できない所でコンピュータの世話になっていることもある．

　コンピュータの元祖は「計算器」あるいは「計算する機械」である．人間やそろばんに代わって計算を代行してくれる道具として誕生したコンピュータは，現代では，単なる「計算する道具」どころではなく，「情報社会」や「IT（Information Technology; 情報技術）革命」が声高に叫ばれる現代において，私たち人間が情報の洪水に押し流されずに生き抜くための必携の道具として随所で活用されている．このとき，私たち人間は，高度な情報処理用の手軽な道具として，コンピュータそのものであるパソコンやスマホや電化製品などに組み込まれているコンピュータを，意識するしないにかかわらず，利用している．

1.1.2　コンピュータによる情報処理　《コンピュータによる情報の処理とは》

　私たちの周りには，種々雑多な**情報**があふれている．情報は，文字，信

号，音声，図形，画像，映像などの様々な**メディア** (media)（**媒体**）を介して**表現**する．また，情報はメディアを介して人間どうしで**伝達**し，これがコミュニケーションとなる．人間どうしのコミュニケーションを助ける道具としてコンピュータを代表とする「もの」すなわち「人工物」が介在することもある．さらに，情報は，ほとんどの場合には，それを送受する人間やものに適したメディアや形に**変換**する．現代のコンピュータは，人間を代表とする自然界が作り出した情報を表現したり伝達したり変換したりするために，なくてはならない道具となっている．

また，情報は，人間の役に立つ知識として，取捨選択され蓄えられる．人間なら，情報を**記憶**として脳に蓄積する．一方，現代のコンピュータは情報の蓄積も人間に代わってやってくれる．人間の記憶は生きていても失われる（「忘却」が代表例）ことがあるが，コンピュータの情報蓄積能力は廃棄されたり故障がない限り不滅である．

「情報を**表現**したり**伝達**したり**変換**したり**蓄積**したりする」ことを**情報処理**と総称する．現代のコンピュータは，情報を処理する道具として，私たち人間の日常生活を助けている．情報の「表現と伝達と変換」だけを「処理」とし，情報の「蓄積」と区別して，情報の**処理**と**蓄積**とをコンピュータの2大機能とすることもある．情報の高速処理機能と情報の大量蓄積機能，および，それらを融合した様々な機能を併せ持っているのが現代のコンピュータである．

1.1.3 デジタル情報 《コンピュータはデジタル情報を扱う》

情報を**量**として取り扱うために**数値**を使う．「量としての取り扱い」とは，「量の表現，計測，計算，生成あるいは消費，変換」などを指す．

私たちの周りにある自然な量やそれを取り扱うために使う数値のほとんどは，時間経過とともに連続して，すなわち切れ目なく変化する．時間的に連続する量を**アナログ** (analog) あるいは**アナログ量**と，ある量を連続的に変化し得る数値で表現することを「アナログ表現」と，それぞれいう．また，アナログ表現した情報を**アナログ情報**という．

人間の五官†で感じたり，人間や自然が生成する情報のほとんどはアナログ量として取り扱うアナログ情報である．アナログ量は**連続量**なので，時間などの範囲を限っても，限られた範囲に存在するアナログ量は無数にある．

一方，コンピュータのサイズ (size) は有限で，作るときに決まる．有限サイズのコンピュータで取り扱える量は有限であり，無数にある，すなわち無限のアナログ量を取り扱うのは難しい．そこで，

(A) **標本化**：ある一定の周期ごとの独立した不連続な量として読みとる

▶ †五官
「視覚，聴覚，嗅覚，味覚，触覚」という五感を司る（人間の）「目，耳，鼻，舌，皮膚」（五感と同順で）の感覚器官である．

(**サンプリング** (sampling) ともいう)；

(B) **量子化**：これらの各量を数値化して，その数値をあらかじめ決めておいた有限個の数字や記号で表現する；

という2つの操作で，限られた時間や限られた範囲に無数に存在するアナログ量を有限個にする．そうすると，限られた，すなわち有限のサイズのコンピュータなどの人工物についてもアナログ（量）を取り扱えるようになる．

(A) と (B) の操作で得る量を**デジタル** (digital) あるいは**デジタル量**，ある量をこれら2つの操作で得る数値で表現することを「デジタル表現」とそれぞれいう．デジタル量は一定の時間的な切れ目がある不連続量であり，これを**離散量**ともいう．連続量として示すアナログ情報を，(A) の標本化によって離散量とし，その離散量を (B) の量子化を行った**数値**で表現することを「デジタル化」という．デジタル化あるいはデジタル表現した情報を**デジタル情報**という．

アナログとデジタルとの概念的な相違を図1.1に示しておく．

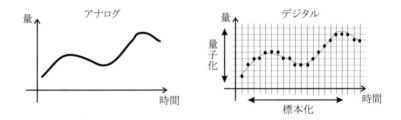

図 **1.1** アナログとデジタル（概念図）

コンピュータは "0" と "1" だけを使用する **2進数**（バイナリ；binary）という数字列で表したデジタル量やデジタル情報を処理する．言い換えると，人間が自然に取り扱うアナログ情報をコンピュータによって処理するには，(A) の標本化と (B) の量子化によって，まず，2進数で表現したデジタル情報に変換すなわちデジタル化する必要がある．かつては，音声や画像などの自然なメディアを介して得るアナログ情報を，そのままの形で，処理対象としていた電話，レコーダ，カメラなどの情報機器にも，コンピュータが導入されている．その結果，現代の各機器内部では，i) アナログ情報をデジタル化する；ii) i) によって得るデジタル情報をコンピュータで処理する；ようになっている．コンピュータは2進数で表したデジタル情報を処理（表現，伝達，変換および蓄積）する道具である．

1.1.4 ソフトウェアの役割 《多種多様な情報処理機能を実現するために》

　コンピュータは，私たち人間が情報を処理（表現，伝達，変換および蓄積）するために使う道具であるから，それらの様々な利用目的に対応できる能力を備えていなければならない．コンピュータは，この「幅広い適応能力」を**ソフトウェア** (software) という機能によって実現している．

　「ソフトウェア」すなわち「柔らかい機能」は，具体的には，「幅広い適応能力」を意味する．また，ソフトウェアは**プログラム** (program) ともいう．

　人間が，コンピュータを情報処理の道具として使うためには，「コンピュータに指令を与える」ことが必要である．コンピュータを活用する目的や場面に応じて，人間がコンピュータに対して与える様々な指令を**命令**という．コンピュータのある機能を実現する一連の命令群が**プログラム**である．また，コンピュータの「ありとあらゆる情報処理に対応できる」という能力は，具体的には，ソフトウェアあるいはプログラムを処理内容や処理目的ごとに入れ替えることによって実現する．ソフトウェアやプログラムを書き換えたり入れ替えたりすることによって，コンピュータを多種多様な情報の処理（表現，伝達，変換および蓄積）に活用することができる．

　人間の脳は，情報を処理（狭義の「処理」，すなわち表現，伝達および変換）するだけではなく，情報を蓄積あるいは記憶する能力も備えている．この2つの能力を駆使することによって，多種多様な情報の処理（広義の「処理」，すなわち表現，伝達，変換および蓄積）を行っている．これらの人間の（広義の）「情報処理」能力を代替あるいは支援する道具として発明されたコンピュータも，「情報の（狭義の）処理（すなわち表現，伝達および変換）」と「情報の蓄積」の両機能を兼備している．そして，コンピュータの情報処理能力が人間のそれをほとんどの面で上回っている．

　人間がコンピュータに与える指令であるプログラムも一種の情報であり，コンピュータの直接の処理対象となる情報（これは**データ** (data) という）とともに，コンピュータ内部に格納あるいは蓄積しておく．こうすることによって，コンピュータはプログラムをデータとしても処理（表現，伝達および変換）できる．したがって，当初は人間が与えたプログラムや情報でも，コンピュータはそれを自分自身で処理することによって，様々に変形，改良，あるいは拡張することもできる．

　コンピュータの構成において，情報の処理（表現，伝達および変換）機能と情報の蓄積機能とを分担・協調させる仕組みが，現代のコンピュータへの劇的な進歩をもたらしたのである．

1.2 コンピュータの原理と進歩

　コンピュータの仕組みを支えているのが「コンピュータの機能を**ハードウェアとソフトウェア**だけで構成する」という原理である．このコンピュータの構成原理はコンピュータの誕生から現代に至るまで変わっていない．本節では，まず，「現代のコンピュータは，私たち人間の道具としての機能を実現するために，情報処理の高速化を実現するハードウェアと，多種多様な情報への適応性を拡げるソフトウェアとの機能分担によって構成する」ことの意義についても理解を深める．一方，私たち人間の道具としてのコンピュータは進歩している．コンピュータの構成原理を支えるいろいろな要素技術の移り変わりについて，コンピュータの役割と仕組みの観点から，時代を追って調べてみよう．また，私たち人間とコンピュータとを比較して，両者の類似点と相違点とをあぶり出してみよう．

1.2.1　ハードウェアとソフトウェアの機能分担　《ハードウェアやソフトウェアは何が得意か》

　1.1節で述べたコンピュータの能力は，ハードウェアと呼ぶ機能とソフトウェアと呼ぶ機能との2種類だけで実現する．そして，ハードウェアとソフトウェア機能とは役割を完全に分担していて，コンピュータの能力を実現する機能として重複する無駄な部分はない．

[1]　ハードウェア機構とソフトウェア機能

　ハードウェアは，直訳すると「かたい（堅い，固い，硬い）機能」であり，コンピュータを構成するいろいろな電子部品，それを組み合わせた電子装置，さらにはそれらをつなぐ信号線の総称である．コンピュータは電子装置であるから，いろいろなハードウェア機構[†]は電気の力で動く．

　一方，**ソフトウェア**は，直訳すると「柔らかい機能」であり，コンピュータへの指令である**命令**とそれによって処理される**データ**とから成る．命令とデータとを併せて広義の**プログラム**ともいう．したがって，ソフトウェアと広義のプログラムとは同じ意味であるが，「ハードウェア」に対置する概念や機能を示す術語としては「ソフトウェア」を使う．ソフトウェアを書き換えたり入れ替えたりすることによって，コンピュータをいろいろな目的に利用することができるようになる．すなわち，ソフトウェアはコンピュータが持つ広範な適用能力や活用範囲を実現する．

[2]　ハードウェアの機能

　コンピュータは電気の力で動作する電子装置であり，コンピュータ（の

▶ [†]ハードウェア機構
　ハードウェアによって実現する「機能」は「かたい」ので，そのニュアンスを出すために，本書では，「機構」ということが普通である．

ケース）の中には，IC（Integrated Circuit; **集積回路**）という高機能の電子部品とそれらを相互に結合する配線から成るボード（board; 基板）が納めてある．さらに，**半導体**で作ったICの中には，目には見えないけれど，これまた超多数で超精細な電子部品や電線がある．

　これらの**ハードウェア**装置やハードウェア部品は，いったん製造してしまうと，そう簡単に変更できない．たとえば，ボードの配線の変更はボードの，ICの機能の変更はICそのものの，作り直しである．このように，ハードウェアはいったん機構として作り上げると簡単には変更できない．

　その代わり，ハードウェアは超精細な電子部品と電線とから成り，それらの中あるいは上を電子が移動する，電流が流れる，あるいは電気信号が伝わる速度で信号が行き来する．したがって，ハードウェアは，人間の動作に比べると，超高速動作する．たとえば，私たち人間が広く使っている現代のパソコンでも，数百ピコ[†]～数ナノ[‡]秒で単位動作を終える．

　私たち人間の動作速度をごくおおざっぱに数秒台とすると，人間が1つの動作を行う間に，現代のコンピュータは数十億～数百億個の動作を行うことができる．あらかじめ電子装置として実現してあるハードウェア機構は，あらかじめ決められた機能の範囲なら人間とは比べものにならない超高速で動作する．

▶ [†]ピコ；[‡]ナノ
　ピコ：pico- (p); $\times 10^{-12}$；ナノ：nano- (n); $\times 10^{-9}$；をそれぞれ表す単位の接頭語である．
　それ以外に，マイクロ：micro- (μ); $\times 10^{-6}$；ミリ：milli- (m); $\times 10^{-3}$；などがある．

- ハードウェア機構の長所は「高速に動作する」であり，その短所は「修正や変更が難しい」である．これらが「かたい」で表現する**ハードウェア**の特徴である．

[3] ソフトウェアの機能

　一方，コンピュータは，私たち人間が情報処理に利用する道具であるから，「高速に動作する」だけではなく，様々な利用目的に幅広く対応できる能力を備えていなければならない．1.1.4項で紹介したように，コンピュータでは，この「幅広い適応能力」をソフトウェアによって実現する．ハードウェア機構が情報処理を行うためには，その処理内容を指示する命令やその処理対象となるデータをプログラムあるいはソフトウェアとして与える必要がある．ソフトウェアはハードウェアをいろいろな目的に適用させるための機能であり，ハードウェアはソフトウェアで実現された機能を高速に実行する機構である．

　ソフトウェアはいつでも書き足したり書き直したりできるから，コンピュータの**ユーザ**（user; 利用者）ごとの特化（カスタマイズ；customize）やユーザごとに異なるデータの処理は簡単に行える．

> - ソフトウェア機能の長所は「変更しやすい」であり，その短所は「ハードウェアほど高速には動作しない」である．これらが「柔らかい」で表現する**ソフトウェア**の特徴である．

> - コンピュータの誕生から現代に至るまで，その構成法における不変の原理は「ソフトウェアの存在」である．

1.2.2 コンピュータ技術の進歩 《コンピュータの仕組みは移り変わっているのか》

コンピュータは1940年代に誕生している．以降，現代に至るまで，コンピュータは進歩し続けている．

コンピュータの進歩の具体例は次の諸点に見ることができる．
(1) 情報の処理（計算）速度が速くなる．
(2) 情報の蓄積量（「容量」という）が大きくなる．
(3) 処理機能が高度になる，すなわち複雑な処理ができるようになる．
(4) 処理あるいは蓄積できるメディア（媒体）が増える．
(5) 使いやすくなる．

ハードウェアを構成する3種類の主要な装置（プロセッサ，メモリ，入出力装置；2.1.2項で詳述）の観点から見ると，(1)(3)には**プロセッサ** (processor) が，(2)には**メモリ** (memory) が，(4)(5)には**入出力装置**が，それぞれ特に貢献している．もちろん，「これらの3種類の主要なハードウェア装置が分担・協調動作する点が，(1)～(5)すべての進歩を生み出している」とも言える．

また，ハードウェアとソフトウェアとの機能分担の観点から見ると，(1)(2)には**ハードウェア**が，(4)(5)には**ソフトウェア**が，それぞれ特に貢献している．どれも「特に」であって，コンピュータ構成の特徴であるハードウェアとソフトウェアの協調という点が，(3)を筆頭に，(1)～(5)すべてに渡るコンピュータの進歩を生み出す源となっている．

コンピュータはハードウェアとソフトウェアとの機能分担を軸として構成する．したがって，ハードウェア技術あるいはソフトウェア技術それぞれの進歩がコンピュータ技術全体の進歩に貢献する．しかし，重要なのは，「コンピュータがハードウェアとソフトウェアとの機能分担を構成原理とする限り，コンピュータの全体機能の進歩のためには，両者の進歩が互いに貢献し合う必要がある」ということである．

ハードウェア技術の進歩がソフトウェア技術の進歩を後押しし，また逆

に，ソフトウェア技術の進歩がハードウェア技術の進歩を後押しする．ハードウェアとソフトウェアとの機能分担あるいは協調とは，このことを指している．「ハードウェア技術とソフトウェア技術とが互いに競い合い，また影響を及ぼし合いながら，コンピュータの構成技術を進展させている」のである．

ハードウェア技術の進展は，ハードウェアを構成する電気的スイッチである**論理素子**（3章で詳述）の移り変わりを中心にして語ることができる．一方，ソフトウェア技術の進展は，「基本ソフトウェア」である**OS**（Operating System; オペレーティングシステム）（5章で詳述）やソフトウェア開発に欠かせない**プログラミング言語**の移り変わりを中心にして語ることができる．

論理素子やOSに着目すると，コンピュータの歴史はおおよそ10年ごとに区切ることができる．それぞれのおおよそ10年の区切りごとに**コンピュータの世代**として，コンピュータの構成技術を特徴付けかつ分類できる．世代順に，コンピュータの各世代について見てみよう．

[1] 第1世代（1940年代～1950年代）

- **真空管**という内部を真空にしたガラス管中に置いた端子間を電子が移動するかしないかを制御することによって電気的スイッチを実現している．1本の真空管が1個のスイッチすなわち論理素子に対応する．
- ひとまとまりの仕事をするプログラムや1人のユーザが単独でコンピュータを占有利用している．したがって，OSは不要である．
- プログラミング言語はまだなく，プログラムは直接マシン語で書いている．

[2] 第2世代（1950年代～1960年代）

- 「半導体」という固体中を電子が移動するかどうかを制御することによるスイッチを**トランジスタ**として実現している．
- FORTRAN, ALGOL, COBOL などの種々の**プログラミング言語**が開発されている．そのうち，FORTRAN や COBOL は，進歩しながら改版を重ね，現代でも使われている．
- 複数のユーザや複数のプログラムが1台のコンピュータを共用するようになり，コンピュータのハードウェアやソフトウェアの利用における競合解決などの管理のために，**OS**が必須となっている．この世代のOSは，コンピュータの仕事を一括（「バッチ」(batch) という）受け付けして集中管理し，指定したユーザやプログラムに特定の機器や一定時間を占有使用させる利用形態（**バッチ処理**という）を採用している．

[3] 第3世代（1960年代〜1970年代）

- 「チップ」(chip) という半導体の小片上に超多数個のトランジスタを集積搭載した IC（集積回路）によって論理素子群を実現している．第3世代以降のハードウェアの進歩，たとえば，高機能化や小規模化などは，「IC 上に集積しているトランジスタの個数の増大」によっている．
- プログラミング言語を本格的に使うようになり，コンピュータの適用範囲が格段に拡大している．
- 遠隔も許してあちこちにある多数の**端末装置**が，**ホストコンピュータ** (host computer) と呼ぶ高性能大型コンピュータを，同時共用する利用形態が主となっている．OS の管理下で，端末装置によるホストコンピュータの使用時間を微少時間で切り替えることによって，多数の端末装置が同時にホストコンピュータを使っているように見せかけるので，この利用形態を **TSS (Time Sharing System)** という．TSS はハードウェアおよびソフトウェアの両技術の進展とともに洗練され，現代のコンピュータでは，当たり前の技術となっている．
- 現代のコンピュータ構成を支えている基幹技術のほとんどは，この第3世代に開発されている．

[4] 第4世代（1970年代〜1980年代）

- IC チップ上に集積搭載できるトランジスタ数が数十万〜百万個（このような IC を **LSI (Large Scale IC)** という）になり，プロセッサ機構を LSI の1チップ上で実現する**マイクロプロセッサ** (microprocessor) が出現している．マイクロプロセッサの出現は，コンピュータ構成法，ハードウェア技術およびソフトウェア技術のすべてに大きな影響を及ぼしている．
- マイクロプロセッサをプロセッサ機構とすることによって，コンピュータの種々のサイズ（例：大きさ，重さ，価格など）が劇的に小さくなる**ダウンサイジング** (downsizing) が起きている．マイクロプロセッサをプロセッサ機構として用いた**パソコン**や**ワークステーション** (workstation) という小型・低価格・高機能・高性能コンピュータが続々と開発されている．
- ダウンサイジングしたパソコンやワークステーションを個人が占有して使う**会話型**での利用形態が広がっている．特に，ワークステーションでの会話型利用では，UNIX という OS が主流となっている．
- UNIX は，C というプログラミング言語によって記述され，そのプログラムを無料で公開する方法によって，たちまち全世界に普及している．
- 限定した建物や地域に分散設置した複数台のワークステーションをコ

ンピュータネットワーク (computer network) で接続し，相互の資源を共用する**分散処理**（**分散コンピューティング** (computing) ともいう）も普及している．
- ハードウェア，ソフトウェアともに多種多様な技術開発が展開されたのがこの世代である．

▶《参考》
　構内などの範囲（「ローカルエリア」(local area) である）に地域を限定して構築するコンピュータネットワークを "LAN"(Local Area Network; ラン) という．

[5] 第 5 世代（1980 年代〜1990 年代）

- IC チップのトランジスタの集積度もさらに向上し，数〜十数 mm 角の半導体チップ上に数百万個にも及ぶトランジスタを集積する **VLSI (Very Large Scale IC)** となっている．それによって，マイクロプロセッサ内部での処理データ幅が，8 から 16 ビット†(bit) へ，16 から 32 ビットへと，進歩している．
- コンピュータネットワーク技術も進歩を遂げ，高度な通信機構を使用して LAN どうしを相互結合した**インターネット**となっている．インターネットの実現によって，私たち人間は自分のコンピュータを身近なネットワークに接続すれば，全世界に渡って個々に所有する情報を互いに共有あるいは共用できるようになっている．
- インターネットは，分散処理をごく普通のコンピュータの利用形態とするとともに，高機能・大規模コンピュータ（群）（**サーバ** (server) という）がいろいろな特徴ある情報処理サービスをユーザ（**クライアント** (client) という）に提供する利用形態（**クライアント–サーバモデル**という）も一般化させている．

▶†ビット
　コンピュータにおける論理値（"0" か "1" の 2 値のどちらか）の 1 個や 2 進数の 1 桁を指す単位の呼称である．(2.2.1 項で詳述)

[6] 第 6 世代（1990 年代〜現代）

- インターネットの進歩が著しく，音声や映像をリアルタイム（realtime; 即時に）送ることができる**ブロードバンド**（broadband; 広帯域）や使い勝手が良い**無線**（ワイヤレス；wireless）が普及している．
- スマホ（スマートフォン (smartphone)）やケータイ（携帯電話）さらにはタブレット (tablet) やノートパソコンを代表とする**モバイル** (mobile)（機動力のある）情報機器によって，いつでもどこでもインターネットに接続できる（「ユビキタスコンピューティング」(ubiquitous computing) という）環境が整備されている．
- インターネットの無線化に加えて，電池の小型化と大容量化が進み，一方で，高性能を保持したまま省電力を実現することによって，いろいろなモバイル情報機器の爆発的な普及を後押ししている．
- コンピュータおよびコンピュータネットワーク技術の進歩は，「ユーザに，インターネットで相互接続した個々のコンピュータやネットワークそのものを意識させずに，巨大な計算（情報処理）資源あるいはサーバ

と見せかける」(**クラウド** (cloud) という) 利用形態を普及させている．
- 子供から老人まであらゆる人がコンピュータ (パソコンやスマホなど) やインターネットのユーザとなり，OSも，手軽かつ簡素で人に優しいグラフィックな (graphical) ユーザインタフェース (ユーザがコンピュータを使う際の機能) を提供するものに，変わっている．一方で，最新のユーザインタフェースを提供する環境では，コンピュータそのもの，すなわちハードウェアおよびOSを含むソフトウェアはユーザインタフェースによって隠ぺいされており，ユーザはほとんどコンピュータやOSの存在を意識する必要がない．
- 数千万個以上のトランジスタを搭載した超VLSI (**ULSI** (Ultra Large Scale IC) ともいう) でマイクロプロセッサを構成するようになり，その消費電力や放熱の制御技術が重要となっている．また，マイクロプロセッサ内部での処理データ幅は32ビットと64ビットが主流である．
- Javaなどの，インターネットを介して共有する情報を表現するためのプログラミング言語が開発されている．

1.2.3 コンピュータと人間との比較 《人間と比較してコンピュータが得意なこと不得意なこと》

　私たち人間の道具として誕生したコンピュータは，私たち人間の代わりに，様々な仕事を代行してくれる．それも超高速に行ってくれるから，人間が何人も束になってかかってもできなかったことや，人間が一生あるいは何代に渡ってもできなかったことを，今生きている人間が許容できる時間で解決してくれる．

　コンピュータの仕事は「情報の処理 (表現，伝達および変換)」と「情報の蓄積」である．私たちが「算術演算」の意味で使う「狭義の計算」が，コンピュータのおかげで，超高速に行えるようになった．さらに，コンピュータは「計算」を「情報の処理 (表現，伝達および変換)」にまで拡げ，今や私たち人間にとっては，なくてはならない道具になっている．

　コンピュータの進歩は「単純な計算能力を高度な情報処理能力に高めることによって生まれた」とも言える．「単純な計算能力を高度な情報処理能力に高める」を言い換えると，「コンピュータは，高度な情報処理を超多数個の単純な計算に分解して，それらを超高速に行う」となる．これがコンピュータの得意技である．

　ただし，この得意技を発揮させるには，コンピュータという道具を使う人間が「高度な情報処理を超多数個の単純な計算に分解して，それを超高速に行う」道筋をプログラムとしてコンピュータに与えてやらねばならない．言い換えると，コンピュータの得意技は次のようになる．

- コンピュータは，あらかじめ決められた手順すなわち**プログラム**を超高速に実行する．

一方，これを逆に取ると，コンピュータの不得意なことは次のように言える．

- **コンピュータ**は，**プログラム**としてあらかじめ決められている手順以外の処理は行えないし，行わない．

現代のコンピュータは，人間があらかじめ与えておいたプログラムによって，情報処理を行う．人間のように，臨機応変に対処する，自分自身で新しい処理方法を考え出す，感覚的あるいは情緒的に判断するなどなど，の動作は，まったくできないか不得意である．

コンピュータのハードウェア装置として機能分担しているプロセッサとメモリの能力を併せ持っているものが人間の脳である．コンピュータで情報の蓄積を担っているメモリの特徴を人間の脳と対比して言うと，次のようになる．

- コンピュータの**メモリ**には忘却がない．それを使う人間が操作や対応さえ誤らなければ，蓄積した情報を絶対に失わない．
- コンピュータ内に蓄積してある情報にアクセスするには，その場所（**アドレス** (address) という）を指定（指示）する必要がある．

これに対して，人間は脳に蓄積した情報や記憶をアドレスなど指定しなくても瞬時に引き出せる（これを「連想」ともいう）し，一方で，「忘れる」ことによって情報や記憶を失うことがある．

私たち人間が道具としてコンピュータを使うときには，互いに，得意なことを伸ばし合い，不得意なことを補い合うようにすれば，人間にとってコンピュータはすばらしい道具になる．

1.3 コンピュータ工学

工学はものづくり学であり，その学問対象である「もの」は人工物である．**コンピュータ工学**は，現代の代表的な人工物としてのコンピュータを対象とする工学である．「『コンピュータ工学』という学習分野についての紹介」が本書の目的である．本節では，コンピュータ工学の学習目標を明らかにすることによって，本書がカバーするコンピュータ工学の学習分野について具体的に概観しておこう．

1.3.1 コンピュータ工学の学習目標　《コンピュータ工学で身に付く知識とは》

工学はものづくり学であるから，いろいろな人工物について，作る目標すなわち「何のために作るのか」と，作る技術すなわち「どのようにして作るのか」とを学びの対象とする．ものづくりで対象とする人工物を○○とするとき，○○に関するものづくり学すなわち工学を「○○工学」という．したがって，**コンピュータ工学**では，現代の代表的な人工物であるコンピュータを作る目標や技術が学びの対象となる．

コンピュータ工学では，「何のためにコンピュータを作るのか」や「どのようにしてコンピュータを作るのか」についていろいろな観点から学ぶ．それによって，「何のためにコンピュータが役立つのか」や「どのようにしてコンピュータが動作するのか」についての理解が深まる．コンピュータ工学では，コンピュータそのものだけではなく，コンピュータを構成する部品やコンピュータに密接に関係する機能に関しても，「何のために必要なのか」や「どのようにして実現するのか」について考察する．

1.3.2 コンピュータ工学の学習分野　《コンピュータ工学はどんな学問分野をカバーするのか》

［1］ コンピュータシステム

システム (system) は，いくつかの機能や機構を組み合わせることによって構成し，それらの部分機能や機構のどれでもないあるいはそれらの単なる足し合わせでない超機能を実現する．現代のコンピュータは高度なシステムであり，厳密には，**コンピュータシステム** (computer system) である．1.2.1 項で述べたように，コンピュータシステムは，情報処理の高速化を実現する**ハードウェア**と，多種多様な情報やその処理への適応性を拡げる**ソフトウェア**という 2 種類の機能（ウェア）だけを組み合わせて構成する．そして，この両機能だけで，ハードウェアでもソフトウェアでもないコンピュータシステムという高度なシステム機能を実現している．コンピュータシステムは，図 1.2 において，ハードウェアとソフトウェアの両機能で実現するシステムの全体機能として表される．

コンピュータシステムについては，コンピュータに関する全体的な概説として，2 章で明らかにする．

［2］ 論理回路

現代のコンピュータのハードウェア機構は，半導体で作る電気的スイッチの論理素子を最小単位機構としている．この論理素子のうちで**基本論理**

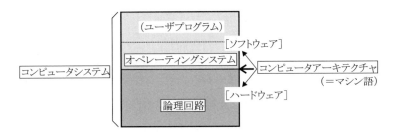

図 1.2 コンピュータシステム（コンピュータ工学の術語による概念図）

素子とは，**基本論理演算**という NOT（否定），AND（論理積），OR（論理和）の演算機能のどれかを，電気的に実現する最小の機能部品である．そして，多数の基本論理素子どうしを配線して構成する電子回路を**論理回路**という．コンピュータのハードウェア機構は多数の論理回路を配線で組み合わせて実現する．したがって，論理回路は，図 1.2 において，ハードウェアを構成する部分機能として示される．

コンピュータのハードウェア機構を構成する論理回路とその設計法については，3 章で詳しく学ぶ．

[3] コンピュータアーキテクチャ

コンピュータシステムはハードウェアとソフトウェアだけで構成するので，「コンピュータシステムやその機能を設計する」ことは「ハードウェアとソフトウェアの機能分担方式を設計する」ことである．一般の建築物（アーキテクチャ；architecture）の機能は，概観や内装および設備などのいわばハードウェアと，その建築物での催し物や使用形態などのいわばソフトウェアとで決まる．このことは「コンピュータシステム」という人工物（アーキテクチャ）にも適用できるので，「コンピュータにおけるハードウェアとソフトウェアの機能分担方式」を**コンピュータアーキテクチャ**(computer architecture) という．

ハードウェアで実現する機構やその仕組みをコンピュータシステムの**物理的構造**あるいは**物理的構成方式**，ソフトウェアで実現する機能やその仕組みをコンピュータシステムの**論理的構造**あるいは**論理的構成方式**，と対比していう．ハードウェアによって実現する物理的構造と，ソフトウェアによって実現する論理的構造との機能分担方式を決定すれば，コンピュータシステム全体の構成方式が決まる．したがって，物理的構造を実現するハードウェアと論理的構造を実現するソフトウェアとの機能分担方式，あるいは，その機能分担方式が決めるコンピュータシステム全体の構成や構成方式が**コンピュータアーキテクチャ**でもある．

この定義によると，コンピュータアーキテクチャ，すなわち「コンピュータシステムにおけるハードウェアとソフトウェアの機能分担方式」は，概

念的には，図 1.2 に示すように，「ハードウェアによる物理的機能とソフトウェアによる論理的機能の境界」としても示せる．また，「ハードウェアとソフトウェアの境界」は「ソフトウェアによる論理的構造から見えるハードウェアによる物理的構造」でもあるので，コンピュータアーキテクチャは，具体的かつ狭義には，**マシン語**と呼ぶ「ハードウェアで実現し実行する機能レベル」と定義できる．

ハードウェアとソフトウェアの機能分担方式として示されるコンピュータアーキテクチャの代表例については，4 章で詳しく学ぶ．

[4] オペレーティングシステム（OS）

オペレーティングシステム (Operating System; OS) は，大半のコンピュータシステムにあらかじめ組み込んである基本ソフトウェアであり，**システムソフトウェア**あるいは**システムプログラム**とも呼ぶ．OS は，多数のソフトウェアを限られたハードウェアによって見かけ上並行して実行する際に，それらのソフトウェアによるハードウェア使用の競合を解決して，ソフトウェアとハードウェアをともに効率良く動作させる．OS 自身もソフトウェアであり，概念的には，図 1.2 に示すように，ハードウェアと OS 以外のソフトウェア（「ユーザプログラム」という）との中間を埋める機能として位置する．

コンピュータアーキテクチャとして示されるハードウェアとソフトウェアの境界に直接接しているソフトウェア機能であるオペレーティングシステム (OS) については，5 章で詳しく学ぶ．

演 習 問 題

1. ハードウェアおよびソフトウェアについて，それぞれの特徴を対照して掲げることによって，比較説明しなさい．

2. 1940年代の誕生から現代に至るコンピュータの仕組みを支える基本原理を示し，その特徴について簡単に説明しなさい．

3. 現代のコンピュータ（の世代）の特徴について，コンピュータ構成の観点から，説明しなさい．

【鳥瞰】 ─────────────────────────────── 鳥瞰とグローバル化

本書の章末ごとに設けた6つのコラムは「鳥瞰(ちょうかん)」と名付けている．「鳥瞰」は，英語では "a bird's-eye view" という．**鳥瞰**は，文字通り，「鳥の視点で見おろすように，高い所から広範囲に眺め渡す」意味である．すなわち，「マクロ（macro；巨視的）あるいはグローバルな（global；大局的，全体的，世界的な，地球規模の）観点での考察」が鳥瞰することであり，逆に，鳥瞰はマクロでグローバルな事象や事態の把握になくてはならない所作(しょさ)でもある．自分が歩いている道と立ち位置を鳥瞰すれば，普通は見えにくいか見えない自分の足跡や行く先また周囲の状況や情勢が見えるようになる．したがって，行き詰まったら鳥瞰すればよい．また，時々は，自分の立ち位置を鳥瞰してみよう．それに，鳥瞰するためには思い切って飛ばねばならないから，鳥瞰を希求することは決断力の養成にもなる．

また，**グローバル化**とは，個（代表例：自分，個人）を全体（代表例：世界，地球）に置いてみて，その全体の中での個の立ち位置を認知することである．だから，グローバル化は鳥瞰によって達成できる．グローバル化が対象とする全体は，世界や地球などの空間的全体（「空間グローバル化」という）とは限らない．現在・過去・未来と連なる時の流れすなわち時間的全体（「時間グローバル化」という）にも常日頃から気配りしておこう．個人あるいは自分における時間グローバル化とは，一生，生涯，人生の折々(おりおり)に，自分の過去や未来を鳥瞰して自分の現在を見つめ直すことである．時間グローバル化での見つめ直しに空間グローバル化を併用すると，グローバル化が増進する．

一方，私たち個々が生活している環境や今が「自分が歩いている**道**」である．「道を歩く」ことは鳥瞰やグローバル化とは反対のように思える．しかし，実際には，「道を歩いて，道ばたにあるものや道に落ちているものを実地に手にとって確かめる」ことが，鳥瞰やグローバル化による成果をなおいっそう補強する．なぜなら，道にはいろんなものが落ちているし，曲がりくねってでこぼこした道ほど歩くには楽しい．特に，道そのものや道ばたをゆっくり見渡すぶらぶら歩きや道草は，鳥瞰やグローバル化とは正反対のように思えるが，実は同様の効能をもたらしてくれる．

第2章
コンピュータシステム

[ねらい]

　コンピュータはハードウェアとソフトウェアだけで構成する高性能汎用システムであり，厳密には，「コンピュータシステム」(computer system) ともいう．コンピュータシステムでは，高性能性をハードウェアが，汎用性をソフトウェアが，それぞれ分担して，コンピュータシステムの全体機能を実現している．本章では，コンピュータシステムにおけるハードウェアとソフトウェアの機能分担の原理，および，その機能分担の結果として実現できるコンピュータの仕組みについて明らかにする．

[この章の項目]

ハードウェアとソフトウェアの協調
ハードウェアの構成
マシン語
プログラム内蔵
命令実行サイクルとハードウェア
論理値と論理演算
2進数
10進数→2進数変換
論理値と2進数値

2.1 コンピュータシステムの構成

本節では，現代のコンピュータシステムを構成する機能や機構の概要について学ぶ．コンピュータシステムによる高速の情報処理機能と広範囲への適応機能とを両立させている**ハードウェアとソフトウェアとの機能分担**の仕組みについて考えてみよう．さらに，コンピュータシステムの高速情報処理能力を実現するハードウェア機構の構成法の概略を明らかにしてみよう．

2.1.1 ハードウェアとソフトウェアの協調　《両ウェアが協調してコンピュータシステムは機能する》

「高速に動作し，かつ適用範囲の広いコンピュータシステム」としての機能は，高速に動作する**ハードウェア機構**だけ，あるいは，広い適応能力を実現する**ソフトウェア機能**だけでは，実現不可能である．ハードウェアあるいはソフトウェアのどちらかが欠けても，コンピュータはコンピュータシステムという高度な情報処理用の道具として機能しなくなる．

コンピュータシステムの機能を構成するハードウェアとソフトウェアとの関係をまとめておこう．

- コンピュータシステムの機能は，主として高速の処理能力の獲得に寄与する**ハードウェア機構**と，主として広範な適応能力の獲得に寄与する**ソフトウェア機能**との，2種類だけによって実現されている．
- コンピュータシステムの機能を実現するために，ハードウェアとソフトウェアとは重なりのない独立した役割をそれぞれで分担しており，ハードウェアとソフトウェアのどちらが欠けても，コンピュータシステムは機能しなくなる．

また，ハードウェアとソフトウェアによるコンピュータシステムの機能の実現の実際は次のように対照できる．

- 「ハードウェアによる機能の実現」すなわち「**ハードウェアで作る**[†]」とは，具体的には，「電子回路や**論理回路**（3章で詳述）を作る」，「装置や機構を付加するまたは増設する」，さらには「新しいハードウェア機能を実現する」ことである．実際には，「まったく新しいハードウェア機能を作る」よりも，「既存のハードウェア機能を改善するあるいは強化する」が一般的である．
- 「ソフトウェアによる機能の実現」すなわち「**ソフトウェアで作る**[†]」とは，具体的には，「プログラムを作るあるいは搭載（「インストール」(install) という）する」，「入力装置（4.3.2項 [3] で詳述）によってコ

▶ [†]…ウェアで作る
ニュアンスの違いを強調するために，ハードウェアによる「作る」には「製作する」，ソフトウェアによる「作る」には「作成する」や「制作する」という日本語をそれぞれあてるのが普通である．

マンド（command; 指令）を与えるすなわち入力する」，さらには「既存のハードウェア機能をプログラムによって動作させて実現する」ことである．

2.1.2　ハードウェアの構成　《ハードウェア機構も役割分担している》

　現代のコンピュータシステムは，人間の道具として，単純な計算から高度な情報処理までを高速に行う．情報の「処理」とは，情報の「表現，伝達，変換および蓄積」である．コンピュータシステムが行うこれらの情報処理は，**内部装置**あるいは「コンピュータ本体」と呼ぶ主要なハードウェア機構によって実現する．

　コンピュータの内部装置は，
(1) **プロセッサ** (processor) という機構による情報の処理（表現，伝達および変換）；
(2) **メモリ** (memory) という機構による情報の蓄積；
(3) プロセッサとメモリとの協調動作；

によって，人間の脳の働きに近い機能を実現している．人間の脳との違いは，「プロセッサとメモリとが役割分担している」ことである．現代のコンピュータは，プロセッサとメモリのそれぞれが実現する機能をはっきりと分け，かつ，両者が協調動作することによって，人間をしのぐ高度の情報処理（表現，伝達および変換）能力と大量の情報蓄積能力を発揮する．

　(3) のプロセッサとメモリとの協調動作の代表例については，2.2.2 項で紹介する．

　内部装置（プロセッサとメモリ）は，人間があらかじめ与えたプログラムすなわち命令にしたがって，データを処理する．また，情報処理の途中で，様々な情報すなわち命令やデータを人間と内部装置とが送受する場面も出てくる．したがって，人間が，コンピュータに対して，あらかじめあるいは使用中に，命令やデータを与える機能を実現するハードウェア機構あるいはハードウェア装置が必要となる．

　私たち人間がコンピュータを道具として使いこなすためには，
- **入力**：人間がコンピュータに処理しようとする情報を与える操作；
- **出力**：人間がコンピュータから処理した情報を引き出す操作；

の2種類の機能が必要である．入力と出力の2種類の操作や機能を併せて**入出力**という．

　情報処理に専念するハードウェア機構である内部装置（プロセッサとメモリ）に対して，人間と内部装置との情報の送受である入出力を専門に行うハードウェア機構を**入出力装置**という．入力操作を担うハードウェア機構

▶《参考》
　プロセッサは，実際の計算や情報処理およびその制御というコンピュータによる処理の中心的役割を演じるので，コンピュータの誕生以来，"CPU"（Central Processing Unit; 中央処理装置）と呼ばれている．したがって，現代でも，「プロセッサ」を "CPU" ということもある．
　また，「コンピュータの中心的役割」を「情報の蓄積能力を含むもの」と解釈して，内部装置全体すなわちプロセッサとメモリとを併せて "CPU" ということもある．

が**入力装置**，出力操作を担うハードウェア機構が**出力装置**である．入出力装置は，コンピュータだけではなく，人間が行う入出力操作時の利便性にも配慮して設計する必要がある．また，人間や自然が生み出す**アナログ情報**をコンピュータが処理できる**デジタル情報**にしたり，逆に，コンピュータで処理したデジタル情報を人間が五官（3ページの注釈†を参照）で感じ取れるアナログ情報にしたりする機能も入出力装置には必要となる．

また，現代のコンピュータのほとんどが，ネットワークを介して相互につながり，情報交換すなわち**通信**している．情報交換のためにコンピュータどうしが通信する機能はコンピュータ間通信機構あるいは装置としてコンピュータごとに装備しておく必要がある．コンピュータ間通信は，人間とコンピュータとが情報交換する入出力とは異なり，高速動作するコンピュータ間の高速の情報伝達機能であり，これを専門に行うハードウェア機構を**通信装置**という．コンピュータは人間が使う道具であり，コンピュータの通信装置やネットワークによる通信は私たち人間どうしのコミュニケーションも支えている．

入出力装置と通信装置とをまとめて，（内部装置に対する）**外部装置**あるいは（本体に対する）「周辺装置」という．通信装置を狭義の入出力装置に含めて，これらを広義の入出力装置とすることもある．入出力装置や通信装置については，コンピュータアーキテクチャの観点から，4.3節で詳しく説明する．

まとめると，コンピュータを構成する主要なハードウェア装置は，
 (1) プロセッサ；
 (2) メモリ；
 (3) 入出力装置（広義であり，**通信装置**も含む）；
の3点である．これらは，どれが欠けてもコンピュータのハードウェア機構全体は機能しなくなる．これら3種類のハードウェア装置がそれぞれの分担を果たすだけではなく，互いに協調して動作することが必要である．

コンピュータと人間との関係，および，コンピュータを構成する主要なハードウェア装置の位置付けを図2.1で示しておく．4章では，この図2.1の各ハードウェア装置や機構のより詳細な構成法について学習する．

2.2 コンピュータの仕組み

本節では，前の2.1節で概要を紹介したコンピュータの構成部品を機能的かつ協調させて動かす仕組みについて説明する．「"0"と"1"の2種類の言葉だけを処理・蓄積する」という仕組みの単純さがコンピュータ全体の高速で複雑な動作を支えている．

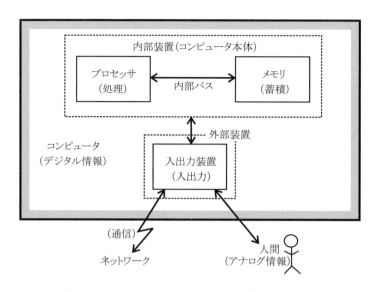

図 **2.1** コンピュータのハードウェア構成（概念図）

2.2.1 マシン語 《コンピュータの言葉は "0" と "1" だけで構成する》

1.1.4 項で述べているように，コンピュータのハードウェア機構を動作させるために必要なソフトウェアは**命令**と**データ**の 2 種類に分類することができる．このうち，「命令」を「『コンピュータ』というマシン（machine; 機械）に対する命令」という意味で，**マシン命令**（機械命令）ともいう．

ハードウェア機構に対する直接の指令となるマシン命令とその指令によって，ハードウェア機構が直接に処理するデータとは，ハードウェア機構が理解できる「ハードウェアの言葉」と見なすことができる．この意味で，ハードウェア機構が使用するマシン命令とデータを併せて，**マシン語**（機械語）とすることもある．マシン語は「ハードウェアが理解および使用する言語」でもある．

命令かデータであるマシン語は，"0" と "1" の 2 種類の語だけを使用し，それらを組み合わせて作る．この "0" か "1" かどちらかで表す 1 個の量あるいはそれに対応する数値である "0" か "1" の 2 値のどちらかを**論理値**という．コンピュータに情報処理の方法を指示する**マシン命令**は論理値すなわち "0" か "1" をいくつか連結して表す．また，1.1.3 項で述べたように，コンピュータによる情報処理の直接の対象である代表的な**データ**は**デジタル情報**すなわちデジタル表現した数値である．このデータも "0" か "1" から成る有限の数字列で表現する．すなわち，マシン命令かデータであるマシン語は，"0" か "1" のどちらかを連結した論理値か，あるいは，1 桁の重みを 10 進数の "2" とする数字の "0" か "1" を書き並べた **2 進数**である．

このように，コンピュータやハードウェアの言葉であるマシン語は "0" と "1" だけで構成する．そして，コンピュータにおける論理値の1個や2進数の1桁を **1ビット (bit)** という．

一方，実際のソフトウェア（プログラム）は，ほとんどの場合，コンピュータを道具として使う私たち人間が作らねばならない．したがって，私たち人間は，コンピュータを情報処理の道具として活用するときに必要となるマシン命令やデータを，マシン語である2進数列ではなく，私たちが普段使っている言葉すなわち自然言語かそれに似た言語でコンピュータに与えたい．人間が命令やデータを表現したりコンピュータと対話するために，自然言語（ほとんどが英語である）に似せて作ってある人工言語を**プログラミング言語 (programming language)** という．そして，「プログラミング言語を用いてソフトウェアやプログラムを作るすなわち記述する」ことを**プログラミング (programming)** という．

プログラミング言語で記述したソフトウェアやプログラムをハードウェア機構に通用するマシン語に翻訳（**コンパイル (compile)** という，5.1.1項[1] および205ページの図5.1を参照）あるいは変換する機能も**コンパイラ**というソフトウェアで実現している．

▶〔注意〕
もちろん，コンパイラによってプログラムをマシン語にコンパイルするコンピュータと，コンパイルによって生成したマシン命令を実行するコンピュータとは，異なっていてもよい．また，異なっているのが普通である．

2.2.2 プログラム内蔵 《プログラムはあらかじめコンピュータの内部に》

プログラム（マシン命令とデータ）の観点からプロセッサとメモリの役割分担および協調動作を見てみると，次のようになる．

(1) プロセッサによる処理の仕方を指示するマシン命令も処理される対象のデータそのものも，（プロセッサではなく）メモリに格納しておく．

(2) プロセッサは，データを処理するために，その処理の仕方を指示するマシン命令とその処理対象となるデータそのものとを，メモリから取ってくる．

(3) プロセッサは，処理が終われば，その処理結果をメモリに格納する．

このように，プロセッサでのデータ処理に先立ってあらかじめマシン命令とデータであるプログラムをメモリに格納しておくことを**プログラム内蔵**という．

> • **プログラム内蔵**は，現代のコンピュータにおいて，「**メモリ**というハードウェアにプログラムである**ソフトウェア**をあらかじめ格納しておき，**プロセッサ**というハードウェアが必要時にそれらソフトウェアを呼び出して使用する」という仕組みである．

プログラムはソフトウェアであるから，必要とあればいくらでも書き足

したり，書き直したりできる．また，あるコンピュータに格納していたプログラムすなわちソフトウェアを別のコンピュータと共用することも可能である．プログラムの共用は，共用元のコンピュータのメモリから共用先のコンピュータのメモリへそのプログラムを移すことだけで実現できる．

- **プログラム内蔵**は，現代のコンピュータの構成上の原理である「ハードウェアとソフトウェアの機能分担」および「プロセッサとメモリによる機能分担」の同時実現を支えている．

2.2.3 命令実行サイクルとハードウェア 《共用ハードウェアをくり返し使い回す》

　マシン命令の個々の機能はハードウェアによって実現する．マシン命令が実行する処理機能の種類は限られた数で，それも少数（多くて数百程度）である．しかし，それでも，マシン命令種類ごとに別々の専用ハードウェア機構を用意すると，巨大規模になり，また，ICや論理回路のように限られたハードウェア部品だけでは，その実現は事実上不可能となる．

　そこで，マシン命令機能の実行過程をいくつかの部分機能（「ステージ」(stage) という）ごとに分割し，それぞれの過程を実現する共用ハードウェア機構を用意する．そして，異なる種類のマシン命令を実行する際に，部分機能を実現する共用ハードウェア機構を**くり返し**使用する．あるマシン命令の部分機能のうちの大半を共用ハードウェア機構で，そのマシン命令に特化した一部の部分機能だけをそのマシン命令専用のハードウェア機構で，それぞれ実現する．そうすれば，数百種類のマシン命令機能を実現するハードウェア機構全体の規模を抑えることができる．これはコンピュータの構成におけるハードウェアの共用の活用例である．

　各マシン命令の実行における共用部分機能のくり返しを**命令実行サイクル** (cycle) という．命令実行サイクルごとに必要最小限のハードウェア機構をくり返し使用することでコンピュータの高速性を，また，ソフトウェアの書き換えによって種々の問題に対する適応性を，それぞれ実現する．これもコンピュータ構成におけるハードウェアとソフトウェアの機能分担の適用例である．

　このように，共通で核となるハードウェア機構やソフトウェア機能が，世の中に出回っている商品としてのコンピュータ（ハードウェア）やソフトウェア（OSや応用ソフトウェア）である．主要なハードウェア機構の仕組みや組み合わせの詳細については，4章で学ぶ．

2.3 コンピュータにおける数の表現

本節では,「現代のコンピュータが情報処理を行うために, 情報をどのようにしてコンピュータ内部で表現するのが適切か」について考える. また, コンピュータによる代表的かつ基本的な情報処理機能である計算 (演算) の対象としての**数値**の表現法である 2 進数についても考えてみよう.

2.3.1 論理値と論理演算 《コンピュータはすべてを "0" と "1" でこなす》

2.2.1 項で述べたように, コンピュータやハードウェアの言葉を構成する "0" か "1" かどちらかで表す 1 個 (ビット) の量あるいはそれに対応する数値である "0" か "1" の 2 値は**論理値**である. 論理値は「真理値」あるいは「真偽値」ともいい,「偽 (うそ) か真 (本当) か」,「否定 (ノー; no) か肯定 (イエス; yes) か」,「不成立か成立か」,「(スイッチが) オフ (off) かオン (on) か」など, 表す値はたった 2 種類のどちらかである. コンピュータ内部では, その 2 値を "0" か "1" で表す. 1 個すなわち 1 ビットの論理値がコンピュータの言葉の最小単位である.

▶ 〔注意〕
論理値の "0" か "1" かは, この順で, 直前に列挙した「日本語で表す論理値」に対応させるのが自然である.

1 ビットの論理値に対するあるいは 1 ビットの論理値どうしの演算を**論理演算**という. 論理演算は, **論理演算記号**と論理値を表す 1 個か 2 個の演算項 (論理変数または論理定数) でそれぞれ構成する. 基本となる論理演算は, **否定 (NOT)**, **論理積 (AND)**, **論理和 (OR)** のたった 3 種類である. この 3 種類の論理演算を**基本論理演算**という. 1 ビットの基本論理演算がコンピュータで行う処理あるいは演算の最小単位である. 基本論理演算の具体的な機能については, 3.1.1 項で詳述する.

コンピュータで扱う情報には, それを処理あるいは蓄積するメディアの相違によって, 数値以外にも, 文字, 音声, 図形, 画像 (静止画, 写真, 動画, 映像など), さらには, これらを混合したものなど多種多様なものがある. これらを**マルチメディア** (multimedia) 情報という. アナログ表現したマルチメディア情報は, **デジタル化** (1.1.3 項を参照) によって, "0" か "1" の論理値を連結した論理値列 (「ビット列」という) で表現し直して, コンピュータによって処理する. ビット列は独立した論理値の集まりとして扱えるので, マルチメディア情報は, コンピュータによる論理演算をくり返したり一括して適用することによって, 処理できる.

2.3.2 2 進数 《コンピュータが扱う数値は 2 進数で表現する》

私たち人間が**数値**を表現するときに使うのは, **10 進数**である. 10 進数は,

次の表現 2.1 のように，"0","1","2","3","4","5","6","7","8","9" の 10 種類のアラビア数字を用い，1 桁の重みを 10 とする**数表現**で数や数値を示したり書いたりする．

$$D_M D_{M-1} \cdots D_2 D_1 . d_1 d_2 \cdots d_{m-1} d_m \tag{2.1}$$

ただし，どの D, d とも "0","1","2",…,"9" のどれかである．

表現 2.1 において，"$D_M \cdots D_1$" を**整数部**，"$d_1 \cdots d_m$" を**小数部**，"." を**小数点**という．10 進数表現 2.1 は M 桁の整数部と m 桁の小数部とを持っている．数や数値を 10 進数表現する方法を **10 進法**という．

一方，コンピュータ（特に，プロセッサとメモリ）では，数や数値は "0" と "1" を並べる **2 進数**で表す．2 進数は，次の数表現 2.2 のように，"0","1" の 2 種類の数字だけを用い，1 ビットの重みを 2 とする数表現である．

$$B_N B_{N-1} \cdots B_2 B_1 . b_1 b_2 \cdots b_{n-1} b_n \tag{2.2}$$

ただし，どの B, b とも "0","1" のどちらかである．

2 進数表現 2.2 は N ビットの整数部 "$B_N B_{N-1} \cdots B_2 B_1$" と n ビットの小数部 "$b_1 b_2 \cdots b_{n-1} b_n$" を持っている．数や数値を 2 進数表現する方法を **2 進法**という．

▶〔注意〕
2 進数の場合には，「1 桁」は「1 ビット」である．

10 進数表現と 2 進数表現のそれぞれにおける数表現と数値との関係について考えてみよう．

まず，10 進数表現 2.1 で表す 10 進数の数値は，次の式 2.3 で示すことができる．

$$\overbrace{D_M \times 10^{M-1} + \cdots + D_1 \times 10^0}^{\text{整数部（M 桁）}} + \underbrace{\frac{d_1}{10^1} + \cdots + \frac{d_m}{10^m}}_{\text{小数部（m 桁）}} \tag{2.3}$$

また，2 進数表現 2.2 で表す 2 進数の（10 進数表現での）数値は，次の式 2.4 で示すことができる．

$$\overbrace{B_N \times 2^{N-1} + \cdots + B_1 \times 2^0}^{\text{整数部（N ビット）}} + \underbrace{\frac{b_1}{2^1} + \cdots + \frac{b_n}{2^n}}_{\text{小数部（n ビット）}} \tag{2.4}$$

● **2 進数 → 10 進数変換**

コンピュータが処理あるいは計算した結果データを，私たち人間が数値情報として得る際には，2 進数 → 10 進数変換が必要となる．

式 2.4 は 10 進数表現での数式であるから，2 進数表現での数値を 10 進数表現での数値に変換する（2 進数 → 10 進数変換）には，この式 2.4 の

▶〔注意〕
実際には，結果の出力時に，コンピュータ自身が「2 進数 → 10 進数変換」を行う．

$B_N, \cdots, B_1, b_1, \cdots, b_m$ をそれぞれ対応する 0 か 1 に置き換えて計算した値 (10 進数) が変換後の 10 進数表現での数値となる．

▶〔注意〕
本書の以降では，特に断りがない場合と $(\cdots)_{10}$ は 10 進数，また，$(\cdots)_2$ は 2 進数を表す．

——— 例 題 ———

2.1　2 進数の $(10110.1101)_2$ を 10 進数に変換しなさい．

（解）　$(10110.1101)_2$ を式 2.4 に代入すると，

$$\begin{aligned}
&= 1 \times 2^4 + 0 \times 2^3 + 1 \times 2^2 + 1 \times 2^1 + 0 \times 2^0 \\
&\quad + \frac{1}{2^1} + \frac{1}{2^2} + \frac{0}{2^3} + \frac{1}{2^4} \\
&= 22 + 0.8125 \\
&= \underline{(22.8125)_{10}}
\end{aligned}$$

2.3.3　10 進数 → 2 進数変換　《人間が扱う 10 進数値を 2 進数値へ変換すると》

2 進数 → 10 進数変換とは逆に，私たち人間が数値情報をデータとしてコンピュータに与える際には，**10 進数 → 2 進数変換**を行わねばならない．10 進数 → 2 進数変換は 2 進数 → 10 進数変換に比べるとやや面倒である．なぜなら，10 進数 → 2 進数変換は 2 進数 → 10 進数変換の逆操作であるが，その逆操作が，整数部では除算，小数部では乗算と異なるからである．したがって，10 進数 → 2 進数変換は，整数部と小数部とに分けて行う．

▶〔注意〕
実際には，情報の入力時に，コンピュータ自身が「10 進数 → 2 進数変換」を行う．

[1]　**10 進数整数 → 2 進数整数変換**

10 進数整数を 2 進数整数に変換する手順は，次の通りである．

1. 10 進数整数を 2 で割り（除算し），また，その商（10 進数整数）を 2 で割ることを，商が 0 になるまで，くり返す．式 2.4 より，

$$\begin{aligned}
&\left(B_N \times 2^{N-1} + \cdots + B_1 \times 2^0\right) \div 2 \\
&\quad = \left(B_N \times 2^{N-2} + \cdots + B_2 \times 2^0\right) \cdots \underline{B_1}
\end{aligned} \quad (2.5)$$

である．

2. 1.の各除算での剰余を，順に 2 進数整数として，最下位ビットから最上位ビットへと並べる．式 2.5 によると，左辺の除算の剰余は B_1 である．以下，くり返しごとに，順に，$B_2, \cdots, B_N$ が求まる．これらを下位から上位へと並べると変換先の 2 進数整数 "$B_N \cdots B_2 B_1$" となる．

——— 例 題 ———

2.2　10 進数整数の $(22)_{10}$ を 2 進数整数に変換しなさい．

(解)　　$22 \div 2 = 11 \ldots \underline{0}$
　　　　$11 \div 2 = 5 \ldots \underline{1}$
　　　　$5 \div 2 = 2 \ldots \underline{1}$
　　　　$2 \div 2 = 1 \ldots \underline{0}$
　　　　$1 \div 2 = 0 \ldots \underline{1}$

$(22)_{10} = (\underline{10110})_2$

---

[2] 10進数小数→2進数小数変換（誤差なし）

10進数の小数部だけを持ち，整数部を持たない純小数を2進数小数に変換する手順は，次の通りである．

1. 10進数小数に2をかけ（乗算し），また，その積の小数部だけに2をかけることを，積の小数部が0になるまで，くり返す．式2.4より，

$$\left(\frac{b_1}{2^1} + \cdots + \frac{b_n}{2^n}\right) \times 2 = \overbrace{\underline{b_1}}^{\text{整数部}} + \underbrace{\left(\frac{b_2}{2^1} + \cdots + \frac{b_n}{2^{n-1}}\right)}_{\text{小数部}} \quad (2.6)$$

である．

2. 1.の各乗算の積の整数部（0か1）を，2進数小数として，小数点以下（直右，小数部の最上位）のビットから下位ビットに向かって書き並べる．式2.6によると，左辺の乗算の積の整数部はb_1である．以下，くり返しごとに，順に，$b_2, b_3 \cdots$が求まる．これを小数点以下から下位へと並べると変換先の2進数小数 "$0.b_1b_2b_3\cdots$" となる．

―― 例　題 ――

2.3　10進数小数の$(0.8125)_{10}$を2進数小数に変換しなさい．

(解)　　$0.8125 \times 2 = \underline{1}.625$
　　　　$0.625 \times 2 = \underline{1}.25$
　　　　$0.25 \times 2 = \underline{0}.5$
　　　　$0.5 \times 2 = \underline{1}.0$

$(0.8125)_{10} = (0.\underline{1101})_2$

---

[3] 10進数小数→2進数小数変換（誤差有り）

例題2.3では，変換元の10進数は有限小数であり，その変換操作は停止して，その結果としての変換先の2進数も有限小数として求まる．

しかし，10進数小数→2進数小数変換の場合，変換元の10進数が有限

小数であっても，10進数小数部→2進数小数部変換操作が停止せずに，結果として，変換先の2進数が**無限循環小数**になることがある．10進数小数→2進数小数変換操作の停止条件は「1.の操作での積の小数部が0になる」ことであり，その条件が成立しなければ，いつまでも変換操作は続く．これは，「10進数の有限小数を2進数に変換すると，無限循環小数になる場合がある，さらには多い」ことを示している．

無限循環小数を有限のハードウェア機構で処理したり格納したりするには，「その数をハードウェア機構の大きさに合わせて切り捨てて有限のビット数で表現する」**丸め**という操作が必要である．丸めた数値は丸める前の数値すなわち真の数値と等しくなく，これを**近似値**という．そして，近似値と真の数値との差を**誤差**という．

10進数小数→2進数小数変換機構では，限られたハードウェア機構で処理あるいは計算する場合に避けられない誤差への対策や，誤差を最小限にする丸めの機能が，必須となる．

──── 例 題 ────
2.4 10進数の有限小数 $(0.4)_{10}$ を2進数小数に変換しなさい．解が無限循環小数になる場合には，16ビットの近似値で示しなさい．

（解）
$$0.4 \times 2 = \underline{0}.8$$
$$0.8 \times 2 = \underline{1}.6$$
$$0.6 \times 2 = \underline{1}.2$$
$$0.2 \times 2 = \underline{0}.4$$
$$0.4 \times 2 = \underline{0}.8$$
$$\cdots\cdots\cdots\cdots$$

$$(0.4)_{10} = (0.\underline{01100}\cdots)_2$$
$$= (0.\dot{0}11\dot{0})_2$$
$$\approx (0.\underline{0110011001100110})_2$$

16ビット

2.3.4 論理値と2進数値 《論理値と2進数値はどこが同じでどこが違うのか》

1個の**論理値**は，"0"と"1"の2値のどちらかであるから，1ビットの2進数とも言える．一方，2進数値すなわち2進数表現した数値から1ビット（桁）だけを取り出すと，これも"0"と"1"のどちらかであり，1個の論理値と見分けがつかない．逆に，論理値も，何ビットか連結して示す論理値列では，"0"か"1"のどちらかが並び，2進数値と区別できない．

しかし，論理値列と 2 進数値とを比較してみると，両者には明確な違いがある．

(a) **論理値列**
- 連結あるいはかたまりとして示される論理値列も，各ビットは独立した 1 個の論理値である．並び順に意味はない．
- 適用する演算は，否定 (NOT)，論理積 (AND)，論理和 (OR) を基本とする**論理演算**である．

(b) **2 進数値**
- ビット列全体で 1 個の数値として意味を持っている．すなわち，ビット列の各ビットに相異なる 2 のべき乗の重み（27 ページの表現 2.2 および式 2.4 を参照）があり，したがって，ビット列の並び順がその 2 進数の数値を決める．
- 適用する演算は，四則演算（加算，減算，乗算，除算）を基本とする**算術演算**である．したがって，ビット列の隣接ビット間に，上位と下位，あるいは，演算での桁上げや借り，などの依存関係がある．

- コンピュータの原理を支えている**ソフトウェア**は **2 進数**（論理値か数値）で表現する．

ハードウェアの最小単位である論理素子は 1 ビットの論理演算を行う機構である．したがって，1 個の論理値に対して行う 1 ビット論理演算機構は，対応する論理素子 1 個で実現できる．

しかし，連結した複数ビットで意味を持つ 2 進数値に対して行う算術演算機能は，2 進数算術演算を複数個の論理素子を組み合わせて行う機構として実現する必要がある．これについては 4.2.3 項で詳しく説明する．

2 **進法**は数表現のうちで最も単純な方法である．また，論理素子で実現している**論理演算**機能も，「2 種類すなわち "0" と "1" の論理値と 3 種類すなわち否定，論理積，論理和の基本論理演算だけで表せる」という点で，算術演算に比べると，格段に簡潔である．ただし，単純な機能や機構だけを用いて，大きな機能や機構を実現するには，単純な機能や機構が多数個必要となる．

- コンピュータの**ハードウェア**は，**論理素子**という単純なハードウェア機構を超多数個用いて構成してある．

演 習 問 題

1. コンピュータのハードウェア装置として必須の機構を3種類挙げて，それぞれの役割と特徴について，簡単に説明しなさい．

2. プログラム内蔵方式が，コンピュータにおける「ハードウェアとソフトウェアの機能分担」および「プロセッサとメモリによる機能分担」を実現する原理となっている理由について，簡潔に説明しなさい．

3. 命令実行サイクルの意義について，コンピュータのハードウェア機構を構成する観点から，説明しなさい

4. 小数点以下1桁の10進数小数 $(0.1)_{10}$ を2進数小数に変換しなさい．ただし，小数点以下8ビットで求めるものとし，その8ビットの2進数小数について，変換元の10進数小数 $(0.1)_{10}$ とを比較して，その違いについて具体的に説明しなさい．

【 鳥 瞰 】　　　　　　　　　　　　　　　　　　　　　　　　　　　　　　科学と工学と技術

科学が，調べたり見つけることを中心とする分析（英語では"analysis"）あるいは発見の学問であるのに対して，工学は，実現したり作ることを中心とする統合（英語では"synthesis"）あるいは発明の学問である．科学と工学は，科学（分析や解析）によって明らかにした自然現象の仕組みを基にして工学（ものづくり）する，科学のための道具を工学（実現や作成）する，自然現象を人工的に模倣あるいは実現するなどなど，切っても切れない親密な間柄である．

工学にしたがって，私たち人間がつく（作，創，造）って，その結果できあがる人工物を単に「もの」という．だから，工学は「ものづくり学」（98ページの「鳥瞰」を参照）ともいう．工学は，ものづくりを知識によって支えたり補完する原理や基盤である．また，工学すなわちものづくり学では，科学と同様に，いろいろな道具を使うが，道具そのものを学問対象にすることもある．

一方，工学に対して，技術は，工学で設計したものを具体的な製品にするあるいは具体的に生産する技能である．すなわち，私たち人間は，技術によって，工学が対象とするもののうちから，人間の役に立つものを効率良く選び出す．工学は「学」でホワットツー（what-to; 何を実現したいのか，250ページの「鳥瞰」を参照）を重視し，技術は「術」でハウツー（how-to; どのようにして実現するのか）を重視する．工「学」と技「術」を合わせると文字通りの学術となるように，工学と技術は呼応し合う．

科学と工学との境界はなく，むしろ，それぞれの延長上あるいは結果や実現に向けて連続して位置する．また，科学の世界と工学の世界との関係では，それぞれの進展で両者の境界が溶けてしまっている場合が多くある．したがって，広義の科学は，工学を中心とし，狭義のすなわち純粋科学から技術に渡る学問分野を代表あるいは象徴する言葉となっている．工学に科学的方法を取り入れたり，工学を科学的方法で始めたりする効果は高い．また，工学に基づいて作ったコンピュータのような有限の人工物を道具にして，自然で無限な世界を科学的に探求することは普通に行う．

あちらこちらで頻出する科学技術という日本語は，工学を中心にして，科学から技術までを含む概念の総称である．したがって，「科学技術」は単なる「科学と技術」というよりも「（工学を含んで）科学から技術まで」が的確な字解きである．だから，科学と技術を結び合わせるのは工学，すなわち，科学技術の中心は工学である．

解（答）は，科学においては唯一，工学や技術では複数個，存在する．すなわち，科学で解析して最終的に見つける目標はたった1つの真実である，でも，その見つけ方や見つけるまでの道筋は種々あるのが自然だ．一方，工学が目標としてつくるものには，たくさんのバージョン（版）や亜流がある．ましてや，ものづくりの方法すなわち技術は無数にあるし，創成あるいは創造できる．工学すなわちものづくり学では，解は複数個の選択肢すなわち方式やメカニズム（機構，250ページの「鳥瞰」を参照）として複数個存在するのが普通である．科学が分析，解析，発見および調査の対象とする自然現象は無限あるいは無数にある．一方で，工学が設計，統合，発明および実現の対象とする人工物（もの）は多数あるが有限である．

第 3 章
論 理 回 路

[ねらい]

　本章では，まず，「論理代数」という簡潔な数学の枠組みのもとで，コンピュータのハードウェア機構の最小単位である 1 ビットの計算法としての「論理演算」について考える．そして，単純な 3 種類の論理演算を行う最小のハードウェア部品である「論理素子」を超多数個つないで構成する超巨大な「論理回路」が現代のコンピュータのハードウェア機構そのものであることについて理解を深める．特に，「論理関数」という数学的概念と「論理回路」というハードウェア機構部分との 1 対 1 の対応関係，および，その対応関係を利用して空間サイズが最小の論理回路を設計する手法，のそれぞれについて学ぶ．論理演算や論理関数がコンピュータハードウェアすなわち論理回路の基本的な動作原理を支えている．

[この章の項目]

論理値と論理演算
論理関数とその性質
論理関数の基本定理
真理値表
標準形論理式
カルノー図
論理関数の表現方法の比較
論理関数と論理回路
組み合わせ論理回路の設計

3.1 論理回路の数学

論理というデジタル情報を数学的に扱うために，**論理代数**という簡潔な数学の枠組みのもとで**論理関数**という概念を与える．論理代数では，論理を単純な数式として表現し操作できる．また，論理関数を使えば，論理回路そのものやその設計法を数学的に取り扱える．

3.1.1 論理値と論理演算　《 "0" と "1" の論理だけでコンピュータの動作原理を構築する》

[1] 論理値

2.3.1 項で述べたように，**論理値**（**真理値**あるいは**真偽値**ともいう）は，対となる2値によって示すデジタル情報（1.1.3を参照）の最小単位である．論理値という2値で表現できる情報ならば，**論理**として取り扱うことができる．したがって，私たち人間の身の回りにも，自然に存在する様々な論理がある．たとえば，2.3.1 項で紹介したような「真（本当）」⇔「偽（うそ）」，「肯定（イエス）」⇔「否定（ノー）」，「成立」⇔「不成立」，「（スイッチの）オン」⇔「オフ」などは論理である．コンピュータやハードウェアの言葉であるマシン語（2.2.1 項を参照）の1ビットは，このうちの「スイッチのオン（"1"）とオフ（"0"）」という論理を電気回路として実現している．

コンピュータの言葉であるマシン語も，私たちの周囲にあるいろいろな論理も，"0" か "1" という**論理値**のどちらかによって表現できる．「真」⇔「偽」をはじめとする日本語での論理に対しては，論理値 "1" ⇔ "0" をこの順であてる．この論理値とそれらを演算項とする**論理演算**とをもとにして展開する数学の枠組みを**論理代数**という．論理代数を使えば，論理回路の表現，解析および設計などを理論的にすなわち数学の枠組みで取り扱うことができる．

論理代数は「代数」であるから，変数やそれがとるあるいはそれに代入する論理値を数式として操作する数学である．論理代数では，定数は**論理定数**すなわち**論理値**であり，変数は**論理変数**である．論理変数がとる値である**論理値**（**変数値**という）は「論理の値」であるから2値である．論理代数では，論理値（論理定数）を "1" か "0" のどちらか1個（1ビット）で表す．日本語では，論理値である "1" を真，"0" を偽という．

[2] 基本論理演算

論理演算は，論理演算記号と論理値を表す1個か2個の演算項（論理変数または論理定数）でそれぞれ構成する．基本となる論理演算は次に示す

▶〔注意〕
そのほかに，「賛成」⇔「反対」，「男性」⇔「女性」，「上」⇔「下」，「右」⇔「左」，「(ある高さより) 高い」⇔「低い」，「(ある重さより) 重い」⇔「軽い」なども日本語での論理と言える．

▶〔注意〕
本書の以降では，原則として，1個の論理変数を $A, B, C, \cdots X, Y, Z$ などのイタリック体の英字（アルファベット；alphabet）の大文字1字で表す．

否定 (NOT), 論理積 (AND), 論理和 (OR) の3種類であり, これらを**基本論理演算**という. 多項を組み合わせた複雑な論理演算もこの基本論理演算だけで表現できる.

否定, NOT

日本語の「……でない」という「否定」の論理的意味を持つ, 演算対象項が1個の単項論理演算である. 式3.1で示すように, "0"を"1"に, "1"を"0"に変換する. 演算記号は, "‾"（上線）を使う.

$$\overline{0}=1 \qquad \overline{1}=0 \qquad (3.1)$$

論理積, AND

日本語の「……かつ……」や「……と……」の論理的意味を持つ, 演算対象データが2個の2項論理演算である. 式3.2で示すように, 2個の演算対象項がどちらも"1"の場合にだけ, 演算結果は"1"であり, それ以外の組み合わせでは, 演算結果は"0"である. 演算記号は, "·"を使う.

$$0 \cdot 0 = 0 \qquad 0 \cdot 1 = 0 \qquad 1 \cdot 0 = 0 \qquad 1 \cdot 1 = 1 \qquad (3.2)$$

論理和, OR

日本語の「……または……」や「……か……」の論理的意味を持つ2項論理演算である. 式3.3で示すように, 2個の演算対象項がどちらも"0"の場合にだけ, 演算結果は"0"であり, それ以外の組み合わせでは, 演算結果は"1"である. 演算記号は, "+"を使う.

$$0 + 0 = 0 \qquad 0 + 1 = 1 \qquad 1 + 0 = 1 \qquad 1 + 1 = 1 \qquad (3.3)$$

3種類の基本論理演算であるNOT, AND, OR間には, 演算の優先順位である**演算順位**が, 次の(1)～(3)の規則で, あらかじめ決めてある.

(1) NOT, AND, OR間の演算順位は, 高い方から低い方へ, 次の順とする.

$$\text{NOT}(``\overline{\phantom{x}}") \rightarrow \text{AND}(``\cdot") \rightarrow \text{OR}(``+")$$

(2) 演算順位が同じ演算は左から右への順で行う.
(3) (1) (2) の暗黙の演算順位を変更したいときは, 算術演算と同様に, カッコ ( ) によって明示する. 最内側カッコの演算の優先度が最も高く, 外側へ行くにしたがって優先度が低くなる. カッコ内では, (1)～

▶〔注意〕
　論理積 (AND) の演算記号である "·" は, 算術演算の乗算記号である "×" や "·" と同様に, 特に紛れがないときは省略してもよい. たとえば, $X \cdot Y$ を単に XY と書く.

▶〔注意〕
　NOT 演算記号の "‾" では, 変数1個だけにかかるNOTを除いて, 演算記号 "‾" 下にある……全体の両最外側にカッコがあるとする. しかし, この最外側のカッコは, 冗長なので, 紛れがない限り, 省略する. たとえば, $X \cdot \overline{Y + Z}$ について, 冗長で省略したカッコを復活させると, $\left(X \cdot \overline{(Y+Z)}\right)$ である.

(3) の演算順位にしたがう．

---- 例 題 ----

3.1 論理式 $\overline{\overline{A} \cdot \overline{B+\overline{C}}}$ の各演算の優先順位を示しなさい．

（解）次の演算順で行う．各演算で使用する演算結果が前のどの演算で得たものかについて，<u>当該演算</u>の下に演算番号で示してある．

1. $\overline{A}$
2. $\overline{C}$
3. $B + \underbrace{\overline{C}}_{2.}$
4. $\underbrace{\overline{B+\overline{C}}}_{3.}$
5. $\underbrace{\overline{A}}_{1.} \cdot \underbrace{\overline{B+\overline{C}}}_{4.}$
6. $\underbrace{\overline{\overline{A} \cdot \overline{B+\overline{C}}}}_{5.}$

ある論理変数 X の否定 (NOT) である $\overline{X}$ を（X の）**否定形**という．一方，X そのものを**肯定形**という．

否定（NOT；式 3.1），論理積（AND；式 3.2），論理和（OR；式 3.3）の3種類の**基本論理演算**は論理代数を理論的に支える**公理**である．

公理である基本論理演算（NOT, AND, OR）のうち，2項演算である AND と OR については，次のように，n（n は 3 以上の整数）項による多項演算も公理とする．

┌─ 多項 AND ─────────────────────────
│ 日本語の「…かつ…かつ…」や「…と…と…」の意味を持つ．n 個の演算対象項のすべてが "1"（$1 \cdot 1 \cdot \cdots \cdot 1$）の場合にだけ，演算結果は "1" であり，1 項でも "0" の場合は，演算結果は "0" である．
└──────────────────────────────

┌─ 多項 OR ──────────────────────────
│ 日本語の「…または…または…」や「…か…か…」の意味を持つ．n 個の演算対象項のすべてが "0"（$0 + 0 + \cdots + 0$）の場合にだけ，演算結果は "0" であり，1 項でも "1" の場合は，演算結果は "1" である．
└──────────────────────────────

3.1.2 論理関数とその性質　《論理値どうしの数学的関係は論理演算式で表せる》

[1] 論理関係と論理式

基本論理演算（記号）を使うと，論理や論理どうしのいろいろな関係を論理演算式によって表現できる．論理や論理どうしの関係を**論理関係**，論理関係を表す論理演算式を**論理式**，とそれぞれいう．

一般に，論理式は論理変数あるいは論理定数（論理値，"0"か"1"の2値）と基本論理演算記号（NOTの"‾"，ANDの"・"，ORの"+"の3種類）を用いて記述する．

論理式中のすべての論理変数に"0"か"1"のどちらかの論理値を代入して，演算順位にしたがって演算を行うと，論理式そのものの論理値も"0"か"1"のどちらかに一意に決まる．ある論理式が"1"であることを「その論理式（が示す論理関係）は**成立する**」，「**成立している**」あるいは「その論理式（が示す論理関係）は**真**である」という．一方，ある論理式が"0"であることを「その論理式（が示す論理関係）は**成立しない**」，「**成立していない**」，「**不成立である**」あるいは「その論理式（が示す論理関係）は**偽**である」という．

ある論理式 E と F を構成するすべての論理変数に"0"か"1"のどちらかを代入して，論理式 E と F それぞれの論理値を計算する．その結果，それら"0"と"1"のすべての組み合わせに対して，論理式 E と F それぞれの論理値がすべて等しくなる場合，「論理式 E と F は**等しい**」，「**同じである**」または「**同値である**」という．「論理式 E と F は等しい」という論理関係は，算術演算と同様に等号"="によって，"$E = F$"と表す．

また，ある論理式 E を構成するすべての論理変数に"0"か"1"のどちらかを代入して，論理式 E そのものの論理値を計算するとき，それら"0"と"1"のすべての組み合わせに対して，論理式 E の論理値がすべて"1"となる場合，"$E = 1$"である．これを日本語で「論理式 E は成立する」あるいは「真である」という．

一方，同様に，ある論理式 E と F を構成するすべての論理変数に"0"か"1"のすべての組み合わせを代入して，論理式 E と F それぞれそのものの論理値を計算する．その結果，それら"0"と"1"の組み合わせのうちの少なくとも1組で，論理式 E と F それぞれの論理値が等しくない場合，論理式 E と F は「**等しくない**」，「**同じでない**」または「**同値でない**」という．「論理式 E と F は等しくない」という論理関係は算術演算と同様に不等号"≠"によって，"$E \neq F$"と表す．

また，ある論理式 E を構成するすべての論理変数に"0"か"1"のどちらかを代入して，論理式 E そのものの論理値を計算するとき，それら"0"と

▶〔注意〕
　"$E = F$"という論理式全体も「E と F は等しい」という論理関係を表す論理式である．したがって，"$E = F$"という論理式（全体）は，厳密な日本語としては，「論理式 $E = F$ は成立する」または「『論理式 E と F は等しい』という論理関係が成立する」を表している．

▶〔注意〕
　"$E \neq F$"という論理式全体も「E と F は等しくない」という論理関係を表す論理式である．したがって，"$E \neq F$"という論理式（全体）は，厳密な日本語としては，「論理式 $E = F$ は成立しない（不成立である）」，「論理式 $E \neq F$ は成立する」または「『論理式 E と F は等しくない』という論理関係が成立する」を表している．

"1"の組み合わせのうちの少なくとも1組で，論理式 E の論理値が "0" となる場合，"$E=0$" である．これを日本語で「論理式 E は成立しない」，「不成立である」あるいは「偽である」という．

――― 例　題 ―――

3.2　[「「A でない」または「「B である」かつ「C でない」」」という論理関係は「真でない」] という日本語で表す [ ] 内の論理関係全体を論理式で表しなさい．ただし，A, B, C は論理変数である．

（解）　日本語でのカギカッコ「　」は論理式では（ ）（カッコ）で表せばよい．したがって，「「A でない」または「「B である」かつ「C でない」」」という論理関係は，日本語と論理式としてのカッコ（対応するカッコどうしに最内側から外側に向う順で番号を振ってある）を混在させて書くと，

$$((\overset{3\,1}{(}A\text{でない}\overset{1}{)}\text{または}\overset{2\,1}{(}(\overset{1}{B}\text{である}\overset{1}{)}\text{かつ}\overset{1}{(}C\text{でない}\overset{1\,2\,3}{)))}$$

となる．
さらに，残っている日本語を，対応する基本論理演算記号にして，最外側（カッコ 3）や 1 変数の肯定形あるいは否定形の冗長で不要な ( ) を省略すると，

$$\overline{A}+(B\cdot\overline{C})$$

か，または，演算順位にしたがうと省略可能な カッコ を取り除いて，

$$\overline{A}+B\cdot\overline{C}$$

という論理式で表せる．
次に，「真でない」は「論理値 "1"（と同値）でない」という意味である．あるいは，「真でない」は，「偽である」と日本語として同義，また論理関係として同値であり，「論理値 "0"（と同値）である」という意味でもある．したがって，日本語で表す [ ] 内の論理関係全体は次の論理式のどれかで表せる．

$$\overline{A}+(B\cdot\overline{C})\neq 1 \quad \overline{A}+B\cdot\overline{C}\neq 1$$
$$\overline{A}+(B\cdot\overline{C})=0 \quad \overline{A}+B\cdot\overline{C}=0$$

---

[2]　論理関数

　ある論理式を n 個の論理変数 $X, Y, \ldots, Z$ で構成するとき，それらの変数のそれぞれがとり得る論理値すなわち変数値の組み合わせは 2^n 通りある．また，それらの変数値によって論理式そのものの値も論理値の "0" か "1" に決まる．この 2^n 通りの論理変数値の組による集合と論理式そのも

の論理値の集合 $\{0,1\}$ との対応関係を示す関数を n 変数論理関数という．

ある論理関数 $f(X,Y,\ldots,Z)$ の論理変数 $X,Y,\ldots,Z$ の値（変数値）のすべてを "0" か "1" のどちらかに決めれば，f の値すなわち**論理関数値**も "0" か "1" のどちらかに決まる．

———— 例　題 ————

3.3　2 変数論理関数 $f(X,Y) = \overline{X \cdot Y}$ が，

$\qquad$ (1) $g(X,Y) = \overline{X} + \overline{Y}$ $\qquad$ (2) $h(X,Y) = \overline{X} \cdot \overline{Y}$

のそれぞれと等しいかどうかを確かめなさい．

（解）　X,Y の変数値の組み合わせは，
$$(X,Y) = (0,0), (0,1), (1,0), (1,1)$$
の 4 通りである．これらのすべてについて，

$\qquad$ (1) $f(X,Y) = g(X,Y)$ $\qquad$ (2) $f(X,Y) = h(X,Y)$

が成立するかどうかを調べる．

$\qquad f(0,0) = \overline{0 \cdot 0} = \overline{0} = 1$
$\qquad f(0,1) = \overline{0 \cdot 1} = \overline{0} = 1$
$\qquad f(1,0) = \overline{1 \cdot 0} = \overline{0} = 1$
$\qquad f(1,1) = \overline{1 \cdot 1} = \overline{1} = 0$

(1) $\quad g(0,0) = \overline{0} + \overline{0} = 1 + 1 = 1$
$\qquad g(0,1) = \overline{0} + \overline{1} = 1 + 0 = 1$
$\qquad g(1,0) = \overline{1} + \overline{0} = 0 + 1 = 1$
$\qquad g(1,1) = \overline{1} + \overline{1} = 0 + 0 = 0$

よって，$f(0,0) = g(0,0)$, $f(0,1) = g(0,1)$, $f(1,0) = g(1,0)$, $f(1,1) = g(1,1)$ であるから，$f(X,Y) = g(X,Y)$，すなわち f と g は等しい．

(2) $\quad h(0,0) = \overline{0} \cdot \overline{0} = 1 \cdot 1 = 1$
$\qquad h(0,1) = \overline{0} \cdot \overline{1} = 1 \cdot 0 = 0$
$\qquad h(1,0) = \overline{1} \cdot \overline{0} = 0 \cdot 1 = 0$
$\qquad h(1,1) = \overline{1} \cdot \overline{1} = 0 \cdot 0 = 0$

よって，$f(0,0) = h(0,0)$, $f(1,1) = h(1,1)$ であるが，$f(0,1) \neq h(0,1)$, $f(1,0) \neq h(1,0)$ であり，$f(X,Y) \neq h(X,Y)$，すなわち f と h は等しくない．

- 任意の**論理関数**は 2 値（"0"，"1"）の論理値と 3 種類（NOT "¯"，AND "·"，OR "+"）の**基本論理演算**だけで表せる．

[3] 双対

> **双対**
>
> ある論理式 E に対して,
> 　(A) $\cdot \Leftrightarrow +$：2項論理演算記号の AND と OR の入れ替え；
> 　(B) $\mathbf{0} \Leftrightarrow \mathbf{1}$：論理定数（論理値）の "0" と "1" の入れ替え；
> という2操作を適用してできる論理式を E の**双対**という．

▶〔注意〕
　本書では，E と双対な論理式を E^d と表記する．また，「E と E^d は双対である」という．
　ある論理式 E に対して，それと双対な論理式 E^d が必ず存在する．

双対を求める操作 (A)(B) はそれぞれ，論理関数における次の性質を導き出す．

(A) 基本論理演算の AND と OR は**双対**である．この性質を論理式の形式で示すと，$(\bigcirc \cdot \bigcirc)^d = \bigcirc^d + \bigcirc^d$, $(\bigcirc + \bigcirc)^d = \bigcirc^d \cdot \bigcirc^d$ となる．

(B) 論理値の "0" と "1" は**双対**である．この性質を論理式として示すと，$0^d = 1$, $1^d = 0$ となる．

双対を求める操作では，(a) NOT 演算；(b) 基本論理演算（NOT, AND, OR）間の演算順位（37ページで示した (1)～(3)）；(c) 等号，不等号；のそれぞれに対しては，何も行わない．すなわち，(a) NOT の演算記号の "‾"；(b) カッコ ( ) による明示的な変更も含んだ演算順位；(c) 等しいか等しくないかという論理関係を示す等号 "=" や不等号 "≠"；のそれぞれについては，双対を求める操作では，元の論理式のそれらをそのまま受け継ぎ保持するので不変である．

▶《参考》
　双対な論理式を求めるときは，i) 暗黙のうちに省略したカッコを復活し明示する；ii) (A)(B) の操作によって双対を求める；iii) 求めた双対から冗長で不要なカッコを取り除く；という手順によると，間違わない．

──── 例 題 ────

3.4 論理式 $E = \overline{\overline{(A+\overline{B})}+0} \cdot C + \overline{D} \cdot 1$ と双対な論理式 E^d を求めなさい．

（解）　参考として示した手順 i)～iii) にしたがって，ていねいに解答してみよう．

まず，手順 i) によって，E の省略したカッコを復活させる．

$$E = \overline{\overline{(A+\overline{B})}+0} \cdot C + \overline{D} \cdot 1$$

$$= \left(\left(\overline{\overline{(A+\overline{B})}+0}\right) \cdot C\right) + \left(\overline{D} \cdot 1\right)$$

次に，この E に対して，手順 ii) によって，双対を求める操作：(A) 論理演算記号の入れ替え（$\cdot \Leftrightarrow +$）；(B) 論理定数の入れ替え（$0 \Leftrightarrow 1$）；のそれぞれを，NOT 演算の対象項，演算順位，および等号や不等号は保持しつつ，行うと，次のように，E の双対 E^d を得る．

$$E^d = \left(\left(\overline{\overline{(A \cdot \overline{B})} \cdot 1}\right) + C\right) \cdot \left(\overline{D} + 0\right)$$

最後に，手順 iii) によって，求めた双対 E^d から冗長で不要なカッコ

を取り除く．
$$E^d = \overline{\left(\overline{A \cdot \overline{B}} \cdot 1 + C\right)} \cdot \left(\overline{D} + 0\right)$$
演算順位の保持のために，元の E では不要で省いていた <u>カッコ</u> が，E_d では，必要となることに注意しよう．逆に，元の E では明記していた <u>カッコ</u> が，E_d では，不要となり省ける．

---

[4] 双対性

基本論理演算だけで構成する論理式で表す論理関係は，双対に関して，次のような重要な性質を持っている．

> 【定理 3.1】（双対性）
>
> 任意の論理関係 L が成立しているとき，それと双対となる論理関係 L^d も成立する．これを「L と L^d には**双対性がある**」という．
>
> 言い換えると，基本論理演算だけで構成する任意の論理式 E, F について，$E = F$（式全体が論理関係である）ならば，$E^d = F^d$（式全体が論理関係である）である．逆に，$E \neq F$ ならば，$E^d \neq F^d$ である．

▶〔注意〕
L と L^d は双対であり，双対性の定理 3.1 によって，L が成立すれば L^d も成立し，逆に，L^d が成立すれば L も成立する．すなわち，L と L^d は双対性がある．すなわち，「双対である」と「双対性がある」は同じ意味である．

また，双対性の定理 3.1 は，論理式どうしではなく，論理関係どうしについて述べている．論理式どうしについては，直後の段落の枠囲みで個条書きしてある．

双対性の定理 3.1 において，$F = 1$（論理定数）とすれば，$F^d (= 1^d) = 0$ であり，「$E = 1$ ならば $E^d = 0$ である」となる．これを日本語でていねいに言うと，「『E は成立する』という論理関係が成立している」とき，「『E^d（E の双対）は成立しない（不成立である）』という論理関係が成立する」となる．この日本語表現から回りくどい冗長表現を省くと，次のように言える．

> - ある論理式 E が成立するとき，E の**双対**である論理式 E^d は成立しない（不成立である）．$E = 1$ ならば $E^d = 0$ である．

逆に，「$E = 0$ ならば $E^d = 1$ である」から，次のように言える．

> - ある論理式 E が成立しない（不成立である）とき，E の**双対**である論理式 E^d は成立する．$E = 0$ ならば $E^d = 1$ である．

▶〔注意〕
L と L^d は双対であるが，必ずしも，$L = L^d$ とは限らない．つまり，定理 3.1 は「$E = F$ であるとき，必ず $E^d = F^d$ である」を示しているだけであり，「双対な論理式どうしが等しい（$E = E^d$ あるいは $F = F^d$，これらは「自己双対」という）」ことを示しているわけではない．

たとえば，前の 3.1.1 項で述べた基本論理演算の定義（公理）として示した式 3.1（NOT の定義，37 ページ）の 2 つの論理式どうしには双対性がある．また，同じように，基本論理演算の定義（公理）として示した式 3.2（AND の定義，37 ページ）の各論理式と式 3.3（OR の定義，37 ページ）の各論理式どうしには双対性がある．

─── 例 題 ───

3.5 (1) 式3.1の2つの論理式どうし；(2) 式3.2の各論理式と式3.3の各論理式どうし；のそれぞれには双対性があることを証明しなさい．

（解）(1) 式3.1の片方の論理式 $\overline{0}=1$ の等号を挟む左右両辺について，双対を求める操作の (B) $0 \Leftrightarrow 1$ を適用して（(A)の操作対象はない），それぞれの双対を求めると，$\overline{1}=0$ となる．これは式3.1のもう片方の論理式である．双対性の定理3.1によって，式3.1の2つの論理式どうしには双対性がある．

(2) 式3.2の論理式 $0\cdot 0 = 0, \ 0\cdot 1 = 0, \ 1\cdot 0 = 0, \ 1\cdot 1 = 1$ それぞれの等号を挟む左右両辺について，双対を求める操作の (A) $\cdot \Leftrightarrow +$ と，(B) $0 \Leftrightarrow 1$ を適用して，それぞれの双対を求めると，この順で，$1+1=1, \ 1+0=1, \ 0+1=1, \ 0+0=0$ となる．これらは式3.3の論理式である．双対性の定理3.1によって，式3.2の各論理式と式3.3の各論理式どうしには双対性がある．

▶〔注意〕
　双対性がある定理どうしにおいては，片方の定理を証明すれば，「双対性の定理3.1によって」の一言で，もう片方の定理も証明したことになる．以降に示す定理のほとんどでは，双対な定理を2行に並べて示してある．

3.1.3　論理関数の基本定理　《論理関数の定理も論理関係だ》

　基本論理演算の定義として与えた式3.1（NOT），3.2（AND），3.3（OR）および双対性の定理3.1をもとにする基本定理をいくつか与えておこう．

　論理代数では，定理そのものも論理関係である．したがって，ある定理 T が成立すれば，双対性の定理3.1によって，T と双対な定理 T^d も成立する．

[1]　1変数論理関数の基本定理

▶〔注意〕
　論理変数は "0" か "1" の2値のどちらかであるから，変数が少ない定理の証明では，この定理3.2の証明のように，変数値としての "0" と "1" の組み合わせすべての場合に成立することを証明すればよい．
　たとえば，変数値の組み合わせは，1変数ならたった2通り，2変数なら $4(=2^2)$ 通り，3変数なら $8\ (=2^3)$ 通り，すなわち n 変数なら 2^n 通りであり，それぞれの場合すべてについて成立することを証明すればよい．
　以下に掲げる定理のほとんどは，この方法で証明できるので，特に説明が必要なもの以外は証明を省略する．

【定理3.2】（論理値とのAND/OR (1)）

論理変数 X と論理値 "0" とのANDは，X の変数値にかかわらず，"0" である．また，X と "1" とのORは，X の変数値にかかわらず，"1" である．

$$X \cdot 0 = 0 \quad \left(\overline{X}\cdot 0 = 0\right) \tag{3.4}$$

$$X + 1 = 1 \quad \left(\overline{X} + 1 = 1\right) \tag{3.5}$$

（証明）　式3.4において，X は "0" あるいは "1" のどちらかである．それらを代入すると，$0\cdot 0 = 0$ あるいは $1\cdot 0 = 0$ である．これらは式3.2（ANDの定義）そのもので成立する．
　また，双対性の定理3.1によって，式3.4と双対な式3.5も成立する．

【定理 3.3】（論理値との AND/OR (2)）

論理変数 X と論理値 "1" との AND や "0" との OR は，X そのもの（肯定形）となる．

$$X \cdot 1 = X \quad \left(\overline{X} \cdot 1 = \overline{X}\right) \tag{3.6}$$

$$X + 0 = X \quad \left(\overline{X} + 0 = \overline{X}\right) \tag{3.7}$$

定理 3.2 および 3.3 は「論理変数と論理定数（論理値）との AND や OR が論理値や単一の変数に簡約できる」ことを示している．したがって，論理変数と論理値が入り交じる構成の論理式は，これらの定理を使って論理値の消去をくり返すと，最終的に，論理変数だけによる構成あるいは単一の論理値（"0" か "1"）に簡約できる．

——— 例　題 ———

3.6 次の論理式を簡約しなさい．

(1) $(X \cdot 0 + X) \cdot 1$ 　　(2) $(X + 1) \cdot X + 1$

（解）　定理 3.2 と 3.3 とを用いる．

(1)　$(X \cdot 0 + X) \cdot 1 = (0 + X) \cdot 1 = X \cdot 1 = X$

(2)　$(X + 1) \cdot X + 1 = 1 \cdot X + 1 = X + 1 = 1$

ここで，定理 3.2 および 3.3 において，変数 X を任意の論理式 E に置き換えても，定理 3.2 および 3.3 の式 3.4〜3.7 は次の通りに成立する．

$$E \cdot 0 = 0 \qquad E + 1 = 1$$
$$E \cdot 1 = E \qquad E + 0 = E$$

【定理 3.4】（同一則）

変数 X どうしの AND および OR はともに単一の X そのもの（肯定形）になる．

$$X \cdot X = X \quad \left(\overline{X} \cdot \overline{X} = \overline{X}\right) \tag{3.8}$$

$$X + X = X \quad \left(\overline{X} + \overline{X} = \overline{X}\right) \tag{3.9}$$

【定理 3.5】（拡張同一則）

複数個の同じ変数 X どうしの AND や OR は単一の X そのもの（肯定形）になる．

$$X \cdot X \cdot \cdots \cdot X = X \quad \left(\overline{X} \cdot \overline{X} \cdot \cdots \cdot \overline{X} = \overline{X}\right) \quad (3.10)$$

$$X + X + \cdots + X = X \quad \left(\overline{X} + \overline{X} + \cdots + \overline{X} = \overline{X}\right) \quad (3.11)$$

（証明）　定理 3.4（同一則）による X どうしの 2 項演算をくり返せば，最後に単一の X そのものになる．

▶〔注意〕
　任意の論理式 E についても，定理 3.2 および 3.3 を拡張・適用できることから，定理 3.2～3.5 は，変数 X（肯定形）を否定形 $\overline{X}$ に置き換えても，成立する．否定形 $\overline{X}$ に対する式 3.4～3.11 は，それぞれの式の後のカッコ（…）内に示してある．

【定理 3.6】（相補則）

ある変数 X（肯定形）とその否定 (NOT) である $\overline{X}$（否定形）の AND は "0"，OR は "1" である．

$$X \cdot \overline{X} = 0 \quad (3.12)$$

$$X + \overline{X} = 1 \quad (3.13)$$

【定理 3.7】（2 重否定）

ある変数 X（肯定形）の否定の否定（2 重否定）は X そのもの（肯定形）である．

$$\overline{\overline{X}} = X \quad (3.14)$$

[2]　2 または 3 変数論理関数の基本定理

【定理 3.8】（交換則）

2 項論理演算 (AND, OR) においては，それぞれの演算記号の左右にある演算項を入れ替えても，すなわち交換しても同値である．

$$X \cdot Y = Y \cdot X \quad (3.15)$$

$$X + Y = Y + X \quad (3.16)$$

【定理 3.9】（結合則）

3 項同一論理演算 (AND, OR) においては，並び順で前の 2 項演算を先にしても，後の 2 項演算を先にしても，同値である．

$$(X \cdot Y) \cdot Z = X \cdot (Y \cdot Z) \tag{3.17}$$
$$(X + Y) + Z = X + (Y + Z) \tag{3.18}$$

（証明） 3 変数 X, Y, Z の各論理値 "0" と "1" の組み合わせは $8(=2^3)$ 通りある．それぞれの場合すべてについて定理が成立することを示せばよい．（以下省略）

この定理 3.9（結合則）は，前の 3.1.1 項で公理として導入した n（n は 3 以上の整数）項同一論理演算である多項 AND と多項 OR に対して，次のように，拡張できる．

【定理 3.10】（多項同一演算での結合則）

多項 AND（38 ページに定義）である「1 個の n 項 AND 演算」を「$(n-1)$ 個の 2 項 AND 演算の集まり」と見なす場合には，$(n-1)$ 個の 2 項 AND 演算をどんな順序で行っても同値である．

同様に，**多項 OR**（38 ページに定義）である「1 個の n 項 OR 演算」を「$(n-1)$ 個の 2 項 OR 演算の集まり」と見なす場合には，$(n-1)$ 個の 2 項 OR 演算をどんな順序で行っても同値である．

【定理 3.11】（分配則）

$$X \cdot (Y + Z) = (X \cdot Y) + (X \cdot Z) \tag{3.19}$$
$$X + (Y \cdot Z) = (X + Y) \cdot (X + Z) \tag{3.20}$$

式 3.19 と 3.20 の左辺から右辺へは「展開」，右辺から左辺へは「（共通変数の）くくり出し」に，それぞれあたり，どちらも同値関係を保つ式変形である．

▶〔注意〕
AND "$\cdot$" が OR "$+$" よりも演算順位が高いことによると，定理 3.11 において，式 3.19 の右辺および式 3.20 の左辺のそれぞれにおけるカッコは省略できる．

[3] ド・モルガンの定理

3 種類の基本論理演算（NOT および AND と OR）間では，次の同値関係が成り立つ．これを**ド・モルガン** (De Morgan) の定理という．

▶〔注意〕
定理 3.12（ド・モルガンの定理）の式 3.21 の証明も，X と Y の変数値としての "0" と "1" の 4 通りの組み合わせすべての場合に成立することで行える．たとえば，
（左辺）$= \overline{0 \cdot 0} = \overline{0} = 1$
（右辺）$= \overline{0} + \overline{0} = 1 + 1 = 1$
など（これ以外の 3 通りは省略）である．

【定理 3.12】（基本 2 項演算でのド・モルガンの定理）

$$\overline{X \cdot Y} = \overline{X} + \overline{Y} \qquad (3.21)$$

$$\overline{X + Y} = \overline{X} \cdot \overline{Y} \qquad (3.22)$$

さらに，2 項演算でのド・モルガンの定理 3.12 を多項 AND および多項 OR に対して拡張できる．

【定理 3.13】（多項同一演算でのド・モルガンの定理）

$$\overline{A \cdot B \cdot \cdots \cdot Z} = \overline{A} + \overline{B} + \cdots + \overline{Z} \qquad (3.23)$$

$$\overline{A + B + \cdots + Z} = \overline{A} \cdot \overline{B} \cdot \cdots \cdot \overline{Z} \qquad (3.24)$$

（証明）　式 3.23 において，多項同一演算における変数値の組み合わせは，次の (1) (2) の場合に分けられ，この 2 つの場合に限られる．
(1) $A, B, \ldots, Z$ のすべてが "1" の場合：$A = B = \cdots = Z = 1$ であるから，多項 AND と多項 OR の公理によって，

（左辺）$= \overline{1 \cdot 1 \cdot \cdots \cdot 1} = \overline{1} = 0$

（右辺）$= \overline{1} + \overline{1} + \cdots + \overline{1} = 0 + 0 + \cdots + 0 = 0$

(2) $A, B, \ldots, Z$ のうち少なくとも 1 つが "0" の場合：たとえば，$A = 0, B = \cdots = Z = 1$ とすると，多項 AND と多項 OR の公理によって，

（左辺）$= \overline{0 \cdot 1 \cdot \cdots \cdot 1} = \overline{0} = 1$

（右辺）$= \overline{0} + \overline{1} + \cdots + \overline{1} = 1 + 0 + \cdots + 0 = 1$

また，双対性の定理 3.1 によって，式 3.23 と双対な定理 3.24 も成立する．

これらのド・モルガンの定理 3.12 および 3.13 は，「ある論理式 E 全体に対する NOT 演算は，次の (a) (b) の 2 操作によって省ける」ことを示している．
(a) その論理式を構成するすべての AND 演算と OR 演算を入れ替える，すなわち AND 演算記号 "·" ⇔ OR 演算記号 "+" という入れ替えを適用する；
(b) その論理式を構成するすべての論理変数個々に NOT 演算を適用する，すなわち**肯定形**⇔**否定形**という入れ替えを適用する（例：$A \Leftrightarrow \overline{A}$ など）；

ド・モルガンの定理 3.12 および 3.13 においては，対象とする論理式 E の左右の各辺を AND か OR かどちらかの基本論理演算だけで構成してい

る．一方，これらの定理が示す前述の (a) の AND 演算と OR 演算の入れ替え（AND⇔OR）操作は双対を求める操作 (A) であり，さらに，双対性の定理 3.1 は「AND 演算と OR 演算には双対性がある」を示している．

これらを併せると，多項同一演算でのド・モルガンの定理 3.13 の対象である論理式 E が AND と OR の入り交じる任意の構成であっても，多項同一演算でのド・モルガンの定理がいう次の事項が成立する．

> - 論理式 E 全体に対する NOT 演算記号 "‾" は，E において，(a) すべての AND 演算記号 "·" と OR 演算記号 "+" を入れ替える；(b) すべての変数や論理値の肯定形と否定形を入れ替える；の両操作を行うことによって，省ける．

これを「拡張（一般化）ド・モルガンの定理」あるいは単にド・モルガンの定理という．

このド・モルガンの定理を形式的に表してみよう．まず，NOT, AND, OR の基本論理演算で構成する n 変数 $(A, B, \ldots, Z)$ 論理関数 L は，形式的に，

$$L = f(A, \overline{A}, B, \overline{B}, \ldots, Z, \overline{Z}, \cdot, +) \tag{3.25}$$

と表せる．このとき，L の否定形である $\overline{L}$ は，L のうちの，(a) すべての演算記号の "·"(AND)⇔"+"(OR) の入れ替え；(b) すべての変数個々について肯定形 ⇔ 否定形 の入れ替え；を適用して得られ，L と同様に形式的に，

$$\overline{L} = f(\underbrace{\overline{A}, A, \overline{B}, B, \ldots, \overline{Z}, Z}_{(b)}, \underbrace{+, \cdot}_{(a)}) \tag{3.26}$$

と表せる．式 3.25 の標記を使うと，

$$\overline{L} = \overline{f(A, \overline{A}, B, \overline{B}, \ldots, Z, \overline{Z}, \cdot, +)} \tag{3.27}$$

であるので，$\overline{L}$ についての同値な式 3.27 と 3.26 とによって，一般化したド・モルガンの定理は形式的に次のように表せる．

▶〔注意〕
　L の否定形 $\overline{L}$ を得る操作の (b) において，L に論理定数（論理値）が存在する場合には，その論理定数に対して (b) を準用して，"1"（肯定形の論理値）⇔ "0"（否定形の論理値）を行えばよい．

> 【定理 3.14】（ド・モルガンの定理）
>
> $$\overline{f(A, \overline{A}, B, \overline{B}, \ldots, Z, \overline{Z}, \cdot, +)} \\ = f(\underbrace{\overline{A}, A, \overline{B}, B, \ldots, \overline{Z}, Z}_{(b)}, \underbrace{+, \cdot}_{(a)}) \tag{3.28}$$

──── 例　題 ────

3.7　論理式 $\overline{A \cdot \overline{B} + \overline{\overline{C} + D}}$ にド・モルガンの定理を適用することによっ

て，1 変数の NOT（すなわち，変数の否定形である）以外の NOT のすべてを省いた同値な論理式にしなさい．

（解）　まず，論理式全体にかかる NOT をド・モルガンの定理 3.14 によって省き，定理 3.7 によって 2 重否定を肯定形にする．

$$= \left(\overline{A} + \overline{\overline{B}}\right) \cdot \overline{\overline{\overline{C} \cdot \overline{D}}} = \left(\overline{A} + B\right) \cdot \overline{\overline{C} \cdot \overline{D}}$$

次に，このうちの部分式 $\overline{\overline{C} \cdot \overline{D}}$ にかかる NOT を，前と同様に，定理 3.14 によって省き，2 重否定を肯定形にする．

$$= \left(\overline{A} + B\right) \cdot \left(\overline{\overline{C}} + \overline{\overline{D}}\right) = \left(\overline{A} + B\right) \cdot \left(\overline{C} + D\right)$$

（別解）部分式 $\overline{\overline{C} + D}$ にかかる NOT を省いてから，この論理式全体にかかる NOT を省く順でもよい．

また，「ド・モルガンの定理による NOT を省く 2 操作 (a) (b) がその 1 個の NOT 演算記号がかかる範囲に対するものである」ことを利用すると，2 重に NOT 演算記号がかかる 2 重否定の範囲に対しては，定理 3.7（2 重否定）によって，ド・モルガンの定理は適用せずに 2 重の NOT 演算記号を省くだけでよい．すなわち，例題として与えられた論理式の $\overline{\overline{\overline{C} + D}}$ 部分については，2 重の NOT 演算記号を省いて，$\overline{C} + D$ である．そして，残る $\overline{A \cdot \overline{B}}+$ 部分に，ド・モルガンの定理による 2 操作 (a) (b) を 1 回だけ適用して，この部分全部にかかる NOT を省くと，$\left(\overline{A} + B\right) \cdot$ となる．これらの変形後の部分式を併せる．

$$= \left(\overline{A} + B\right) \cdot \left(\overline{C} + D\right)$$

▶〔注意〕
　ド・モルガンの定理は演算順位については何も言及していないので，演算順位は元のまま保持する．したがって，例題 3.7 の解の式での カッコ は必須である．

---

[4] 展開定理

任意の n 変数論理関数 $f(X_1, \ldots, X_i, \ldots, X_n)$（$i$ と n は $i \leq n$ の正整数）について，これまでに示した定理 3.3（論理値 "1" との AND），定理 3.6（相補則）および定理 3.11（分配則）などの基本定理を適用すると，n 変数論理関数 f は，最終的に，それを構成する任意の変数 1 個が消えた同値な $(n-1)$ 変数論理関数 f で構成する論理式にできる．

この n 変数論理関数についての，$(n-1)$ 変数論理関数で構成する論理式への同値を保持した変形（展開）を **展開定理** という．

【定理 3.15】（展開定理）

$i = 1, \ldots, n$（i と n は正整数）とするとき，

$$f(X_1, \ldots, X_i, \ldots, X_n) = \underline{(X_i \cdot f(X_1, \ldots, 1, \ldots, X_n))} \\ + \underline{(\overline{X_i} \cdot f(X_1, \ldots, 0, \ldots, X_n))} \quad (3.29)$$

$$f(X_1, \ldots, X_i, \ldots, X_n) = (X_i + f(X_1, \ldots, 0, \ldots, X_n)) \\ \cdot (\overline{X_i} + f(X_1, \ldots, 1, \ldots, X_n)) \quad (3.30)$$

（証明）　式 3.29 について，「X_i の値が "0" と "1" の場合に分けて，両辺が同値であることを示す」基本的な方法で証明してみよう．

(1) $X_i = 0$ の場合：

（左辺）$= f(X_1, \ldots, 0, \ldots, X_n)$

（右辺）$= (0 \cdot f(X_1, \ldots, 1, \ldots, X_n))$
$\qquad\qquad + (1 \cdot f(X_1, \ldots, 0, \ldots, X_n))$
$\quad = f(X_1, \ldots, 0, \ldots, X_n)$

(2) $X_i = 1$ の場合：

（左辺）$= f(X_1, \ldots, 1, \ldots, X_n)$

（右辺）$= (1 \cdot f(X_1, \ldots, 1, \ldots, X_n))$
$\qquad\qquad + (0 \cdot f(X_1, \ldots, 0, \ldots, X_n))$
$\quad = f(X_1, \ldots, 1, \ldots, X_n)$

▶〔注意〕
演算順位にしたがうと，式 3.29 での カッコ は省略できる．

たとえば，式 3.29 によって，任意の n 変数論理関数 $f(A, \underline{B}, \ldots, Z)$ は，任意の変数（この例では，$\underline{B}$ とする）を "1" および "0" と論理定数にすることで，変数 B が消えた $(n-1)$ 変数論理関数の $f(A, \underline{1}, \ldots, Z)$ および $f(A, \underline{0}, \ldots, Z)$ による同値な論理式に展開（「f を B で展開する」という）できる．

一般に，ある論理式 L およびそれを構成するある変数 X に対して展開定理 3.15 を適用することを「L を X で展開する」という．展開定理を適用して得た式 3.29 や 3.30 を**展開形**あるいは「肯定・否定分離形」という．また，式 3.29 を適用する場合は「X による**積和形**への展開」，式 3.30 を適用する場合は「X による**和積形**への展開」とそれぞれいう．

展開定理は，任意の論理関数を**標準形**に変形するときに用いる重要な定理である．標準形および積和形や和積形については，3.2.2 項で詳述する．

―― 例　題 ――

3.8　$f(A,B,C) = (A+\overline{B}) \cdot \overline{C}$ を A,B,C のそれぞれで展開しなさい．

（解）　展開定理 3.15 によって，A で展開する．
$$f(A,B,C) = A \cdot f(1,B,C) + \overline{A} \cdot f(0,B,C)$$
$$= A \cdot \overline{C} + \overline{A} \cdot \overline{B} \cdot \overline{C}$$

同様に，B で展開する．
$$f(A,B,C) = B \cdot f(A,1,C) + \overline{B} \cdot f(A,0,C)$$
$$= B \cdot A \cdot \overline{C} + \overline{B} \cdot \overline{C}$$

同様に，C で展開する．
$$f(A,B,C) = C \cdot f(A,B,1) + \overline{C} \cdot f(A,B,0)$$
$$= C \cdot 0 + \overline{C} \cdot (A+\overline{B})$$
$$= \overline{C} \cdot (A+\overline{B})$$

3.2　論理関数の表現

　論理代数では，数学一般での数式にあたる**論理式**によって，論理関数を表現し操作する．本節では，いろいろな形の論理式を論理代数にしたがう一定の規則すなわち定理に基づいて変形（実際には，展開）する方法によって，論理式の数学的な操作を容易にする**標準形**を得てみよう．また，論理関数は，標準形を含む論理式のほかにも，**真理値表**という表や**カルノー図**という図によっても表せることについて，理解を深めよう．「論理関数を表現する」と「論理関数のいろいろな表現法を使い分ける」とが論理回路の設計での第一歩である．

3.2.1　真理値表　《論理関数を論理値だけで表す》

　論理関数（この項での説明では，2 変数論理関数 $f(X,Y)$ を例にとる）においては，その論理関数 $f(X,Y)$ を構成する変数 X,Y に "0" か "1" の論理値（**変数値**）を代入すると，それら変数値（"0" か "1"）の組み合わせごとに，対応する論理関数そのものの値（**論理関数値**；以下では，単に関数値とする）を計算できる．変数値や関数値はともに論理値であり，"1" が日本語での「真」，"0" が「偽」を表す．

　変数値の組 $(X,Y) = (0,0), (0,1), (1,0), (1,1)$ と，これらそれぞれをこの順で代入・計算して決まる関数値 $f(0,0), f(0,1), f(1,0), f(1,1)$ は表 3.1 のよ

うな一覧表にできる．この一覧表での関数値 $f(0,0), f(0,1), f(1,0), f(1,1)$ のそれぞれは，実際には，"0" か "1" の論理値である．

表 3.1 2 変数論理関数の真理値表の構成

X	Y	$f(X,Y)$
0	0	$f(0,0)$
0	1	$f(0,1)$
1	0	$f(1,0)$
1	1	$f(1,1)$

表 3.1 のように，変数名と関数名を見出しラベル行（最上行）にして，変数値と関数値の対応関係で構成する "0" と "1" による一覧表を**真理値表**という．真理値表では，変数値の組のそれぞれを見出しラベル（左側）として，それに対応する関数値を同じ行（の右側）に示す．n 変数論理関数では，変数値の "0" か "1" の組み合わせは 2^n 通りあるので，その論理関数を表現する真理値表は，ラベル行を除くと，2^n 行（表 3.1 の例では，$n = 2$ であるので 4 行）で構成する．

ある論理関数についての真理値表は唯一であり，その論理関数の表による表現法でもある．

―――― 例 題 ――――
3.9 論理関数 $f(A,B) = \overline{A} \cdot B + \overline{B}$ を真理値表で表現しなさい．

（解）$(A,B) = (0,0), (0,1), (1,0), (1,1)$ の場合における関数値のそれぞれを計算すると，
$f(0,0) = f(0,1) = f(1,0) = 1,\ f(1,1) = 0$
である．したがって，A, B の変数値と $f(A,B)$ の関数値を見出しラベル行にする真理値表（右に示す）となる．

A	B	$f(A,B)$
0	0	1
0	1	1
1	0	1
1	1	0

論理関数を表現する能力の観点で，**真理値表**の特徴をまとめると，次のようになる．(1)～(3) が長所で，(4) (5) が短所である．
(1) 論理に対して人間が行う表現方法（例：場合分けなど）に最も近い．
(2) 変数値の組に対する関数値が一目で分かる．
(3) 変数が少ない場合に，作成が簡単である．
(4) n 変数論理関数の真理値表は 2^n 行で構成するので，変数が多くなると，表サイズが爆発的に大きくなる．結果として，表の作成や読み取りが難しくなって，(2) や (3) の長所が消えてしまう．

(5) 変数値のすべての組に対する関数値をあらかじめ計算しておく必要があるので，変数が多いあるいは関数式が複雑である場合には，表の作成に多大な時間を要し，(3) の長所が消えてしまう．

3.2.2 標準形論理式　《論理関数を唯一形の式で表す》

論理代数の枠組みでは，論理関数は**論理式**で表現して，数学的に取り扱う．論理関数の表現能力の観点で，論理式は次のような特徴を持っている．(1) は長所，(2) は短所である．

(1) 論理式は 2 種類の論理値（"0" と "1"）および 3 種類の論理演算（NOT, AND, OR）だけで構成できる．したがって，論理式は，変数が多くなっても，比較的簡潔にかつ数学的に厳密に表現あるいは操作できる．

(2) 形が異なっている論理式どうしの数学的な同値性すなわち等しい（"="）かどうかの判定は直感的には難しい．結果として，論理式を同値性を保持したまま変形したり簡単化するのは容易ではない．

ここで，「同値である（"=" で結べる）任意形の論理式は必ず**標準形**という唯一形にできる」ことを利用すれば，(2) の短所をなくせる．ある論理関数を表現するいろいろな形の論理式が唯一の同値な標準形に変形できて，統一した形式で表現できれば，論理関数に対する同値（等しい）かどうかの判定をはじめとする数学的な操作は，この標準形論理式について行えばよい．「いろいろな形の同値な（等しい）論理式を唯一の標準形に変形する」ことは数学でいう一種の「正規化」であり，この論理式の標準形は「正規形」とも言える．

[1] リテラル

▶〔注意〕
「変数 X のリテラル」とは，「X（肯定形）」または「$\overline{X}$（否定形）」のどちらかを指す．また，肯定形または否定形のどちらでもよい場合に使う．
変数の肯定形と否定形とを「リテラル」と総称して取り扱うことによって，本書の以降での論理関数や標準形論理式の説明において，変数に関係する事項が簡潔に表現できる．

─ リテラル ─
ある論理変数そのものである**肯定形**（例：X），および，その変数の否定 (NOT) である**否定形**（例：$\overline{X}$）を併せて**リテラル** (literal)（例：X のリテラル，リテラル X）と総称する．

ここで，必要ならば，「変数 X のリテラル」を $\tilde{X}$ と表記する．また，論理式において，ある変数の肯定形と否定形との総称である**リテラル**の肯定形と否定形とを区別する必要があるときは，$\tilde{X}^l$（ただし，l は論理値で，"0" か "1"）と表記する．$\tilde{X}^1 = X$（肯定形），$\tilde{X}^0 = \overline{X}$（否定形）である．

リテラルの定義を使って，複数個のリテラルを AND だけで結んでできる項，すなわちリテラルを演算項とする多項 AND 全体を**論理積項**，複数個のリテラルを OR だけで結んでできる項，すなわちリテラルを演算項と

する多項 OR 全体を**論理和項**,とそれぞれいう.たとえば,$\overline{A} \cdot P \cdot \overline{X}$ は論理積項,$B + \overline{Q} + Y$ は論理和項である.標準形論理式は論理積項と論理和項を規則的に組み合わせて作る.

また,定理 3.8(交換則)によって,論理積項(あるいは,論理和項)を構成する演算項どうしを入れ替えた論理積項(論理和項)は互いに同値である.たとえば,$\overline{A} \cdot P \cdot \overline{X} = P \cdot \overline{X} \cdot \overline{A} = \overline{X} \cdot \overline{A} \cdot P = \cdots$ である.

[2] 積和形と和積形

複数個の論理積項(ただし,ここでは,A や $\overline{X}$ などの単一リテラルも論理積項と見なす)すなわち多項 AND を 1 個の多項 OR で結んだ形の論理式を**積和形**あるいは **AND-OR 形**という.積和形では,まず複数個の多項 AND を個々にかつすべてについて行い,その結果に対する 1 個の多項 OR を行う順序になる.

たとえば,
$$\overline{A} + B \cdot \overline{C} + X \cdot \overline{Y} \cdot Z \tag{3.31}$$

は積和形の論理式である.この積和形では,$B \cdot \overline{C} (= P \text{ とする})$ と $X \cdot \overline{Y} \cdot Z$ $(= Q \text{ とする})$ の 2 個の AND を(任意順で)行い,次に,$\overline{A} + P + Q$ の OR を行う演算順序となる.

逆に,複数個の論理和項(ただし,ここでは,単一リテラルも論理和項と見なす)すなわち多項 OR を 1 個の多項 AND で結んだ形の論理式を**和積形**あるいは **OR-AND 形**という.和積形では,複数個の多項 OR を個々にかつすべてについて行い,その結果に対する多項 AND を行う順序になる.

たとえば,積和形論理式 3.31 の双対である
$$\overline{A} \cdot (B + \overline{C}) \cdot (X + \overline{Y} + Z) \tag{3.32}$$

という和積形論理式では,まず,$B+\overline{C} (= R \text{ とする})$ と $X+\overline{Y}+Z (= S \text{ とする})$ の 2 個の OR を(任意順で)行い,次に,$\overline{A} \cdot R \cdot S$ の AND を行う演算順序となる.

[3] 展開積和形

任意形の論理関数(論理式)は,変数すべてについて展開定理 3.15(51 ページ)の式 3.29 (3.30) をくり返し適用・展開すれば,積和形(和積形)に必ず変形できる.

たとえば,3 変数論理関数 $f(A,B,C)$ を例にとって,それに展開定理の式 3.29 を 3 回適用し,3 個の変数 A, B, C すべてで展開して積和形に変形してみよう.

1. まず,$f(A,B,C)$ を A で展開すると,f が 2 変数 (B,C) 論理関数としてだけで現れる次のような論理式になる.

▶〔注意〕
この 3.2.2 項や次の 3.2.3 項では,多項 AND には 2 項 AND も,多項 OR には 2 項 OR も,それぞれ含むものとする.

▶〔注意〕
積和形論理式においては,「複数個の多項 AND が先で,1 個の多項 OR が後」だけが演算順位として存在する.最初に行う複数個の AND 演算(多項 AND)間での演算順は,定理 3.8(交換則)によって,任意である.

一方,和積形論理式においては,「複数個の多項 OR 演算が先で,1 個の多項 AND 演算が後」だけが演算順位として存在する.最初に行う複数個の OR 演算(多項 OR)間での演算順は,定理 3.8(交換則)によって,任意である.

この注意の最初の段落と 2 番目の段落とは,AND⇔OR(AND と OR の入れ替え,「積」⇔「和」も含む)以外は同じ文章であり,双対である.

$$A \cdot f(1, B, C) + \overline{A} \cdot f(0, B, C)$$

2. 次に，この $f(1, B, C)$ および $f(0, B, C)$ の 2 項のそれぞれを B で展開する．たとえば，$f(1, B, C)$ は，次のように B で展開できる．

$$B \cdot f(1, 1, C) + \overline{B} \cdot f(1, 0, C)$$

$f(0, B, C)$ も同様に B で展開できて，結局，f が 1 変数（C）論理関数としてだけで現れる論理式になる．

3. 次に，この $f(1, 1, C)$，$f(1, 0, C)$，$f(0, 1, C)$，$f(0, 0, C)$ の 4 項のそれぞれを C で展開する．たとえば，$f(0, 0, C)$ は，次のように C で展開できる．ここで，$f(0, 0, 1)$ と $f(0, 0, 0)$ は論理定数（"0"か"1"）である．

$$C \cdot f(0, 0, 1) + \overline{C} \cdot f(0, 0, 0)$$

これ以外のどの 1 変数論理関数も同様に C で展開できて，結局，f が "0" か "1" の論理定数（論理値）としてだけで現れる論理式になる．

この手順で 3 変数論理関数 $f(A, B, C)$ を変数 A, B, C のそれぞれ（順序は任意）で展開し，定理 3.11（分配則）で整形（展開）すると，$f(A, B, C)$ と同値な次の式 3.33 を得る．式 3.33 は $2^3(= 8)$ 個の論理積項を 1 個の多項 OR で結んだ**積和形**である．

$$\left.\begin{array}{l}\overline{A} \cdot \overline{B} \cdot \overline{C} \cdot f(0, 0, 0) \\ +\overline{A} \cdot \overline{B} \cdot C \cdot f(0, 0, 1) \\ +\overline{A} \cdot B \cdot \overline{C} \cdot f(0, 1, 0) \\ +\overline{A} \cdot B \cdot C \cdot f(0, 1, 1) \\ +A \cdot \overline{B} \cdot \overline{C} \cdot f(1, 0, 0) \\ +A \cdot \overline{B} \cdot C \cdot f(1, 0, 1) \\ +A \cdot B \cdot \overline{C} \cdot f(1, 1, 0) \\ +A \cdot B \cdot C \cdot f(1, 1, 1)\end{array}\right\} 8(= 2^3) \text{ 個の論理積項} \qquad (3.33)$$

式 3.33 において，8 個の論理積項それぞれを構成する最後の項 $f(0, 0, 0)$，$f(0, 0, 1)$，$f(0, 1, 0)$，$f(0, 1, 1)$，$f(1, 0, 0)$，$f(1, 0, 1)$，$f(1, 1, 0)$，$f(1, 1, 1)$ はどれもが "0" か "1" の論理値すなわち論理定数項である．

一般的に，$A, B, \ldots, Z$ という n（n は $1, 2, \cdots$ の正整数）個の変数による n 変数論理関数 $f(A, B, \ldots, Z)$ は，どのような論理式形であっても，それに展開定理の式 3.29 を n 回適用し，n 個の変数 $A, B, \ldots, Z$ すべてについてそれぞれ展開すると，次の式 3.34 で示す**展開積和形**と呼ぶ f と同値な積和形に必ず変形できる．

▶〔注意〕
n 個の変数 $A, B, \ldots, Z$ それぞれによる展開は任意の順序でよい．
また，式 3.34 は定理 3.8（交換則）によって見やすく整形している．

3.2 論理関数の表現　57

> **展開積和形**
>
> 任意の n（n は $1, 2, \cdots$ の正整数）変数論理関数 $f(A, B, \ldots, Z)$ の**展開積和形**は 2^n 個の論理積項を 1 個の多項 OR で結んだ次の論理式形である．
>
> $$\left.\begin{array}{l} \overline{A} \cdot \overline{B} \cdot \cdots \cdot \overline{Z} \cdot f(0, 0, \ldots, 0) \\ \quad\vdots \\ +\overline{A} \cdot \overline{B} \cdot \cdots \cdot Z \cdot f(0, 0, \ldots, 1) \\ +\underline{\overline{A} \cdot B \cdot \cdots \cdot \overline{Z} \cdot f(0, 1, \ldots, 0)} \\ \quad\vdots \\ +\overline{A} \cdot B \cdot \cdots \cdot Z \cdot f(0, 1, \ldots, 1) \\ +A \cdot \overline{B} \cdot \cdots \cdot \overline{Z} \cdot f(1, 0, \ldots, 0) \\ \quad\vdots \\ +A \cdot \overline{B} \cdot \cdots \cdot Z \cdot f(1, 0, \ldots, 1) \\ +A \cdot B \cdot \cdots \cdot \overline{Z} \cdot f(1, 1, \ldots, 0) \\ \quad\vdots \\ +A \cdot B \cdot \cdots \cdot Z \cdot f(1, 1, \ldots, 1) \end{array}\right\} 2^n \text{ 個の論理積項}\quad (3.34)$$

この展開積和形（式 3.34）は，任意の論理関数（論理式）の一般形あるいは総称形で，唯一である．

[4] 最小項

式 3.34 で示した n 変数論理関数 $f(A, B, \ldots, Z)$ の**展開積和形**についてもう少し掘り下げて考えてみよう．

この展開積和形は 2^n 個の論理積項（式 3.34 の各行）を OR で結んだ形であり，さらに，各論理積項は n 個の相異なるリテラルと 1 個の論理定数項とを多項 AND で結んだ論理積である．各論理積項の最右の論理定数項である

$$f(0, 0, \ldots, 0), \ldots, f(0, 1, \ldots, 0), \ldots, f(1, 1, \ldots, 1)$$

はどれも（2^n 個）が "0" か "1" のどちらかの論理値である．

この項での以下の一般的な説明では，式 3.34 の下線行の 論理積項

$$\underline{\overline{A} \cdot B \cdot \cdots \cdot \overline{Z} \cdot f(0, 1, \ldots, 0)}$$

を当該 論理積項 とする場合を代表例にとる．そして，その代表例の 論理積項 から派生する具体例としての「論理式……」を，一般的説明の対象である演算式や演算項の直後に，「（例：論理式……）」というカッコ書きで添える．

▶〔注意〕
本（3.2.2）項のすべての文章や式において，AND⇔OR（日本語の「積」⇔「和」も含む）操作によって得る文章や式は，元の文章や式と双対である．したがって，それらの文章（式を含む）は「和積形」に関する項として成立する．ただし，[4] で導入する「積和形での『最小項』」という論理式形は，和積形では「最大項」という論理式形になる．
本書では，本項での積和形に対する「和積形」に関する項や小項（文章や式）は，「最大項」や「標準和積形」を含めて，省略している．

ある論理積項（例：$\overline{A}\,B\,\cdots\,\overline{Z}\cdot f(0,1,\ldots,0)$）から論理定数項 f（例：$f(0,1,\ldots,0)$）を除いた論理積項は，すべて相異なる変数のリテラル（肯定形か否定形）n 個（例：$\overline{A},B,\ldots,\overline{Z}$）による AND（例：$\overline{A}\,B\,\cdots\,\overline{Z}$）である．各変数ごとにリテラルは肯定形か否定形の 2 種類あるから，n 個の変数すべてのリテラルの組み合わせは 2^n 通りある．すなわち，各論理積項を構成するリテラルの組み合わせに重複や欠落はない．

ここで，n 個の変数 $A,B,\ldots,Z$ それぞれの論理値（変数値）となる "0" か "1" の組み合わせを

$$(l_A, l_B, \ldots, l_Z) \qquad (l_A, l_B, \ldots, l_Z \text{ はそれぞれ "0" か "1"})$$

と組にして表す．そうすると，式 3.34 において 2^n 個ある論理積項のそれぞれ（例：$\overline{A}\,B\,\cdots\,\overline{Z}\cdot f(0,1,\ldots,0)$）は，

(1) n 個の相異なる変数リテラルを多項 AND で結んだ論理積項：

$$\tilde{A}^{l_A} \cdot \tilde{B}^{l_B} \cdot \ldots \cdot \tilde{Z}^{l_Z} \tag{3.35}$$

(2) 変数値（"0" か "1"）の組 $(l_A, l_B, \ldots, l_Z)$ で計算できる f の関数値（論理定数すなわち論理値）：

$$f(l_A, l_B, \ldots, l_Z) \qquad (実際には，論理値の "0" か "1") \tag{3.36}$$

の 2 項（例：(1) $\overline{A}\,B\,\cdots\,\overline{Z}$；(2) $f(0,1,\ldots,0)$）の論理積 (AND) として表せる．

すなわち，式 3.34 において 2^n 個ある論理積項は，一般的に，

$$\underbrace{\tilde{A}^{l_A} \cdot \tilde{B}^{l_B} \cdot \ldots \cdot \tilde{Z}^{l_Z}}_{(1)\ (式\ 3.35)} \cdot \underbrace{f(l_A, l_B, \ldots, l_Z)}_{(2)\ (式\ 3.36)} \tag{3.37}$$

（例：$\overline{A}\,B\,\cdots\,\overline{Z}\cdot f(0,1,\ldots,0)$）と表せる．式 3.37 は，(1)（式 3.35）と (2)（式 3.36）の論理積項である．

この式 3.37 は，2^n 個の相異なる変数値の組 $(l_A, l_B, \ldots, l_Z)$ ごとに，2^n 個ある．この 2^n 個ある式 3.37 すべてを 1 個の多項 OR で結んだ論理式が展開積和形（式 3.34）である．

▶〔注意〕
例示する「論理式……」では，リテラル間の AND 演算記号の "·" を省略する．

▶〔注意〕
厳密に言えば，展開積和形（式 3.34）およびこの定義でいう「最小項」は形（すべてで，n 変数論理関数ならば，2^n 個ある）である．（59 ページの注意を参照）

最小項

式 3.37 から (2)（式 3.36）の論理定数項 $f(l_A, l_B, \ldots, l_Z)$ を除いた，多項 AND で結んだすべての変数リテラルで構成する論理積項（(1) の式 3.35，再掲）

$$\tilde{A}^{l_A} \cdot \tilde{B}^{l_B} \cdot \ldots \cdot \tilde{Z}^{l_Z}$$

を最小項（例：$\overline{A}\,B\,\cdots\,\overline{Z}$）という．

- n 変数論理関数の**最小項**の形は，n 個すべての変数リテラルによる論理積項であり，相異なる $(l_A, l_B, \ldots, l_Z)$ ごとに，2^n 個ある．

▶〔注意〕
n 変数論理関数につき 2^n 個存在する「最小項の形」は，論理関数式に依存せずに，n 個の変数だけに依存して一意に決まる．(58 ページの注意を参照)

────── 例 題 ──────

3.10 (1) 2 変数論理関数 $f(P, Q)$；(2) 3 変数論理関数 $g(X, Y, Z)$；それぞれの最小項の形をすべて挙げなさい．

（解） (1) $f(P, Q)$ の最小項の形は次の $4(= 2^2)$ 個である．

$$\overline{P}\,\overline{Q}, \quad \overline{P}\,Q, \quad P\,\overline{Q}, \quad P\,Q$$

(2) $g(X, Y, Z)$ の最小項の形は次の $8(= 2^3)$ 個である．

$$\overline{X}\,\overline{Y}\,\overline{Z},\ \overline{X}\,\overline{Y}\,Z,\ \overline{X}\,Y\,\overline{Z},\ \overline{X}\,Y\,Z,\ X\,\overline{Y}\,\overline{Z},\ X\,\overline{Y}\,Z,\ X\,Y\,\overline{Z},\ X\,Y\,Z$$

---

[5] 標準積和形

ここで，もう一度，展開積和形の式 3.34（57 ページ），および，その式において OR で結んだ各論理積項の式 3.37 に注目してみよう．

前の [4] での説明と同様に，ある**最小項**の形 $\tilde{A}^{l_A} \cdot \tilde{B}^{l_B} \cdot \ldots \cdot \tilde{Z}^{l_Z}$（式 3.35）を m とすると，式 3.34 の展開積和形を構成する各論理積項のうち，最小項の形 m に対応する論理積項（式 3.37）は，最小項の形 m とそれに対応する変数値の組 $(l_A, l_B, \ldots, l_Z)$ を f に代入して計算できる関数値（式 3.36，実際には "0" か "1" の論理値）との AND であり，

$$m \cdot f(l_A, l_B, \ldots, l_Z) \quad (= M) \tag{3.38}$$

と書ける．以降では，この論理積項の式 3.38 を M とする．M は，2^n 個の相異なる最小項の形 m ごとに，2^n 個ある．

M（式 3.38）の AND 演算の右項の $f(l_A, l_B, \ldots, l_Z)$ は論理定数として "1" または "0" のどちらかの論理値に一意に決まる．したがって，展開積和形を構成する 2^n 個の各論理積項（それぞれ式 3.37 または 3.38 である）M も，次のように，論理定数項が "1" か "0" のどちらであるかの場合分けによって，一意に決まる．

(a) $f(l_A, l_B, \ldots, l_Z) = 1$（例：$f(0, 1, \ldots, 0) = 1$）の場合：
$M = m \cdot 1 = m$ となる．すなわち，論理積項 M（式 3.37；例：$\overline{A}\,B \cdots \overline{Z} \cdot f(0, 1, \ldots, 0)$）としては，最小項 m（例：$\overline{A}\,B \cdots \overline{Z}$）だけが残り，$M = m$ となる．

(b) $f(l_A, l_B, \ldots, l_Z) = 0$（例：$f(0, 1, \ldots, 0) = 0$）の場合：
$M = m \cdot 0 = 0$ となる．すなわち，最小項の形 m がどちらの論理値

▶〔注意〕
展開積和形における「最小項の形」m のうちで，(a) の場合に対応して，標準積和形を構成するために残る m だけが，厳密な意味での，「最小項」と言える．(58 ページの注意を参照)

をとろうとも,論理積項 M(式 3.37;例:$\overline{A}\,B\cdots\overline{Z}\cdot f(0,1,\ldots,0)$)は "0"($M=0$)となり,定理 3.3(論理値 "0" との OR;式 3.7)によって,この M は展開積和形(式 3.34)全体の OR 演算の項としては削除できる.

結局,展開積和形(式 3.34)において,2^n 個の $(l_A, l_B, \ldots, l_Z)$ ごとにある各論理積項 M(式 3.37)の値は,その最右の論理定数項 $f(l_A, l_B, \ldots, l_Z)$(式 3.36)の値によって,次のどちらかの場合に整理できる.

(a) "1" の場合:OR 演算項として最小項 m(式 3.35)になる.
(b) "0" の場合:OR 演算記号も含めて展開積和形(式 3.34)から削除できる.

こうして,n 変数論理関数の展開積和形(式 3.34)は,(a) の場合として残っている最小項 m(式 3.35)だけを 1 個の多項 OR で結んだ積和形になる.この積和形を**標準積和形**という.

標準積和形

任意の n(n は $1, 2, \cdots$ の正整数)変数論理関数 $f(A, B, \ldots, Z)$ の**標準積和形**は,$f(l_A, l_B, \ldots, l_Z) = 1$ となる変数値の組 $(l_A, l_B, \ldots, l_Z)$ によって構成する**最小項**である $\tilde{A}^{l_A} \cdot \tilde{B}^{l_B} \cdot \cdots \cdot \tilde{Z}^{l_Z}$ だけを 1 個の多項 OR で結んだ積和形である.

任意の n 変数論理関数 $f(A, B, \ldots, Z)$ の**標準積和形**は次の手順で求まる.

1. 展開積和形(式 3.39;式 3.34 の再掲)

$$
\left.\begin{array}{l}
\overline{A} \cdot \overline{B} \cdot \cdots \cdot \overline{Z} \cdot f(0,0,\ldots,0) \\
\quad\vdots \\
+\overline{A} \cdot \overline{B} \cdot \cdots \cdot Z \cdot f(0,0,\ldots,1) \\
+\overline{A} \cdot B \cdot \cdots \cdot \overline{Z} \cdot f(0,1,\ldots,0) \\
\quad\vdots \\
+\overline{A} \cdot B \cdot \cdots \cdot Z \cdot f(0,1,\ldots,1) \\
+A \cdot \overline{B} \cdot \cdots \cdot \overline{Z} \cdot f(1,0,\ldots,0) \\
\quad\vdots \\
+A \cdot \overline{B} \cdot \cdots \cdot Z \cdot f(1,0,\ldots,1) \\
+A \cdot B \cdot \cdots \cdot \overline{Z} \cdot f(1,1,\ldots,0) \\
\quad\vdots \\
+A \cdot B \cdot \cdots \cdot Z \cdot f(1,1,\ldots,1)
\end{array}\right\} 2^n \text{個の論理積項} \quad (3.39)
$$

において,"1" か "0" かを決めた変数値の組 $(l_A, l_B, \ldots, l_Z)$ を(相異なるものが 2^n 組ある)代入して,2^n 個の論理定数項(関数値)

$f(l_A, l_B, \ldots, l_Z)$ が "1" か "0" かを求める．

2. 展開積和形（式 3.39）に 1. で求めた各 $f(l_A, l_B, \ldots, l_Z)$（"1" か "0"）を代入すると，式 3.39 において，(a) $f(l_A, l_B, \ldots, l_Z) = 1$ との AND は，それとの AND である最小項だけになる；(b) $f(l_A, l_B, \ldots, l_Z) = 0$ との AND は "0" であり，OR 演算記号も含めて最小項と論理定数項（"0"）との AND は削除できる．

3. 2. の結果，式 3.39 は，2. での (a) の場合として残った最小項だけを 1 個の多項 OR で結んだ**標準積和形**となる．

このように，任意の論理関数について，すべての変数値の組によって計算できる当該論理関数の値（関数値）を展開積和形（式 3.39）に代入すると，直ちに，当該論理関数固有の標準積和形を得る．これが「展開積和形は標準積和形の一般形あるいは総称形」の意味である．

ただし，「展開積和形をもとにして標準積和形を得る」この手順が適用できる前提は，「2^n 個ある関数値のすべてが決まっているか求まっている」ことである．その前提が満たされない場合は，「展開定理 3.15（51 ページ）によって，与えられた論理関数（論理式）を，変数すべてについて，変数ごとに順次展開する」手順（前の［3］で詳述）によれば，最終的に標準積和形を得られる．

- どのような形の論理関数（論理式）も唯一固有の**標準積和形**を持ち，また，それに変形（展開）できる．
- 形が異なる論理式でも，それらが同じ**標準積和形**であれば，同じ論理関係を示す，すなわち同値な論理関数を表す論理式である．

▶〔注意〕
　n 変数の場合，どの論理関数の展開積和形も，最小項の形とそれに対応する論理定数との論理積（AND）項（2^n 個）のすべてを多項 OR で結んだ式形（式 3.39）であり，唯一である．一方，ある n 変数論理関数の標準積和形は，必要な最小項だけを多項 OR で結んだ式形である．n 変数論理関数の標準積和形の式形は 2^{2^n} 個（$n = 3$ の 3 変数ならば，256 個）あり，それらは互いに同値でない．
　すなわち，「展開積和形」は，（式形の）異なる，すなわち互いに同値でない「標準積和形」すべてに共通する唯一の原形と言える．

────例　題────

3.11 前の例題 3.9（53 ページ）で与えた 2 変数論理関数

$$f(A, B) = \overline{A} \cdot B + \overline{B}$$

の標準積和形を求めなさい．

（解）　2 変数論理関数 $f(A, B)$ の展開積和形は次式である．
$$f(A, B) = \overline{A} \cdot \overline{B} \cdot f(0,0) + \overline{A} \cdot B \cdot f(0,1) \\ + A \cdot \overline{B} \cdot f(1,0) + A \cdot B \cdot f(1,1)$$

$f(0,0) = f(0,1) = f(1,0) = 1$，$f(1,1) = 0$ であるから，これらをこの展開積和形に代入・整理すると，与式の 標準積和形 を得る．

$$f(A, B) = \overline{A} \cdot \overline{B} \cdot 1 + \overline{A} \cdot B \cdot 1 + A \cdot \overline{B} \cdot 1 + A \cdot B \cdot 0 \\ = \overline{A} \cdot \overline{B} + \overline{A} \cdot B + A \cdot \overline{B}$$

▶〔注意〕
　例題 3.11 で与えている論理式 $\overline{A} \cdot B + \overline{B}$ は，積和形ではあるが，標準積和形ではない．なぜならば，論理積項の $\overline{A} \cdot B$ は最小項であるが，$\overline{B}$ はリテラル $\tilde{A}$（A か $\overline{A}$）を持たないので最小項（の形）ではないからである．

（別解）展開定理 3.15 で，与式を A と B で順に展開する．
$$f(A,B) = A \cdot \overline{B} + \overline{A} \cdot \underline{(B + \overline{B})} \quad (f(A,B) \text{ を } A \text{ で展開})$$
$$= \underline{A \cdot \overline{B} + \overline{A} \cdot B + \overline{A} \cdot \overline{B}} \quad (\text{前式の\_\_部を } B \text{ で展開})$$

3.2.3 カルノー図 《論理関数を図で直感的に表す》

前の 3.2.1 項では真理値表で，また，3.2.2 項では論理式で，それぞれ表現した論理関数を，今度は，図によって表現してみよう．論理関数を図によって表現すると，私たち人間が，論理関数を取り扱い，その性質を把握することが，直感的にできるようになる．また，3.3.2 項 [7] で詳述するように，論理関数の図による表現は，論理関数を使って行う論理回路の設計における強力な道具となる．

[1] カルノー図の枠組み

3.2.1 項で示した真理値表は変数値の組に対応する関数値を行として示した表である．これに対して，変数値の組に対応する関数値を**カルノー (Karnough) 図**という 2 次元（平面）格子図に書き入れて，論理関数を図として表す方法がある．

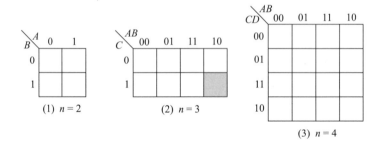

図 **3.1** カルノー図の枠組み（$n = 2, 3, 4$ の場合）

n 変数論理関数を表すための「**カルノー図の枠組み**」は次の手順によって作成する．（図 3.1 を併照）

1. n 変数の変数値（"0" か "1"）の組み合わせは 2^n 通りであるから，2^n 個の升目（本書の以降では，「マス目」と表記する）を持つ 2 次元格子図を作る．ただし，この 2 次元格子図の縦横のサイズは，i) n が偶数の場合：縦横が同じ；ii) n が奇数の場合：縦横の片方が他方の半分（逆に言うと，2 倍）；とする．ii) の場合には，2 次元格子図は縦長か横長となるが，どちらでもよい．

$n=1$ ならば $1\times 2(=2^1=2)$, $n=2$ ならば $2\times 2(=2^2=4)$, $n=3$ ならば $2\times 4(=2^3=8)$, $n=4$ ならば $4\times 4(=2^4=16)$ 個マス目を持つ 2 次元格子図となる．

(例) A, B, C の 3 変数ならば，$8(=2^3)$ 個のマス目を 2×4 で持つ縦長か横長の 2 次元格子図（図 3.1 の (2)，横長）となる．

2. 1. で作った 2 次元格子図の縦軸（行）および横軸（列）それぞれの座標軸に，論理変数（名）を任意に割り振る．

    (例) A, B, C の 3 変数ならば，8 個マス目の 2 次元格子図（図 3.1 の (2)）であるから，たとえば，横軸（4 列）に 2 変数 A と B を，縦軸（2 行）に 1 変数 C を，それぞれ割り振る．

3. 2. で座標軸に割り振った 2 次元格子図の縦軸の各行および横軸の各列それぞれに，座標ラベルとして，その座標軸に割り振った変数の値（すなわち，変数値で "0" か "1"）を付けて行く．行と列に付けた変数値の座標ラベルによって，その行と列とが交差するマス目（座標点）を一意に識別して指定できるようになる．1 変数（座標）ごとに，その変数値が "0" か "1" によって 2 行あるいは 2 列を識別できるように，その変数（値）による座標ラベルが付く．（「座標ラベルの付け方」は次の 4. に示す．）

    (例) 変数 A, B を座標とする横軸（4 列）には $AB=00, 01, 11, 10$, 変数 C を座標とする縦軸（2 行）には $C=0, 1$ とそれぞれ座標ラベルを付ける．A, B, C の 3 個の変数値（"0" か "1"）の組によって，8 個マス目の 2 次元格子図のマス目のどれかを指定あるいは識別できる．たとえば，$(A, B, C)=(1, 0, 1)$ ならば，横軸（4 列のうち）の $AB=10$ すなわち $A=1, B=0$ の列と，縦軸（2 行のうち）の $C=1$ の行とが交差するマス目（図 3.1 の (2) での陰影部分）を，$ABC=101$ すなわち $A=1, B=0, C=1$ のマス目として，一意に特定できる．

4. **（座標ラベルの付け方）** 各行（縦軸）や各列（横軸）の座標ラベルは，行（縦）列（横）ともに，必ず，「縦横それぞれで**隣接**†する（行の場合は上下で，列の場合は左右で）ラベルどうしのすべてにおいて，ラベルを構成する変数値のどれか 1 個だけが "0" ⇔ "1" と反転する」(※) ように付ける．この規則 (※) を守ること以外は，各行または各列への座標ラベルの付け方は任意である．

    (例) 2 変数 (A, B) の変数値の組は，$(0,0), (0,1), (1,0), (1,1)$ の 4 通りである．これらで，たとえば，4 列に座標ラベルを付けるときには，左右で隣接する列のラベルは互いに A か B のどちらかの変数値だけが反転（"0" ⇔ "1"）するように付ける．

▶〔注意〕
 ある 2 変数 X, Y の値（変数値）が，たとえば，$(X, Y)=(1, 0)$ すなわち $X=1, Y=0$ であるとき，変数（名）を "XY"，変数値を "10" と略記する．
 同様に，変数 X, Y, Z の変数値が，$(X, Y, Z)=(0, 1, 0)$ すなわち $X=0, Y=1, Z=0$ であるとき，変数（名）を "XYZ"，変数値を "010" と略記する．

▶ †隣接
 2 次元格子のカルノー図では，マス目の上端（最上行）と下端（最下行），および左端（最左列）と右端（最右列）はそれぞれ「隣接している」とする．すなわち，最上 (下) 行の上 (下) の隣接行は最下 (上) 行，最左 (右) 列の左 (右) の隣接列は最右 (左) 列（どちらもカッコ内はすべて読み替え）である．
 したがって，たとえば，4 変数論理関数を表現するための 4 行 4 列のカルノー図ならば，そのどのマス目も，上下左右に相異なる 4 個の隣接するマス目を持つ．

したがって，変数 AB 軸には，$00 \Leftrightarrow 01 \Leftrightarrow 11 \Leftrightarrow 10 \Leftrightarrow 00 \cdots\cdots$（以降，くり返し）の順でラベル付けする．こうすると，どの隣接する列の座標ラベルも，A か B のどちらか片方の変数値だけが反転するようになる．（図3.1の (2) を参照）

前述したカルノー図の枠組みを作成する手順 4. で示した「隣接行や隣接列の座標ラベルどうしは 1 変数値だけ反転する」（※）という規則は，「隣接」という概念とともに，カルノー図の本質として重要である．

n ビット（個）の論理値を「1 ビットだけが反転する（変わる）」という規則にしたがって並べ，それらの列を n ビットの**符号**（コード (code)）として見るとき，この符号を**グレイコード** (Gray code) という．カルノー図において，「座標ラベルは隣接行や隣接列のラベルどうしが 1 変数値（1 ビット）だけ反転する」（※）という規則にしたがって行や列に付ける座標ラベルはグレイコードである．

カルノー図の作成手順 4. では，「グレイコードによる順での座標ラベル付け」（※）さえ守れば，ラベル付けをどの行や列から始めてもまたどちら回りに行ってもよい．

$n = 2, 3, 4$ の場合のカルノー図の枠組みを図 3.1（$n = 2$ が (1)，$n = 3$ が (2)，$n = 4$ が (3)）に示しておく．図 3.1 の (2)（3 変数）の場合の AB（横）軸，(3)（4 変数）の場合の AB（横）軸と CD（縦）軸，のそれぞれの座標ラベルはグレイコード（2 ビット）で付けてある．

[2] カルノー図の座標

前の [1] で述べたカルノー図の枠組みの意味付けによると，あるマス目に付いている変数 X の座標軸での座標ラベルすなわち変数値が x（$x = 0$ か 1）であるとき，そのマス目が位置する行か列の座標は $X = x$ である．このことは，「このマス目の行か列の座標はリテラル $\tilde{X}^x$（リテラルの表記については，3.2.2 項 [1] を参照）である」すなわち「$X = 1$ という座標ラベルが指す行か列は $(\tilde{X}^1 =) X$（肯定形）を，$X = 0$ が指す行か列は $(\tilde{X}^0 =) \overline{X}$（否定形）を，それぞれ一意に代表する」意味も示している．

このように，カルノー図における行や列の座標ラベルは，

(a) **変数値**（論理値の "1" か "0"）；
(b) **変数リテラル**（変数の肯定形か否定形）；

の両方の意味を持っている．特に，2 個以上の変数の座標軸での座標の（同時）読み取りでは，(b) は「変数リテラルによる論理積項」を意味している．たとえば，"XY" 軸の座標ラベルが変数値 "10" であるマス目は，(a) 変数値の組：$(X, Y) = (1, 0)$；(b) 変数リテラルの論理積項：$X\overline{Y}$；の両方の意味を持っている．

▶《参考》
グレイコード例（3 ビット）：
$000 \Leftrightarrow 001 \Leftrightarrow 011 \Leftrightarrow 010 \Leftrightarrow 110 \Leftrightarrow 111 \Leftrightarrow 101 \Leftrightarrow 100 \Leftrightarrow 000 \cdots\cdots$

▶〔注意〕
$n = 1$ すなわち 1 変数の場合のカルノー図は省略する．

▶〔注意〕
カルノー図における座標ラベルとして表す変数リテラルの論理積項においては，AND 演算記号の "$\cdot$" は省略する．（37 ページの注意の再掲）

したがって，あるマス目の縦横すべての座標ラベルを (b) の変数リテラルによる論理積項として見ると，その論理積項はすべての変数リテラルによる AND すなわち**最小項**（厳密には「最小項の形」，3.2.2 項 [4] で詳述）を指している．たとえば，3 変数 X, Y, Z によるカルノー図（図 3.2）において，"XYZ" 座標ラベルが変数値 "010" であるマス目（図 3.2 では，陰影で示す）は，$\overline{X}Y\overline{Z}$ という最小項を指す．

例として，3 変数論理関数 $f(X,Y,Z)$ のカルノー図（の枠組み）におけるマス目と最小項との 1 対 1 対応関係を図 3.2 に示しておく．この図 3.2 では，マス目の中に，そのマス目に対応する最小項を示してある．

	XY			
Z	00	01	11	10
0	$\overline{X}\overline{Y}\overline{Z}$	$\overline{X}Y\overline{Z}$	$XY\overline{Z}$	$X\overline{Y}\overline{Z}$
1	$\overline{X}\overline{Y}Z$	$\overline{X}YZ$	XYZ	$X\overline{Y}Z$

図 3.2 カルノー図（3 変数）におけるマス目と最小項との対応

▶〔注意〕
 カルノー図の座標ラベルを (b) の変数リテラルとして読み取る場合，あるマス目に対応する最小項と，そのマス目に隣接するマス目（4 行 4 列のカルノー図では，上下左右に 4 個ある）に対応する最小項（4 個）とは，それぞれの最小項（論理積項）を構成する変数リテラルのどれか 1 個だけが反転する（肯定形⇔否定形）関係である．
 例示している $\overline{X}Y\overline{Z}$ という最小項に対応するマス目に隣接するマス目は $XY\overline{Z}$ と $\overline{X}\overline{Y}\overline{Z}$ と $\overline{X}YZ$ の 3 個であり，この順で，$\overline{X} \Leftrightarrow X$，$Y \Leftrightarrow \overline{Y}$，$\overline{Z} \Leftrightarrow Z$ と，どれも 1 変数リテラルだけが反転している

[3] カルノー図による標準積和形の表現

前の [2] で示した (a) と (b) を併せると，カルノー図においては，ある 1 個のマス目の座標ラベルで，変数値（論理値）のある組とその変数値の組に対応する最小項の形（論理積項）の両方を表せることが分かる．言い換えると，カルノー図では，あるマス目に，そのマス目が指す変数値の組と最小項（の形）の両方に対応する関数値（"0" か "1"）を記入することによって，真理値表や標準積和形論理式と同じように，論理関数を一意に表現できる．

n 変数論理関数 $f(A, B, \ldots , Z)$ に対応するカルノー図の枠組みでは，あるマス目を指す変数値の組 $(a, b, \ldots , z)$ （$a, b, \ldots , z$ はどれも "0" か "1"）について，そのマス目が対応する最小項 $\tilde{A}\tilde{B}\cdots\tilde{Z}$（実際には，変数リテラルすなわち肯定形か否定形の変数すべてを多項 AND で結んだ論理積項）を一意に識別できる．そのマス目に，最小項（論理積項）$\tilde{A}\tilde{B}\cdots\tilde{Z}$ に対応する $f(a,b,\ldots ,z)$ という関数値（論理値，"0" か "1"）を記入する．

これで，論理関数 f の**カルノー図による表現**が完成する．

完成したカルノー図は，もう 1 つ重要なことを表現している．3.2.2 項 [5] で述べた**標準積和形**（定義は 59 ページ）は，関数値を "1" とする変数値の組に対応する最小項（論理積項）を 1 個の多項 OR で結んでできる論理式である．一方，カルノー図の各マス目は相異なる最小項（論理積項）を，また，そこに記入してある論理値はその最小項（論理積項）に対応する変数値の組による関数値を，それぞれ示している．したがって，"1" が

▶〔注意〕
 カルノー図のマス目には論理値 "1" か "0" を記入する．"1" が記入されていないところは "0" であるから，"1" だけを記入し，"0" のマス目は空白にしておいても，紛れはない．

記入してあるマス目の座標ラベルを，標準積和形を構成するのに必要な変数リテラル（の AND）すなわち最小項として読み取れる．カルノー図で読み取った最小項を1個の多項 OR で結べば，**標準積和形論理式**となる．

　これを逆にたどって，
1. 論理関数を標準積和形論理式で表す；
2. 枠組みとして作成しておいたカルノー図において，1.の標準積和形論理式を構成する最小項（論理積項）を座標ラベルとするマス目に "1" を記入する；

という手順で，直ちに，任意の論理関数の標準積和形論理式をそれと1対1対応するカルノー図によって表現できる．

　完成したカルノー図は標準積和形論理式と1対1対応する．

――― 例　題 ―――

3.12　前の例題 3.11（61 ページ）の解である標準積和形

$$f(A, B) = \overline{A}\,\overline{B} + \overline{A}B + A\overline{B}$$

をカルノー図で表しなさい．

（**解**）　2 変数 (A, B) 論理関数であるから，カルノー図の枠組みは A と B を座標軸とする 2 行 2 列の 4 個マス目の 2 次元格子である．与式の標準積和形を構成する最小項は $\overline{A}\,\overline{B}$，$\overline{A}B$ および $A\overline{B}$ の 3 個であるから，これらに対応する関数値 $f(0,0), f(0,1), f(1,0)$ それぞれのマス目に "1" を記入すれば，カルノー図（右に示す）が完成する．

―――――――――――――――――――

[4]　**カルノー図による表現の特徴**

　論理関数の表現能力の観点で，**カルノー図**の特徴をまとめると，次のようになる．(1) (2) が長所で，(3) (4) が短所である．(4) の短所は 3.2.1 項の最後（53 ページ）で述べた真理値表の特徴のうちの短所 (5) と同じである．
(1)　人間にとっては，直感的で分かりやすい．
(2)　人間が論理関数あるいは論理式の最小化（3.3.2 項 [7] で詳述）を行う場合に活用できる．また，カルノー図による最小化では，直感的な操作で最小積和形論理式を求められる．
(3)　変数が多くなるとカルノー図の枠組みを描くのが困難になる．カルノー図を使用できるのは，カルノー図の本質である「隣接」という概念を 2 次元図で表現できる高々 6 変数程度までである．

(4) 変数値のすべての組に対する関数値をあらかじめ計算しておく必要がある．

3.2.4 論理関数の表現方法の比較　《標準積和形論理式と真理値表とカルノー図は1対1対応する》

任意の論理関数の表現方法として導入した**真理値表**（3.2.1 項で詳述），**標準積和形論理式**（3.2.2 項 [5] で詳述）および**カルノー図**（3.2.3 項で詳述）について，2 変数論理関数 $f(X,Y)$ を例にとって，比較してまとめておこう．

任意の 2 変数論理関数 $f(X,Y)$ に対する唯一の**展開積和形**すなわち「標準積和形の一般形」は次式である．

$$\overline{X}\,\overline{Y} \cdot f(0,0) + \overline{X}\,Y \cdot f(0,1) + X\,\overline{Y} \cdot f(1,0) + X\,Y \cdot f(1,1) \quad (3.40)$$

この式 3.40 において，4 個の**最小項**の形：

$$\overline{X}\,\overline{Y}, \quad \overline{X}\,Y, \quad X\,\overline{Y}, \quad X\,Y \quad \cdots\cdots \quad \text{(a)}$$

のそれぞれは，4 個の**変数値の組**：

$$(X,Y) = (0,0),\ (0,1),\ (1,0),\ (1,1) \quad \cdots\cdots \quad \text{(b)}$$

のそれぞれに，この順で対応する．一方，4 個の**関数値**：

$$f(0,0),\ f(0,1),\ f(1,0),\ f(1,1) \quad \cdots\cdots \quad \text{(c)}$$

のそれぞれは，(b) のそれぞれをこの順で $f(X,Y)$ に代入して計算できる論理定数のそれぞれであり，実際には，"0" か "1" である．

したがって，論理関数を式や表や図で表現するどの方法も，「展開積和形（式 3.40）において，関数値 (c) のそれぞれを計算して得る "0" か "1" で (c) のそれぞれを置き換える」ことによって，最終的な論理関数表現を得る．

次に示す論理関数の表現方法についてのまとめ (1)～(3) では，**展開積和形**（式 3.40）に 1 対 1 対応する真理値表とカルノー図のそれぞれの枠組みを再掲する．また，$f(X,Y)$ として，例題 3.9（真理値表，53 ページ），例題 3.11（標準積和形論理式，61 ページ），例題 3.12（カルノー図，66 ページ）で与えた次の式 3.42 の 2 変数論理関数 $\boxed{f(X,Y)}$ を具体例にとる．

$$\boxed{f(X,Y) = \overline{X} \cdot Y + \overline{Y}} \quad (3.41)$$

例にとった論理関数 $\boxed{f(X,Y)}$（式 3.42）の関数値 (c) のそれぞれを求

▶〔注意〕
式 3.41 は，例題 3.9, 3.11, 3.12 での $f(A,B)$ において，$A \to X,\ B \to Y$ とした $f(X,Y)$ である．

めると，次の (d) となる．

$$f(0,0) = f(0,1) = f(1,0) = 1, \quad f(1,1) = 0 \quad \cdots\cdots \text{(d)}$$

(1) **標準積和形論理式**：下記の 展開積和形（式 3.40 の再掲）

$$\overline{X}\,\overline{Y} \cdot f(0,0) + \overline{X}\,Y \cdot f(0,1) + X\,\overline{Y} \cdot f(1,0) + X\,Y \cdot f(1,1)$$

に $f(X,Y)$ の関数値 (d) を代入して，"1" である関数値との AND である最小項だけを OR で結んで，整理する．論理関数例 $f(X,Y)$ の標準積和形論理式は次の式 3.42（例題 3.11 の解の式）となる．

$$f(X,Y) = \overline{X}\,\overline{Y} + \overline{X}\,Y + X\,\overline{Y} \tag{3.42}$$

(2) **真理値表**：変数値の組 (b) のそれぞれ，および，それで計算できる関数値 (c) のそれぞれとを各行にした表 3.2 の真理値表の枠組み（見出しを除くと 4 行，表 3.1 の再掲）において，関数値 (c) の列を $f(X,Y)$ の実際の関数値 (d) で置き換える．論理関数例 $f(X,Y)$ の真理値表は表 3.3 となる．

表 **3.2** $f(X,Y)$ の真理値表の枠組み

X	Y	$f(X,Y)$
0	0	$f(0,0)$
0	1	$f(0,1)$
1	0	$f(1,0)$
1	1	$f(1,1)$

表 **3.3** 例 $f(X,Y)$ の真理値表

X	Y	$f(X,Y)$
0	0	1
0	1	1
1	0	1
1	1	0

(3) **カルノー図**：図 3.3 に示す 2 行 2 列の 2 次元格子図であるカルノー図の枠組み（図 3.1 の一部を再掲）において，変数値の組 (b) のそれぞれに対応するマス目である関数値 (c) を $f(X,Y)$ の関数値 (d) で置き換える．論理関数例 $f(X,Y)$ のカルノー図は図 3.4 となる．

図 **3.3** $f(X,Y)$ のカルノー図の枠組み　　図 **3.4** 例 $f(X,Y)$ のカルノー図

3.3 論理回路の設計

論理回路は，**基本論理演算機能を持つ最小のハードウェア部品である基本論理素子**を信号線でつなぎ合わせて構成する．コンピュータハードウェアは，超多数個の論理素子をつないで構成した超巨大な論理回路である．本節では，**論理回路**というハードウェア機構が**論理関数**という数学的概念と1対1に対応することについて理解を深める．そして，その対応関係を利用して，空間サイズが**最小**である論理回路を設計する意義や手法についても考えてみよう．

3.3.1 論理関数と論理回路　《論理関数と論理回路は1対1対応する》

任意の**論理関数**は2値（"0" と "1"）の論理値と3種類（NOT, AND, OR）の基本論理演算だけを用いて表現できる．一方，論理関数で数学的に表現する機能を電気的に動作するハードウェア機構として実現しているのが**論理回路**である．論理式あるいは真理値表やカルノー図で表現したある論理関数とそのハードウェアとしての実現である論理回路とは1対1に対応する．もう少し厳密に言うと，論理演算を組み合わせて構成するある論理式（形）と，その論理式（形）の機能を論理素子を組み合わせて実現する論理回路とは，正確な1対1対応関係を持っている．

[1] 基本論理と論理素子

基本論理演算は，否定 (NOT)，論理積 (AND)，論理和 (OR) の3種類だけである．現代のコンピュータでは，この3種類の演算それぞれに対応する基本的な論理演算機構をハードウェアで実現している．基本論理演算のそれぞれに1対1対応する基本的な論理演算機構を**基本論理素子**あるいは単に**論理素子**という．

基本論理素子では，図3.5に示すように，基本論理演算のそれぞれに対して，

- **対象演算項**（論理値）：論理素子への**入力**（信号）；
- **論理演算種類**（NOT, AND, OR）：論理素子の**機能**そのもの；
- **演算結果**（論理値）：論理素子からの**出力**（信号）；

として，3種類それぞれの基本論理演算機構を実現する．

単項演算（NOT）の場合は，対象演算項は単一であり，対応する論理素子（NOT 素子，後述）への入力（信号）は1本である．2項演算（AND, OR）の場合は，対象演算項は2項であり，対応する論理素子（AND 素子, OR 素子，後述）それぞれへの入力（信号）は2本である．

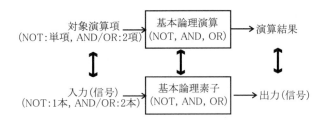

図 3.5　基本論理演算と基本論理素子

したがって，これから述べる NOT 素子，AND 素子および OR 素子の説明のそれぞれにおいて，論理式 3.43〜3.45 のそれぞれの左辺の演算記号（"‾"，"・"，"+" のどれか）が論理素子として実現する演算種類すなわち論理素子の種類（前述の演算記号順で，NOT，AND，OR のどれか）に，同じく，論理演算式の左辺の論理変数 X および Y が論理素子への入力（信号）に，右辺の論理変数 Z が論理素子からの出力（信号）に，それぞれ対応する．

また，この説明に添えてある図 3.6〜3.8 のそれぞれでは，論理回路を配線図（**回路図**という）によって表現する場合に使う論理素子の記号表現を図示してある．本書の以降では，これらの記号を使用する．

▶〔注意〕
　本書では，ほとんどすべての場合，論理回路は回路図で示している．

NOT 素子

単項論理演算の NOT 機能を実現する．1 入力で，入力 X を反転（"0" ⇔ "1"，NOT 演算）して出力 Z とする基本論理素子（図 3.6 に記号表現を示す）である．

$$\overline{X} = Z \qquad (3.43)$$

図 3.6　NOT 素子記号

▶《参考》
　「AND 演算結果の NOT（否定）」を最終演算結果とする論理演算を「NAND (Not-AND) 演算」という．
　AND 素子の出力を NOT 素子の入力とする「AND 素子と NOT 素子のこの順での直列接続」によって，この NAND 演算機能を実現する 1 個の論理素子を「NAND 素子」（記号は下記）という．

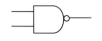

AND 素子

2 項論理演算の AND 機能を実現する．2 入力で，2 本の入力 X, Y の両方とも "1" のときだけ，出力 Z を "1" とし，それ以外の入力の組み合わせ（3 通り）では，出力 Z を "0" とする基本論理素子（図 3.7 に記号表現を示す）である．

$$X \cdot Y = Z \qquad (3.44)$$

図 3.7　AND 素子記号　　　　　図 3.8　OR 素子記号

> **OR 素子**
>
> 2 項論理演算の OR 機能を実現する．2 入力で，2 本の入力 X, Y のどちらか 1 本でも "1" であれば（3 通り），出力 Z を "1" とし，両入力とも "0" のときだけ，出力 Z を "0" とする基本論理素子（図 3.8 に記号表現を示す）である．
> $$X + Y = Z \tag{3.45}$$

基本論理素子は，「対応する基本論理演算（NOT，AND，OR のどれか）機能を実現する最小規模のハードウェア機構」すなわち「論理回路の基本単位」である．

[2]　基本論理素子の動作原理

論理素子の機能では，まず，"0" と "1" を電気現象として実現することが必要である．論理値は "0" と "1" の 2 値だけであるので，2 種類どちらかの現象を示し，かつ，任意の時刻にはそのどちらか一方だけを安定して示すような電気的な仕組みを実現できればよい．たとえば，「信号線が接続されているか切断されているか」である．この仕組みは「電気式**スイッチ** (switch)」と言える．現代のコンピュータでは，オン（接続）状態のスイッチを "1" に，オフ（切断）状態のスイッチを "0" に，それぞれ対応付けて，その電子式スイッチ機能を**トランジスタ** (transistor) で実現している．

前の [1] で述べた 3 種類の基本論理素子の物理的概念をスイッチの組み合わせによって実現し，その動作原理を確かめてみよう．
(1) NOT 素子の動作原理：図 3.9 で示すように，これを実現するスイッチは，(2) や (3) で使うあるいは注意で述べている機能のスイッチとは逆に，「スイッチ制御 X が "0"（オフ）のとき，スイッチ（PZ 間）は接続すなわち Z が "1"（オン）」，「スイッチ制御 X が "1"（オン）のとき，スイッチ（PZ 間）は切断すなわち Z が "0"（オフ）」となる．NOT 素子は「逆スイッチ」と言える．
(2) AND 素子の動作原理：図 3.10 で示すように，注意で述べているスイッチを 2 個**直列**接続する．両方のスイッチ制御 X, Y がともに "1"（オン）のときだけ，直列接続したスイッチ全体（PZ 間）は接続すなわち Z が "1"（オン）となる．AND 素子は「直列スイッチ」あるいは「スイッチの直列接続」と言える．

▶《参考》
「OR 演算結果の NOT（否定）」を最終演算結果とする論理演算を「NOR (Not-OR) 演算」という．

OR 素子の出力を NOT 素子の入力とする「OR 素子と NOT 素子のこの順での直列接続」によって，この NOR 演算機能を実現する 1 個の論理素子を「NOR 素子」（記号は下記）という．

▶〔注意〕
スイッチの基本動作は，「スイッチ制御が "1"（オン）のスイッチは『接続』(オン；"1")」，「スイッチ制御が "0"（オフ）のスイッチは『切断』(オフ；"0")」である．

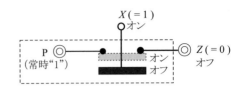

図 3.9　NOT 素子の動作原理（概念図）

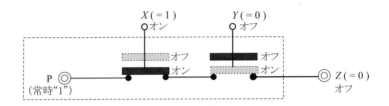

図 3.10　AND 素子の動作原理（概念図）

(3) OR 素子の動作原理：図 3.11 で示すように，前の注意で述べているスイッチを 2 個並列接続する．両方のスイッチ制御 X, Y がともに "0"（オフ）のときだけ，並列接続したスイッチ全体（PZ 間）は切断すなわち Z が "0"（オフ）となる．OR 素子は「並列スイッチ」あるいは「スイッチの並列接続」と言える．

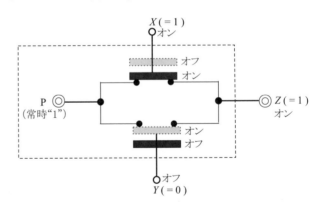

図 3.11　OR 素子の動作原理（概念図）

[3]　組み合わせ回路

　コンピュータのハードウェア機構は，多数の論理素子を組み合わせて構成するハードウェア機構である．「論理素子を組み合わせる」とは「論理素子を信号線で接続する」ことである．論理素子を接続して構成した，コンピュータ機能の一部としてのある一定の働きをするハードウェア機構が**論理回路**である．コンピュータを構成するいろいろなハードウェア機構はそ

れぞれ「論理素子を組み合わせて作った論理回路」である．

　前の [1] で述べたように，NOT 素子は単項演算の NOT（否定）機能を，AND 素子は 2 項演算の AND（論理積）機能を，OR 素子は 2 項演算の OR（論理和）機能を，それぞれ実現している．すなわち，基本論理演算（NOT，AND，OR の各演算）と基本論理素子（NOT，AND，OR の各素子）とは，それぞれ 1 対 1 に対応している．したがって，基本論理演算を組み合わせて構成する論理関数（論理式）と，基本論理素子をつなぎ合わせて構成する論理回路も 1 対 1 に対応する．

▶〔注意〕
本書の以降では，「組み合わせ論理回路」を単に「組み合わせ回路」という．

─ 組み合わせ回路 ─
ある時刻の出力（信号）がその時刻の入力（信号）だけで決定する論理回路を**組み合わせ論理回路**あるいは単に**組み合わせ回路**という．結果として，組み合わせ回路では，時刻や時間（経過）は無視できる．また，入力が不変ならば，出力も不変である．

組み合わせ回路は次のような特徴を持つ．
(1) ある入力の論理値の組み合わせに対して出力の論理値の組み合わせが唯一に定まる．
(2) 入力の論理値が定常状態すなわち「時間経過でも不変」と安定すれば，出力も "0" か "1" のどちらかの論理値で安定するすなわち定まる．
(3) 信号は入力（側）から素子を経由して出力（側）へ一方向に流れ，ある素子の出力（側）から同じ素子の入力（側）への信号のフィードバック（feedback; 戻り）はない．

この特徴の (3) に基づいて，組み合わせ回路では，入力端子に相対的に近い位置を「前段」，出力端子に相対的に近い位置を「後段」とそれぞれいう．したがって，入力端子に最も近い位置が「最前段」，出力端子に最も近い位置が「最後段」である．また，(3) の「フィードバックはない」とは，「回路内の任意の位置で，『その位置より後段にある素子の出力が，その位置より前段にある素子への入力となる』ことはない」という意味である．

[4] 論理関数と組み合わせ回路

　基本論理素子を信号線で接続して作る論理回路（組み合わせ回路）がどのような論理演算機能に 1 対 1 対応するのか調べてみよう．

　図 3.12 のように，入力を n（n は正整数）本，出力を 1 本だけ持つ**組み合わせ回路** f は，次の**論理関数**（**論理式**）と同じ機能の論理回路による実現であり，1 対 1 対応する．

$$f(\underbrace{A, B, \cdots, C}_{n\text{ 変数}}) = Z \tag{3.46}$$

論理関数 f は，$A, B, \cdots, C$ という n 個の論理変数と 3 種類の基本論理演算記号（ ̄, ・, +）を組み合わせて作った論理式 3.46 で表現する．

図 **3.12** n 入力 1 出力論理回路

組み合わせ回路 f では，
(1) 式 3.46 の左辺の論理関数 f を論理式で表現するときに使う**変数** $A, B, \cdots, C$ が**入力**（信号）；
(2) 同様に，**論理演算記号**が**論理素子**；
(3) 式 3.46 の右辺の**変数** Z が**出力**（信号）；

のそれぞれに 1 対 1 対応する．この組み合わせ回路 f は n 入力 1 出力論理回路である．

したがって，組み合わせ回路そのものは，それに 1 対 1 対応する論理関数（論理式）の機能を，また，その組み合わせ回路の入力と出力は，論理関数として数学的に表す変数間の論理関係を，それぞれハードウェア機構として実現している．

3.1 節や 3.2 節で学んだ論理関数に関する諸性質をこの「論理関数と組み合わせ回路との関係」に適用すると，次の事項が言える．
(1) 論理回路（組み合わせ回路）は 3 種類（NOT, AND, OR）の基本論理素子だけで作れる．
(2) カルノー図や真理値表は論理回路（組み合わせ回路）における入力と出力との関係を示す図表でもある．
(3) 3 種類（NOT, AND, OR）の基本論理素子はそれぞれ，1 素子だけで構成する最小規模の論理回路でもある．
(4) 組み合わせ回路の設計では，入出力信号の時間変化や時間遅延は考えなくてもよい．

▶〔注意〕
論理回路（組み合わせ回路）の空間サイズについては，後の 3.3.2 項で述べる．

特に，(1) は次の点で重要である．

- コンピュータのどの**ハードウェア機構**も，3 種類（NOT, AND, OR）の**基本論理素子**だけで作れる．

[5] 多入力論理素子

3.1.1 項の [2] で公理として導入したように，3 種類の基本論理演算のうち，2 項演算の AND と OR は n（n は 3 以上の整数）項による多項 AND と多項 OR に拡張できる．そして，前の [1] の図 3.5（70 ページ）で示し

た基本論理演算と基本論理素子との対応関係にしたがうと，多項（n 項）の AND 演算および OR 演算のそれぞれの機能を実現できる多入力（n 入力）の AND 素子および OR 素子が実在する．

多入力 AND 素子

$$\underbrace{A \cdot B \cdot \cdots}_{n \text{ 項}} = Z \qquad (3.47)$$

を実現する．n 入力で，n 本の入力 $A, B, \cdots$ のすべてが "1" のときだけ，出力 Z を "1" とし，それ以外では，出力 Z を "0" とする論理素子（図 3.13 に記号表現を示す）である．

図 **3.13** n 入力 AND 素子   図 **3.14** n 入力 OR 素子

多入力 OR 素子

$$\underbrace{A + B + \cdots}_{n \text{ 項}} = Z \qquad (3.48)$$

を実現する．n 入力で，n 本の入力 $A, B, \cdots$ のすべてが "0" のときだけ，出力 Z を "0" とし，それ以外では，出力 Z を "1" とする論理素子（図 3.14 に記号表現を示す）である．

▶ 〔注意〕
この段落は AND 演算について説明しているが，同様の説明は OR 演算にも適用できる．この段落を「OR 演算についての説明」とするには，文中のすべての "AND" をその直後のカッコ内の "OR" で読み替えればよい．

本書の以降でも，このような段落全体での "AND" と "OR" の総読み替えを「AND（OR）」と書く．

多項 AND（OR）演算での結合則（定理 3.10, 47 ページ）によると，1 個の <u>n</u> 項 AND（OR）演算は $(n-1)$ 個の <u>2</u> 項 AND（OR）演算の集まりと見なせて，それらの 2 項 AND（OR）演算をどんな順序で行ってもよい．また，1 個の 2 項 AND（OR）演算は 1 個の 2 入力 AND（OR）素子に対応する．結局，1 個の <u>n</u> 入力 AND（OR）素子は $(n-1)$ 個の <u>2</u> 入力 AND（OR）素子によって構成する組み合わせ回路と等価[†]となる．

▶ [†] 等価
機能が同一の論理回路，すなわち入力（信号）の論理値のすべての組み合わせに対する出力（信号）の論理値のそれぞれがすべて等しい組み合わせ回路を「等価」（論理関数でいう「同値」と同じ意味である）あるいは「等価回路」という．

—— 例 題 ——

3.13 $A + B + C + D + E = Z$ という 5 項 OR 演算に 1 対 1 対応する 5 入力 OR 素子を 2 入力 OR 素子だけで構成しなさい．

（解）この 5 項 OR 演算は，たとえば，
$$\bigl((A+B) + ((C+D)+E)\bigr) = Z$$
のようなカッコによる演算順序の指定にしたがう 4 個の OR 演算と見なせる．したがって，問題式に対応する 1 個の 5 入力 OR 素子は

▶〔注意〕
　例題 3.13 の解答例では，問題論理式の各 2 項 OR 演算の順位と，解答論理回路の各 2 入力 OR 素子の位置とは，それぞれごとに 1 対 1 対応する．したがって，問題論理式での 2 項 OR 演算の順位をカッコによって変えると，それに対応する解答論理回路での 2 入力 OR 素子の位置が変わる．

この式に対応する 4 個の 2 入力 OR 素子によって構成する組み合わせ回路（下に示す）と等価となる．

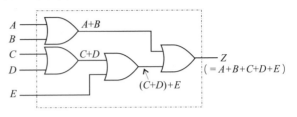

[6] AND 素子 ⇔ OR 素子変換

2 項 AND 演算に定理 3.7（46 ページ）と定理 3.12（48 ページ）を適用すると，

$$X \cdot Y \left(= \overline{\overline{X \cdot Y}}\right) = \overline{\overline{X} + \overline{Y}} \tag{3.49}$$

となる．したがって，式 3.49 の左辺に対応する 1 個の AND 素子は，図 3.15 に示すように，式 3.49 の右辺に対応する「3 個の NOT 素子と 1 個の OR 素子で構成する組み合わせ回路」と等価である．

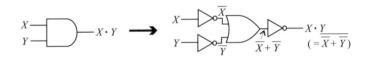

図 3.15　AND 素子 → OR 素子変換

一方，2 項 OR 演算に，同様に，定理 3.7 と定理 3.12 を適用すると，

$$X + Y \left(= \overline{\overline{X + Y}}\right) = \overline{\overline{X} \cdot \overline{Y}} \tag{3.50}$$

となる．したがって，式 3.50 の左辺に対応する 1 個の OR 素子は，図 3.16 に示すように，式 3.50 の右辺に対応する「3 個の NOT 素子と 1 個の AND 素子で構成する組み合わせ回路」と等価である．

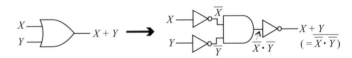

図 3.16　OR 素子 → AND 素子変換

任意の組み合わせ回路は，それを構成するすべての AND 素子を NOT 素子と OR 素子とに変換して，NOT 素子と OR 素子だけで構成する等価回路にできる．また，逆に，OR 素子を NOT 素子と AND 素子とに変換して，NOT 素子と AND 素子だけで構成する等価回路にできる．

3.3.2 組み合わせ論理回路の設計　《論理関数とカルノー図を使って論理回路を設計する》

任意の論理関数とその機能をハードウェア機構として実現する組み合わせ論理回路との1対1対応関係に注目して，論理式やカルノー図で表現した論理関数を設計する手法について考えてみよう．

[1] 組み合わせ回路の設計手順

与えられた論理関数をもとに，その論理関数の機能を実現する論理回路を回路図として示すことを「論理回路の**設計**」という．論理回路の設計は「**論理関数→論理回路**変換」でもある．

前の3.3.1項の[1]で述べたように，基本論理演算（NOT，AND，OR演算）にそれぞれ1対1対応する基本論理素子（NOT，AND，OR素子）がある．また，どんな論理式も基本論理演算（記号）だけを組み合わせて構成できる．したがって，任意の論理関数を表現する論理式に対応する論理回路（組み合わせ回路）は基本論理素子だけをつなぎ合わせて構成できる．「ある**論理式**をもとにして，それに対応する**組み合わせ回路を設計する**」手順は次の通り簡単である．

1. 論理式を構成している基本論理演算を基本論理素子に対応させる．演算種類（AND/OR）と演算順位が同一（ただし，46ページの定理3.8の交換則の適用を含む）である多項同一（AND/OR）演算には，多入力（AND/OR）素子を対応させる．
2. 演算順位の最も高い論理演算に対応する論理素子から演算順位の低い論理演算に対応する論理素子へ，順に，前段すなわち入力（側）から後段すなわち出力（側）へ，配置・配線して行く．ある高順位の演算結果がそれよりも低順位の演算の演算項となるのに対応して，その高順位の演算に対応する素子の出力がその低順位の演算に対応する素子への入力となる．回路全体への入力（信号）が，一番最初に行う演算に対応する素子への入力となる．
3. 最後に行う演算に対応する最後段の素子からの出力（信号）が論理式全体に対応する論理回路（全体）からの出力となる．

> - 組み合わせ回路は，もとにした**論理式**（形）に，1対1対応する．
> - 同値な論理式のそれぞれに対応する組み合わせ回路のすべては**等価**である．

▶〔注意〕
　本章では，紛れのない限り，「ANDまたはOR」や「ANDかOR」すなわち「ANDかORのどちらか」を「AND/OR」と略して書く．

任意の論理関数は標準積和形をはじめとする**積和形**で表現できる．**積和形論理式**に対応する組み合わせ回路の設計手順は，上記の一般的な組み合

▶〔注意〕
ここでの「多項」には「2項」も,また,「多入力」には「2入力」も,それぞれ含むものとする.

わせ回路の設計手順を準用して,次のようになる.

1. 各論理積(多項 AND)項を構成する変数リテラルのうち,**肯定形の変数**は,そのまま回路全体への**入力**となる.これに対して,**否定形の変数**は,演算順位が最も高い NOT 演算に対応するので,変数そのものは最前段に置く **NOT 素子**への入力となる.

2. 1.による回路全体への入力(肯定形の変数に対応)および NOT 素子からの出力(否定形の変数に対応)が,変数リテラルによる**各論理積項**(多項 AND)に対応する多入力 **AND 素子**への入力となる.したがって,各論理積項に対応するこれらの AND 素子は,最前段または NOT 素子(最前段に置いてある)の後段に置く.

3. 2.による AND 素子からの出力が,積和形での演算順位が最も低い唯一論理和項(多項 OR)に対応する多入力 OR 素子への入力となる.したがって,唯一多項論理和項に対応する唯一多入力 OR 素子は各 AND 素子の後段すなわち最後段に置く.

4. 3.による最後段の OR 素子からの出力が回路全体からの出力となる.

任意の**積和形論理式**に対応する組み合わせ回路は,入力側(前段)から出力側(後段)に向かって,NOT 素子(ただし,必要ならば) → AND 素子 → OR 素子(唯一)の順に,それぞれを配置・配線した論理回路(**AND-OR 回路**という)である.

──── 例 題 ────

3.14 例題 3.11(61 ページ)の解である(標準)積和形論理式

$$f(A, B) = \overline{A} \cdot \overline{B} + \overline{A} \cdot B + A \cdot \overline{B}$$

に対応する組み合わせ回路を設計し,回路図で示しなさい.

(解) 前述した手順にしたがって,演算順位の高いものから低いものへ,それぞれの基本論理演算に対応する論理素子を配置・配線して行く.

1. 変数 A と B が回路全体への入力となる.
2. まず,否定形の変数 $\overline{A}\,(=P)$ と $\overline{B}\,(=Q)$ をそれぞれ NOT 素子で作る.これらの NOT 素子への入力は回路への入力 A と B のそれぞれである.
3. 次に,$P \cdot Q\,(=R)$ と $P \cdot B\,(=S)$ と $A \cdot Q\,(=T)$ をそれぞれ 2 入力 AND 素子で作る.
4. 最後に,$R + S + T\,(=f)$ を 3 入力 OR 素子で作る.
5. 4.の 3 入力 OR 素子の出力が回路全体からの出力 f となる.

この 1.~5.の手順で,入力側から出力側へ基本論理素子を配置・配線すると,問題式(形)に対応する組み合わせ回路(次に示す)となる.

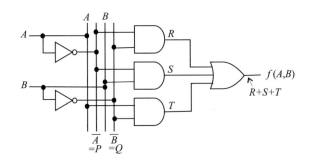

---

[2] 組み合わせ回路の最適化設計

　ある定量的[†]指標において最も優れている論理回路を設計することを「論理回路の**最適化**」あるいは「論理回路の**最適化設計**」という．本項で述べる「組み合わせ回路の最適化設計」では，論理回路の**空間サイズ**を定量的指標にして，空間サイズの観点での冗長性や無駄を排除して，空間サイズができるだけコンパクトな組み合わせ回路の設計を目標にする．

　一般的に，論理回路は基本論理素子を互いに配線して構成する．特に，論理素子は，論理回路の構成用ハードウェア部品として一定サイズの**空間**を占有する．したがって，論理回路を構成する「論理素子の個数」が論理回路そのものの空間サイズを決めることになる．空間サイズができるだけコンパクトな論理回路を設計するには，論理回路の構成部品である論理素子の個数をできるだけ少なくすればよい．論理素子の個数を削減すれば，素子間の配線に使用する信号線も連動して削減できる．

　空間サイズを指標とする論理回路の最適化設計によって，論理素子の個数や配線を削減すれば，i) 占有面積が小さい；を主として，そのほかにも，ii) 消費電力量が少ない；iii) 動作速度が速い；iv) 故障に強い；v) 製作費用が安い；などの点で，より優れた論理回路を実現できる．

> **空間最適化**
> 論理回路を構成するのに必要な「論理素子の総数」を**最小**にする最適化を「論理回路設計における**空間最適化**」という．

　基本論理素子のうち，AND 素子と OR 素子については，AND/OR 機構の電気的な作り方がほぼ同様であり，それぞれの素子の実現に必要となる論理回路の空間サイズも同程度である．

　一方，基本論理素子のうち，NOT 素子は，NOT 機構の電気的な作り方の観点から見ると，AND 素子や OR 素子に比べて，極めて簡単であり，論理回路の空間サイズの定量的指標である「論理回路を構成する論理素子の個数」としては無視できる．

▶ [†] 定量的
　「量を示す数値を用いて表す」ことをいう．

▶《参考》
　論理回路における最適化には，空間最適化のほかに，入力から出力までに通過する論理素子の個数を最小にする「時間最適化」がある．

したがって，本章で示す一般的な論理回路の最適化設計では，空間最適化の指標とする「論理素子の総数」における「論理素子」を「AND 素子」と「OR 素子」とする．本書の以降では，論理回路設計における**空間最適化指標**は「AND 素子と OR 素子の総数」である．

[3] 論理関数と論理回路の最小化

前の [1] で手順を示したように，ある論理関数を表す論理式に 1 対 1 対応する組み合わせ回路は簡単に設計できる．一方，ある論理関数を表す論理式（形）は，積和形に限っても，標準積和形をはじめとして多数存在して，それらはすべて同値である．したがって，ある論理関数を表す同値な種々の**積和形論理式**のそれぞれに 1 対 1 対応する組み合わせ回路（**AND-OR 回路**である）も多数存在して，それらはすべて等価である．

ここでは，AND-OR 回路の最適化設計を例にとって，ある論理関数を表す種々の積和形論理式（形）のそれぞれに 1 対 1 対応する互いに等価な種々の AND-OR 回路のうち，**空間サイズを最小にする組み合わせ回路**（以降では，紛れがない限り，「**最小組み合わせ回路**」，「**最小 AND-OR 回路**」などという）を見つけて，さらには設計してみよう．

「ある**積和形論理式**と 1 対 1 対応する AND-OR 回路が存在する」という事象は，「**最小 AND-OR 回路の設計**では，その最小 AND-OR 回路に 1 対 1 対応する**最小積和形論理式**を求めればよい」を示している．空間サイズが最小でない積和形論理式と 1 対 1 対応する AND-OR 回路は，最小積和形論理式と 1 対 1 対応する最小 AND-OR 回路と比べて，空間サイズの観点での冗長性や無駄がある．

論理回路における基本論理素子は論理関数（論理式）における基本論理演算に対応している．したがって，論理回路における AND/OR 素子の個数を減らすためには，対応する論理関数（論理式）における AND/OR 演算の個数を減らせばよい．論理関数において「(AND/OR) 演算数を減らす」ことを「論理関数の**簡単化**」という．また，簡単化を極めて「(AND/OR) 演算数を最小にする」ことを「論理関数の**最小化**」という．論理関数の簡単化あるいは最小化が，その論理関数に 1 対 1 対応する論理回路を構成する論理素子の削減すなわち空間サイズの観点での論理回路の最適化設計に直結する．

> - 論理回路の**空間最適化**すなわち**最小化**は，論理回路を構成する「2 項 AND/OR 素子総数」という定量的指標を最小にすることである．

基本論理素子の 2 入力 AND/OR 素子は基本論理演算の 2 項 AND/OR 演算に 1 対 1 対応する．したがって，論理回路の空間最適化に対応する論

▶〔注意〕
　本書では，NOT 素子の個数は，論理回路の空間サイズの定量的指標とする「論理素子の個数」に含めない．

▶〔注意〕
　論理関数（論理式）において，AND 演算と OR 演算は互いに「双対」（3.1.2 項 [3] を参照）である．したがって，論理関数の簡単化や最小化における定量的指標としての AND 演算と OR 演算は，同じ重みでカウントできる．

理関数（論理式）の最適化は，論理関数（論理式）を構成する 2 項 AND/OR 演算の総数（"·" と "+" の総数）を定量的指標とする最小化であり，「2 項 AND/OR 演算の総数を最小にする」という操作となる．

一方，2 項演算は 2 個の演算項と 1 個の演算記号で構成する．したがって，論理式を構成する「2 項演算の総数」は数学的に「『2 項演算項の総数』を "1" だけ減じる」で求まる．ここで，2 項 AND/OR 演算項は変数リテラルであるので，論理関数（論理式）の最適化は，その論理関数に現れるリテラル総数を定量的指標とする最小化であり，「リテラル総数を最小にする」という操作でもある．論理関数（論理式）の最適化における定量的指標である「2 項 AND/OR 演算総数」と「リテラル総数」とは，

$$（2 \text{ 項 AND/OR 演算総数}）=（\text{リテラル総数}）-1$$

という数学的関係であり，最適化の指標としては同じ意味を持っている．

> - 論理関数（論理式）の**最適化**すなわち**最小化**は，論理式を構成する **2 項 AND/OR 演算総数**または**リテラル総数**という定量的指標を**最小にすることである**．

▶〔注意〕
3.3.1 項の [5] で述べたように，多入力 AND(OR) 素子は，2 入力 AND(OR) 素子によって構成した組み合わせ回路で実現できる．したがって，「1 個の n 入力 AND(OR) 素子」は「$(n-1)$ 個の 2 入力 AND(OR) 素子」として換算すれば，「2 入力 AND/OR 素子の総数」という論理回路の空間サイズの定量的指標を一元的に保持できる．

一方，論理関数（論理式）の最適化における定量的指標は「2 入力 AND/OR 演算の総数」あるいは「リテラル総数」である．したがって，論理関数（論理式）の空間最適化や最小化では，多項 AND/OR 演算は，特に気にせずに，すなわち自然に，単なる 2 項 AND/OR 演算の集まりと見なせばよい．

───── 例　題 ─────

3.15 例題 3.11（61 ページ）で与えた 2 変数論理関数 $f(A, B)$ についての問題式（f_m とする）である

$$f(A, B) = \overline{A}B + \overline{B} \quad (= f_m) \tag{3.51}$$

は，実は，$f(A, B)$ の最小形（求め方については，後の [7] で詳述）論理式である．この式 3.51 に 1 対 1 対応する AND-OR 回路（F_m とする，最小である）と，この問題式と同値な $f(A, B)$ の標準積和形である解の式（f_s とする）である

$$f(A, B) = \overline{A}\,\overline{B} + \overline{A}B + A\overline{B} \quad (= f_s) \tag{3.52}$$

に 1 対 1 対応する AND-OR 回路（F_s とする）とを，空間サイズを定量的指標にして比較しなさい．

（**解**）　F_m および F_s を構成するのに必要となる 2 入力 AND 素子と 2 入力 OR 素子の個数を指標として，比較してみよう．
<u>最小</u>の積和形論理式 3.51（f_m）には，それぞれ 1 個の AND 演算と OR 演算があるので，積和形論理式 f_m に対応する AND-OR 回路 F_m はそれぞれ 1 個の 2 入力 AND 素子と 2 入力 OR 素子すなわち計 <u>2</u> 個の 2 入力 AND/OR 素子で構成できる．
一方，<u>標準</u>積和形論理式 3.52（f_s）には，3 個の AND 演算と 2 個の

▶〔注意〕
論理回路の空間最適化の定量的指標としない NOT 素子は，論理関数（論理式）では NOT 演算に対応する．したがって，論理関数（論理式）の最小化において，NOT 演算の個数そのものは，「2 項 AND/OR 演算総数」や「リテラル総数」という指標によるカウントから自然に排除できる．

OR演算があるので，積和形論理式f_sに対応するAND-OR回路F_sは3個の2入力AND素子と2個の2入力OR素子すなわち計<u>5</u>個の2入力AND/OR素子で構成できる．

したがって，最小のAND-OR回路F_mは，等価回路のF_sと比べて，2個の2入力AND素子と1個の2入力OR素子すなわち計<u>3</u>個の2入力AND/OR素子分だけコンパクトである．

---

[4] **カルノー図による論理積項の表現（1）── 併合**

前の3.2.3項の[2]および3.2.4項では，ある論理関数を表しているカルノー図において "1" の記入があるマス目のそれぞれが，その論理関数の**標準積和形論理式**を構成する**最小項**（58ページで定義）に1対1対応することを明らかにした．ここでは，さらに，最小項に限らずに，一般的な積和形論理式を構成する**論理積項**とカルノー図との1対1対応関係について考えてみよう．

まず，カルノー図において，互いに隣接する（3.2.3項[1]参照）マス目に注目しよう．

カルノー図において，あるマス目の座標ラベルは，(a) 論理値で表す変数値（の組）；(b) 変数リテラルすべての論理積で表す最小項（の形）；の両方の意味を持っている．したがって，「**隣接するマス目**」とは，(a) 対応する変数値（の組）が1ビットだけ異なる（反転している，"0" ⇔ "1"）；(b) 対応する最小項（の形）を構成するリテラルが1個だけ異なる（反転している，肯定形⇔否定形，たとえば $X \Leftrightarrow \overline{X}$）；マス目である．

▶〔注意〕
この例では，カルノー図3.17において左右で隣接する "q" と "p" では，最小項を表す「変数リテラルによる論理積」$\tilde{A}\tilde{B}\tilde{C}$について，リテラル $\tilde{A}$ が肯定形 A ⇔ 否定形 $\overline{A}$ と反転している．

たとえば，3変数論理関数を表現するカルノー図（8個のマス目で構成する）の図3.17において，「カルノー図のマス目の座標ラベルは最小項（3個の変数リテラル $\tilde{A}, \tilde{B}, \tilde{C}$ すべてによる論理積項）」という前述の(b)の意味で，最小項 $p = ABC$ および $q = \overline{A}BC$ を座標ラベルとするマス目は互いに隣接する．

ここで，2個の最小項の p と q のそれぞれを論理積項とする積和形 f_a は $f_a = p + q$ である．この f_a は次のように変形できる．

▶〔注意〕
BC（式3.54）のような単一の論理積項も「（論理和演算がない）1個の論理積項だけで構成する積和形論理式」と見なせる．

$$\begin{aligned}
f_a &= p + q \\
&= \underline{ABC + \overline{A}BC} \qquad &(3.53)\\
&= \left(A + \overline{A}\right) \cdot BC = 1 \cdot BC \\
&= \underline{BC} \qquad &(3.54)
\end{aligned}$$

結果として，f_a を表す積和形論理式の同値変形によって，積和形論理式（式3.53）から単一の論理積項（式3.54）へと，論理式を簡単化できる．

また，「カルノー図のマス目の座標ラベルは変数値」という前述の (a) の意味でも，f_a を表す積和形論理式（式 3.53）から式 3.54 への同値変形による簡単化を説明できる．まず，$p = ABC = 1$ となるのは，$A = B = C = 1$，$q = \overline{A}BC = 1$ となるのは，$A = 0, B = C = 1$，のそれぞれの場合だけである．したがって，$A = 1$ あるいは $A = 0$ のどちらであっても，$\underline{B = C = 1}$ であれば，「$p = 1$（$A = 1$ の場合）または $q = 1$（$A = 0$ の場合）」あるいは「$p + q = 1$」が言える．すなわち，$(f_a =) p + q = \underline{ABC + \overline{A}BC} = \underline{BC} = 1$ である．

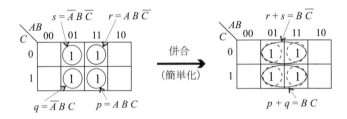

図 3.17 隣接 1 個マス目の 2 個マス目グループへの併合例

論理回路の空間最適化に対応する論理関数の最適化の観点で，式 3.53 と式 3.54 の 2 つの積和形論理式を定量的に比較すると，式 3.54 では，i) 式 3.53 を構成する 2 個の論理積項が 1 個になって，OR 演算が 1 個からゼロになっている，さらに，ii) 論理積項を構成する変数リテラルが 3 個（$\tilde{A}\tilde{B}\tilde{C}$）から 2 個（$\tilde{B}\tilde{C}$）に減っている．

一般的に，あるカルノー図において，最小項を座標ラベルとする "1" が記入してある独立した 1 個のマス目（**1 個マス目**という）のうちで，互いに隣接する 2 個の 1 個マス目があるとする．そのとき，それら隣接するすなわち 2 個の 1 個マス目によって表す積和形論理式（例では，$ABC + \overline{A}BC$）は，「それら隣接する 1 個マス目の座標ラベルである『変数リテラルによる論理積項』（2 個）どうしで相異なる（肯定形⇔否定形と反転している）リテラル（例では $\tilde{A}$）を除いた」**共通**リテラル（例では，$\tilde{B}$ と $\tilde{C}$）による 1 個の論理積項（例では，BC）に簡単化できる．

この例で示している「2 個の論理積項（最小項）を OR で結んだ積和形論理式 $ABC + \overline{A}BC$ から 1 個の論理積項 BC への簡単化」をカルノー図（図 3.17 を併照）だけで説明してみよう．まず，f_a を表す積和形論理式 3.53 は，カルノー図 3.17 の左に示すように，ABC と $\overline{A}BC$ という独立した座標ラベルを持つ互いに隣接する 1 個マス目のそれぞれを囲む独立した〇で表せる．一方，式 3.54 は，カルノー図 3.17 の右に示すように，$\underline{ABC}$ および $\underline{\overline{A}BC}$ という座標ラベルを持つ隣接する 2 個の 1 個マス目を囲む〇（図 3.17 の右では，点線）を**併合**（「グループ化」ともいう）して，$\underline{BC}$

▶〔注意〕
カルノー図では，普通，1 個マス目を囲む〇は冗長なので省略する．ただし，本項の以降では，必要に応じて，カルノー図による説明を明確にするために，図 3.17 の左のように，1 個マス目を囲む〇を明示することがある．

▶ †マス目グループ

「△個マス目」とは，互いに隣接する△個の，"1" が記入してあるマス目全体（すべての "1"）を指している．

△は 2 のべき乗で，実際には，1, 2, 4, 8 ··· である．△が 2, 4, 8 ··· である場合に，「△個マス目グループ」という．

本書の以降では，紛れのない限り，「△個マス目グループ」を単に「△個マス目」という．

という座標ラベルを持つ 1 個の 2 個マス目グループ†（図 3.17 の右では，実線）全体を囲む単一の○として表現できる．

別の例として，$r = AB\overline{C}$ および $s = \overline{A}B\overline{C}$ とするとき，カルノー図 3.17 の左に示すように，$AB\overline{C}$ と $\overline{A}B\overline{C}$ という座標ラベルを持つ 1 個マス目は互いに隣接する．したがって，カルノー図 3.17 の右に示すように，これらの 1 個マス目は併合できて，$B\overline{C}$ という座標ラベルを持つ単一の○で囲む 2 個マス目として表せる．これが，カルノー図による

$$f_b = r + s = AB\overline{C} + \overline{A}B\overline{C} = B\overline{C}$$

という簡単化の説明である．

さらに今度は，前述の簡単化によって得た 2 個の（最小項ではない）論理積項 $(f_a =) BC$ と $(f_b =) B\overline{C}$ とを OR で結んだ積和形論理式（g_a とする）に注目してみよう．論理式 g_a は，次のように，同値変形できる．

$$\begin{align} g_a &= f_a + f_b \\ &= BC + B\overline{C} \quad (3.55) \\ &= B\left(C + \overline{C}\right) \\ &= B \quad (3.56) \end{align}$$

▶〔注意〕

B（式 3.56）や $\overline{B}$ のような単一の変数リテラルは「最も簡単な論理積項」と見なせる．

さらには，積和形論理式の最小化による結果としての単一の変数リテラルは「最も簡単な積和形論理式」と見なせる．

一方，カルノー図では，図 3.18 に示すように，積和形論理式 g_a を構成する論理積項 BC と $B\overline{C}$ という座標ラベルを持つ 1 個マス目は，上下で互いに隣接する．この隣接する 2 個マス目全体のそれぞれを囲む○（図 3.18 の左での実線，図 3.17 の右として既出，式 3.55 に対応）どうしを併合すると，g_a は，B という単一の肯定形リテラルを座標ラベルとする 4 個マス目全体を囲む単一の○（図 3.18 の右での実線，式 3.56 に対応）で表せる．

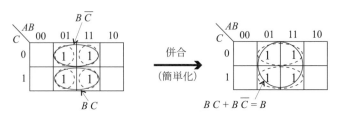

図 3.18　隣接 2 個マス目グループの 4 個マス目グループへの併合例

隣接する同一サイズのマス目グループの併合によってできるマス目グループのサイズすなわち○で囲む 1 個マス目の個数は，「隣接する 1 個マス目どうしを併合によって単一の 2 個マス目グループにする」から始めて，2 のべき乗で（倍々で，2 → 4 → 8 → ··· と）大きくなる．また，自明であるが，

1回の併合によって2倍サイズになるマス目グループを囲む○の数は2個から1個に半分になる．

カルノー図では，互いに隣接する "1" が記入してある $m (= 2, 4, 8, \cdots)$ 個のマス目のすべてすなわち全体を単一の m 個マス目（グループ）と見なして，○で囲んで表せる．「m 個マス目全体を囲む○」すなわち m **個マス目**は，「**変数リテラルによる論理積項**」で表す唯一の座標ラベルを持つ．逆に，m 個マス目の座標は，唯一の「変数リテラルによる論理積項」として読み取れる．m 個マス目全体を囲む○とその○全体の座標ラベルとは1対1対応する．

- 互いに**隣接**する m 個マス目は m 個の1個マス目を要素とする．この m 個マス目の座標ラベルは，その○で囲む1個マス目の座標ラベルである最小項（変数リテラルすべてによる論理積項）のそれぞれに**共通**するリテラルだけによる**論理積項**となる．
- 隣接する m 個マス目どうし（同一サイズである）を**併合**してできる，2倍サイズの $2m$ 個マス目の座標ラベルである**論理積項**は，併合元の m 個マス目それぞれの座標ラベルである論理積項を構成するリテラルの個数から "1" を減じた個数のリテラルによって構成する．

[5] カルノー図による論理積項の表現 (2) —— 包含

ここで，前の [4] での「**併合による積和形論理式の簡単化**」についての説明で例示したカルノー図 3.17 に再度注目してみよう．

このカルノー図 3.17 の右は，たとえば，「座標ラベル ABC および $\overline{A}BC$ で指す互いに隣接する2個の1個マス目（の○）は，座標ラベル BC で指す単一の2個マス目に併合できる」という図示であり，論理関数 f_a を表す積和形論理式の「$ABC + \overline{A}BC$ から BC への簡単化」を簡潔かつ明確に図説している．端的に言うと，カルノー図において，併合前の互いに隣接する1個マス目の○（例では，ABC および $\overline{A}BC$）は，併合によって，併合先の2倍サイズの2個マス目の○（例では，BC）に置き換わり，併合前の2個の○は不要となる．

それでは，併合操作において，併合元の○（例では，ABC や $\overline{A}BC$，ここでは $\overline{A}BC$ を代表例にとる）と併合先の2倍サイズの○（例では，BC）とは，積和形論理式を構成する論理積項として，どんな関係があるのか調べてみよう．

$\overline{A}BC = 1$ となるのは，$A = 0, B = C = 1$ の場合だけであり，そのとき，必ず $BC = 1$ である．この例のように，ある論理積項 S（例では，

$\overline{A}BC$) を "1" にする変数値の組み合わせに対して，別の論理積項 T（例では，BC）が "1" になるとき，「T は S を**包含**する」あるいは「S は T に**包含される**」という．「T が S を包含する」ことを，数式では，集合関係と同様に，$T \supset S$ あるいは $S \subset T$ と書く．

一方，この「$T = BC$ が $S = \overline{A}BC$ を包含する」例で，積和形論理式 $f_c = S + T = \overline{A}BC + BC$ について考えてみよう．前の [4] と同様に，積和形論理式 f_c については，

$$f_c = \overline{A}BC + BC \left(= (\overline{A}+1) \cdot BC = 1 \cdot BC \right) = BC$$

のように同値変形できる．あるいは，$B = C = 1$ の場合，

$$f_c = \overline{A}BC + BC = \overline{A} \cdot 1 + 1 = \overline{A} + 1 = 1$$

となり，$\overline{A}$ が "0" か "1" のどちらであっても，$f_c = \overline{A}BC + BC = 1$ である．

すなわち，BC は $\overline{A}BC$ を包含するので，それら 2 個の論理積項を OR で結んだ積和形論理式 $f_c = S + T = \overline{A}BC + BC$ において，論理積項 $S = \overline{A}BC$ は不要となり省ける．

▶〔注意〕
　$T \supset S$ の（例では，$T = BC$ が $S = \overline{A}BC$ を包含する）場合，T の論理積項を構成する変数リテラル（例では，$\tilde{B}\tilde{C}$）は必ず S にも現れ，T を構成するリテラル数（例では，2 個）の方が S（例では，$\tilde{A}\tilde{B}\tilde{C}$ の 3 個）よりも少ない．すなわち，論理積項の包含では，包含する論理積項が，包含される論理積項よりも，それぞれを構成するリテラル数が少ない．これは，「集合」関係での包含とは，受ける印象が逆になる．
　カルノー図においては，より大きい○の座標ラベルを構成するリテラル数が少ないので，カルノー図による包含の図説は直感的に分かりやすい．

- ある論理積項 T が別の論理積項 S を**包含**する（$T \supset S$）とき，それら S と T を含む複数個の論理積項によって構成する積和形論理式 $\cdots + S + \cdots + T + \cdots$ から S（包含される方の論理積項）は省くことができて，その積和形論理式を $\cdots + T + \cdots$ と**簡単化**できる．

カルノー図において，**包含**は直感的に表せる．すなわち，$T \supset S$（S, T は論理積項）のとき，カルノー図（例では，図 3.17 の右）において，T の○（例では，BC を座標ラベルとする 2 個マス目）は，S の○（例では，$\overline{A}BC$ を座標ラベルとする 1 個マス目）を，文字通りに，完全に**包含**（カルノー図での意味は「全部を包みこんでいる」である）している．したがって，このカルノー図において，S の○（例では，$\overline{A}BC$）は不要となり省ける．

すなわち，カルノー図において直感的に明らかなように，併合によってできる 2 倍サイズの併合先の○が併合元の 2 個の○のどちらもを**包含**するので，併合元の○は 2 個とも消去できる．

[6] カルノー図による積和形論理式の表現

前の [4] で，任意の積和形論理式を構成する論理積項のそれぞれは，その論理積項を座標ラベルとする「$n (= 1, 2, 4, 8, \cdots)$ 個マス目を囲む○」で表現できることが分かった．したがって，カルノー図でのすべての○は，それぞれの○で表した論理積項を OR で結んでできる**積和形論理式**を表し

ている．

　一般的に，ある論理関数を表す任意の積和形論理式およびそれを構成する論理積項と，カルノー図における "1" が記入してある n 個マス目（グループ）との 1 対 1 対応関係についてまとめると，次のようになる．

(1) カルノー図において，"1" が記入してあって，互いに隣接する n 個の 1 個マス目を要素とする n 個マス目の座標ラベルである**論理積項**（$n = 1$ の場合は，**最小項**）は，そのカルノー図全体で表す**積和形論理式**を構成する項である．

(2) カルノー図において，"1" が記入してある 1 個マス目すべてのそれぞれの座標ラベルである**最小項**すべてを OR で結ぶと，そのカルノー図全体で表す**標準積和形論理式**となる．（3.2.3 項の ［3］で詳述）

(3) すべてのマス目が "1" であるカルノー図は，それらすべての 1 個マス目が互いに隣接し合う．したがって，1 個マス目どうしの併合から始めて，〇のサイズを倍倍で大きくし，かつ，〇の個数を減らして行くと，最終的にカルノー図全体を単一の〇で囲める．そのカルノー図全体を囲む単一の〇の座標ラベルは論理定数 "1" を表す．

▶〔注意〕
　逆に，"1" が 1 つも記入してない（"1" を囲む〇が 1 つもない），すなわち，すべてのマス目が "0" であるカルノー図は，論理定数 "0" を表す．

　任意の**積和形論理式**の**カルノー図**による表現について，次のようにまとめられる．

> - カルノー図において，"1" が記入してあるマス目**だけ**を，かつ，それら**すべて**を，いくつかの〇で囲むとき，それぞれの〇の座標ラベルとして読み取った論理積項を OR で結ぶと，そのカルノー図に対応する**積和形論理式**が表現できる．
> - "1" が記入してあるマス目の〇による囲み方が異なれば，すなわち，〇の座標（位置）や個数が異なれば，それらは互いに（同値ではあるが）形すなわち構成が異なる**積和形論理式**を表すことになる．

　たとえば，図 3.17 の左は $ABC + \overline{A}BC + AB\overline{C} + \overline{A}B\overline{C}$（標準積和形論理式）を，同図 3.17 の右（図 3.18 の左も同図）は $BC + B\overline{C}$（積和形論理式）を，図 3.18 の右は B を，それぞれ表すカルノー図である．すなわち，〇による囲み方が異なるこれら 3 つのカルノー図はそれぞれ，同値ではあるが形が異なる 3 つの<u>積和形論理式</u>を表している．

——— 例　題 ———

3.16　4 個の最小項 $p = ABC$, $q = \overline{A}BC$, $r = AB\overline{C}$, $s = \overline{A}B\overline{C}$ を論理積項とする標準積和形論理式 $g_b = p + q + r + s$ をカルノー図で表現しなさい．さらに，そのカルノー図における併合操作によって，その標準積和形論理式より簡単化した積和形論理式を求めなさい．

（解）右上のカルノー図に示す ABC, $\overline{A}BC$, $AB\overline{C}$, $\overline{A}B\overline{C}$ という座標ラベルを持つ 4 個の独立した○で囲む 1 個マス目は，

$$ABC + \overline{A}BC + AB\overline{C} + \overline{A}B\overline{C}$$

という 4 個の最小項を OR で結んだ標準積和形論理式を表す．

次に，右中のカルノー図に示すように，上下で互いに隣接する○（座標ラベルは ABC と $AB\overline{C}$）どうし，同じく，上下で互いに隣接する○（座標ラベルは $\overline{A}BC$ と $\overline{A}B\overline{C}$）どうし，をそれぞれ併合すると，それぞれ AB および $\overline{A}B$ という座標ラベルを持つ○で囲む 2 個マス目として表せる．これらの 2 個マス目は，$AB + \overline{A}B$ という 2 個の論理積項を OR で結んだ積和形論理式を表す．

さらに，右下のカルノー図に示すように，左右で互いに隣接する○（座標ラベルは AB と $\overline{A}B$）どうしを併合してできる単一の○で囲む 4 個マス目は，1 個の変数リテラル B を表す．

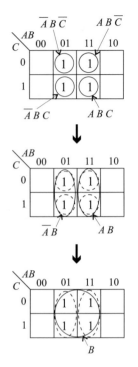

---

［7］ カルノー図による積和形論理式の最小化

前の［3］で述べたように，論理関数（論理式）の最適化すなわち最小化と論理回路（組み合わせ回路）の空間最適化すなわち最小化は連動して等価である．すなわち，ある AND-OR 回路を最小化するためには，その AND-OR 回路と 1 対 1 対応する積和形論理式を最小化すればよい．

> **最小積和形論理式**
>
> ある論理関数を表す同値な積和形論理式の中で，「2 項 AND/OR 演算総数」または「リテラル総数」が最小である積和形論理式を **最小積和形論理式** という．

また，前の［6］では，「どのような形の積和形論理式でも，それと 1 対 1 対応するカルノー図で表現できる」ことを示した．カルノー図において，積和形論理式は，"1" が記入してあるマス目すなわち最小項を表す 1 個マス目のすべてを種々のサイズ（ただし，2 のべき乗で，1, 2, 4, 8, ⋯）の○

で囲んで表現できる．そのとき，その積和形論理式を構成する論理積項は，それぞれの○の座標ラベルとして読み取れる．

そして，前の [4] と [5] で述べたように，カルノー図において，**併合**は「隣接する同一サイズの 2 個の○を 2 倍サイズの 1 個の○にする」操作である．したがって，カルノー図における**併合**は，

(1) ○のサイズを 2 倍にして，○の座標ラベルである論理積項を構成する変数リテラルの総数を 1 個減らせる；

(2) ○の個数を 1 個減らして，○の座標ラベルである論理積項そのものを積和形論理式から消去する；

という最小積和形論理式を導くための主要な操作になる．

たとえば，例題 3.16（87 ページ）で与えた積和形論理式 g_b は，

$$g_b = ABC + \overline{A}BC + AB\overline{C} + \overline{A}B\overline{C} \tag{3.57}$$
$$= AB + \overline{A}B \tag{3.58}$$
$$= B \tag{3.59}$$

という同値な 3 種類の積和形（例題 3.16 の解の途中式の再掲）で表せる．また，カルノー図（例題 3.16 の解）では，式 3.57 は $\underline{4}$ 個の $\underline{1}$ 個マス目で，式 3.58 は $\underline{2}$ 個の $\underline{2}$ 個マス目で，式 3.59 は $\underline{1}$ 個の $\underline{4}$ 個マス目で，それぞれ表せる．論理式の最適化の度合いを示す定量的指標であるリテラル総数については，式 3.57 は "12"，式 3.58 は "4"，式 3.59 は "1" である．したがって，これら 3 式のうちでは，式 3.59 が**最小**である．

なお，各積和形論理式に 1 対 1 対応する AND-OR 回路については，式 3.57 は 11 個の AND/OR 素子（8 個の 2 入力 AND 素子と 3 個の 2 入力 OR 素子），式 3.58 は 3 個の AND/OR 素子（2 個の 2 入力 AND 素子と 1 個の 2 入力 OR 素子），式 3.59 は AND 素子も OR 素子もなし（入力の B をそのまま直接出力 g_b とする），という空間サイズでそれぞれが構成できる．

まとめると，カルノー図を用いて最小積和形を求めるためには，標準積和形に対応する 1 個マス目を囲む○のすべてについて，

(a)「マス目（グループ）を囲む○の**サイズ**」をできるだけ**大きく**する；

(b)「マス目（グループ）を囲む○の**個数**」をできるだけ**少なく**すなわち**最小**にする；

の 2 点を同時に達成できる**併合**操作を，それができなくなるまで追求すればよい．積和形論理式においては，(a) が「論理積項を構成するリテラル数を少なくする」，(b) が「OR で結ぶ論理積項の個数を少なくする」，のそれぞれにあたる．また，(a) (b) のどちらも，**併合**によって実現できる．ただし，(b) では，併合操作だけではなく，補助操作（次の [8] で述べる**取捨選択**）も必要となる．

▶〔注意〕
　式 3.59 は，「これら 3 式のうちでは最小」であるが，「同値であるすべての積和形のうちで最小」であることは，この段階ではまだ，厳密には，保証していない．「ある積和形論理式が同値であるすべての積和形のうちで最小」であることの保証は，次の [8] で詳述する．[8] で，「式 3.59 は最小積和形論理式である」ことが明らかになる．

- カルノー図を用いて**最小積和形論理式**を得る操作は，"1"が記入してある1個マス目のすべてを，(併合によって)できるだけ**大きく**かつ少ない○で囲むことである．
- カルノー図では，標準積和形論理式から最小積和形論理式を得る手順で必要な「**同値性の保持**」について，「"1"が記入してある1個マス目のすべてをどれかの○で囲む」ことによって保証している．

[8] カルノー図による積和形論理式の最小化手順

ここでは，前の [7] で述べた「カルノー図を用いて最小積和形を求めるための併合操作」での目標 (a) (b) にしたがって，具体的に，「カルノー図を用いて，標準積和形論理式から**最小積和形論理式を求める手順**」を整理しておこう．

「**カルノー図**を用いて，標準積和形論理式と同値な**最小積和形論理式**を求める手順」の概略は，次のようにまとめられる．

- **最小化対象の標準積和形論理式**を「最小項を座標とする1個マス目に"1"を記入したカルノー図」で表して，それを出発点とする．(後述する詳細手順の 0.)
- 「隣接する同一サイズの○を**併合**する」操作（のくり返し）によって，○の**サイズを大きく**，かつ○の**個数を少なく**する．(後述する詳細手順の 1.)
- 併合操作（のくり返し）によって得た○群に対して，**同値性を保持**するために，「**必須**となる○を識別・保持しつつ，不要な○を省く」という**取捨選択**を行い，**最小積和形論理式**を得る．(後述する詳細手順の 2. および 3.)

$n(=1,2,3,4,\cdots)$ 変数論理関数のカルノー図 (2^n 個のマス目で構成) において，1個マス目の○から出発する「**併合のくり返し**」によって，その論理関数を表す**最小積和形論理式**を求める一般的かつ厳密で詳細な手順をまとめておこう．ここで示す「最小積和形論理式を求める詳細手順」では，次の式 3.60 で与える4変数論理関数 $f(A,B,C,D)$ の標準積和形を実例にとって，各手順の適用結果としての f のカルノー図（途中図や部分図を含む）を添えてある．

$$f = A\overline{B}C\overline{D} + \overline{A}BC\overline{D} + \overline{A}B\overline{C}D + ABC\overline{D}$$
$$+ \overline{A}B\overline{C}\,\overline{D} + A\overline{B}CD + AB\overline{C}D + \overline{A}\overline{B}C\overline{D} + A\overline{B}\,\overline{C}D \quad (3.60)$$

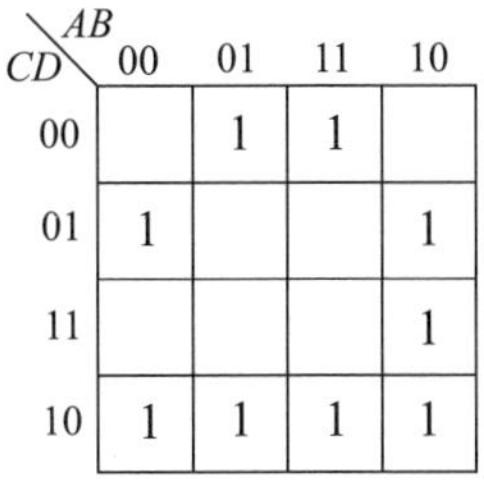

3.3 論理回路の設計 91

CD\AB	00	01	11	10
00		1	1	
01	1			1
11			1	
10	1	1	1	1

図 3.19　f の標準積和形のカルノー図

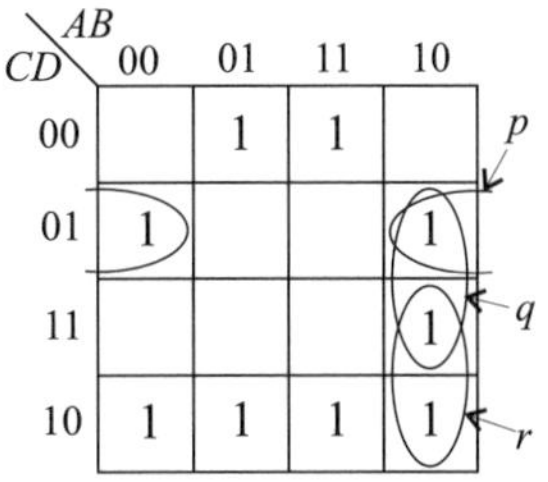

CD\AB	00	01	11	10
00		1	1	
01	1			1
11			1	
10	1	1	1	1

図 3.20　f のカルノー図（1.(b) 時点）

（図中ラベル：p, q, r）

0. **[標準積和形]**　真理値表や標準積和形論理式をもとにして，カルノー図の「最小項に対応する1個マス目」に "1" を記入して，**標準積和形論理式に1対1対応するカルノー図**を作成する．

    （例）4変数論理関数 f のカルノー図は $16 (= 2^4)$ 個マス目で構成する．16個マス目のカルノー図の枠組みに対して，式 3.60 で示された9個の最小項のそれぞれを座標とするマス目に "1" を記入すると，標準積和形の式 3.60 に 1対1対応するカルノー図（図 3.19）となる．このカルノー図 3.19 が最小化手順の出発図である．

1. **[併合（のくり返し）]**　隣接する同一サイズのマス目（グループ）の**併合**によって，「◯のサイズを大きく，かつ，◯の個数を少なく」する操作をくり返す．このくり返しによって，隣接する同一サイズのマス目がないので併合操作を適用できない（「孤立」という）マス目（グループ）を囲む◯のすべてを，1, 2, 4, 8, … 個マス目の順で，求める．

    (a) 他の1個マス目と隣接しないすなわち孤立した**1個マス目**を◯で囲む．

    （例）この例 f の標準積和形論理式では，孤立した1個マス目はない．

    (b) (a) において，◯で囲まない1個マス目には，必ず隣接する1個マス目がある．これらの互いに隣接する1個マス目を併合してできる2個マス目のうち，他の2個マス目と隣接しないすなわち孤立した**2個マス目**を◯で囲む．すなわち，1個マス目を囲む2個の◯から2個マス目を囲む1個の◯へ**併合**する．

    （例）孤立した2個マス目は，図 3.20 に示すように，p, q, r の3個である．

    (c) 前の (b) の手順を，孤立した**4個マス目**，**8個マス目**，… の順で，それらに対して同様に適用する．
    $m = 2, 3, 4, \cdots$ のもとで，「2^{m-1} 個マス目を囲む2個の◯から 2^m 個マス目を囲む1個の◯へ併合する」操作をくり返す．

▶ [注意]
　手順 1. でくり返す併合では，併合元の◯は，併合先の◯によって包含されるので，省ける．したがって，併合（のくり返し）（手順 1.）の終了時には，あるサイズの◯に全体を包含される，より小さなサイズの◯は皆無である．

▶〔注意〕
「"1"の記入があるすべての1個マス目をどれかの○で囲む」ことが積和形論理式としての同値性を保証している．

（例）孤立した4個マス目は，図 3.21 に示す s, t の2個である．

(d) (a)〜(c) によって○のすべてが孤立して，これ以上併合ができなくなると，手順1.（のくり返し）が終了する．併合の終了時には，手順0.時点でのすべての1個マス目をどれかの○が囲んでいる．また，ある1個マス目を，隣接しないあるいはサイズの異なる複数個の○によって，部分的に重畳して，囲んでいる場合もある．

（例）以上で，すべての1個マス目を $p \sim t$ のどれかのマス目（グループ）の○で囲めた．これで手順1.による「1個マス目の○をできるだけ大きくかつ少ない○にする」併合操作は終了し，図 3.22 に示すような5個の○となる．

▶〔注意〕
2^n 個のマス目で構成する n 変数論理関数のカルノー図の1個マス目のすべてが "1" で埋まっている場合は，この手順 1. (a)〜(c) の併合によって，2^n 個マス目すなわちカルノー図全体を囲む○（座標ラベルは論理定数の "1"）だけになる．

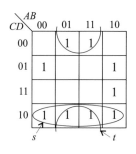 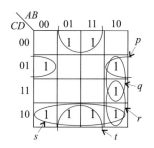

図 **3.21** f のカルノー図（1.(c) 時点）　　図 **3.22** f のカルノー図（1.(d) 時点）

2. ［必須項の決定］

   (a) 1個マス目のうち，「唯一の○だけで囲まれているマス目」を「特異な1個マス目」（「特異最小項」という）として印付けする．

▶〔注意〕
孤立した1個マス目はどれもが特異最小項である．

   (b) 前の手順 2. (a) で印付けした特異最小項を囲む唯一の○は以降の手順でも省けない必須の○である．この必須の○の座標ラベルである論理積項を**必須項**という．

   （例）特異最小項は，図 3.23 において，淡い陰影で示す4個である．この4個の特異な1個マス目を囲む唯一の○である p, s, t のそれぞれが**必須項**である．

3. ［（必須項でない）論理積項の選択］

   (a) 手順 2. (b) で求めた必須のすなわち必須項に対応する○が囲まない1個マス目に別の印付けをする．

   （例）必須項の p, s, t に対応する3個のどの○でも囲まない1個マス目は，図 3.23 での濃い陰影で示す w の1個だけである．

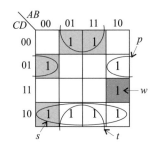
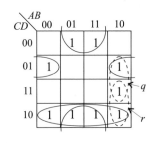

図 **3.23** f のカルノー図（2.時点）　　図 **3.24** f の最小積和形のカルノー図

(b) 手順 1. で得た○のうちで，2. で決定した必須の○以外から，(a) で印付けした 1 個マス目（複数あれば，それらすべて）を囲むのに必要な○を**選択**する．そのとき，「囲むのに必要な○のサイズができるだけ大きく，かつ，その○の個数ができるだけ少なくなるように」という基準（※）で選択する．ここで選択する○が「同値性を保持するために，必須項以外で必要となる」論理積項に対応する．

基準（※）の適用では，選択肢が唯一に限られて選択の余地がない場合と，複数の等価なすなわち「○のサイズも個数も同じである」選択肢が存在する場合（下記の例にあたる）がある．

(例) 1 個マス目の w を囲む○を選択する必要がある．必須項の p, s, t 以外では，w を囲む○は q か r のどちらか（図 3.24 での点線）である．これらはどちらも，2 個マス目を囲む○であり，基準（※）において等価である．したがって，（※）による等価な 2 通りの選択肢である q, r のどちらかを「必須項以外で必要となる」○として選択する．

4. 手順 2. で見つけた**必須の**○と手順 3. で**選択**した○それぞれの座標である論理積項を OR で結んだものが求める**最小積和形**である．

手順 3. (b) で選択肢が複数ある場合には，複数個の等価な最小積和形が存在する．

(例) 手順 2. で決定した**必須項**の $p\,(\overline{B}\,\overline{C}D), s\,(C\overline{D}), t\,(B\overline{D})$ の 3 個すべて，および，手順 3. で**選択**した $q\,(\underline{A\overline{B}D})$ または $r\,(\underline{A\overline{B}\,\overline{C}})$ のどちらか，の計 4 個の論理積項を OR で結んだ次の

$$\begin{cases} f = \overline{B}\,\overline{C}D + C\overline{D} + B\overline{D} + \underline{A\overline{B}D} \\ f = \overline{B}\,\overline{C}D + C\overline{D} + B\overline{D} + \underline{A\overline{B}\,\overline{C}} \end{cases}$$

の 2 式ともが**最小積和形**（図 3.24，実際には選択した点線の○を実線にする）である．

▶〔注意〕
「すべての 1 個マス目を囲む」という同値性を保証するために，必須のすなわち必須項に対応する○が囲まない 1 個マス目がある場合は，それ（ら）を囲む○を得る 3. の選択操作が必要である．

逆に，必須の○が囲まない 1 個マス目がない場合は，3. の選択操作は不要である．すべての 1 個マス目を必須項だけで囲んでいるので，同値性は保証されている．

▶〔注意〕
この 1.～4. の手順では，カルノー図による最小化で誤りが生じないように，その手順を一般的にかつ厳密に順序立てて述べている．しかし，実用になる高々 4 変数（16 個マス目）程度のカルノー図では，この手順通りでなくても，「図全体を眺めて，手順 1.～3. をまとめて適用し，最小化結果としての○群を得る」ことはそれほど難しくはない．

この詳細な最小化手順 1.～4. における各手順の適用状況が異なる実例を，例題 3.17～3.20 と併せて，列挙しておこう．

(1) 必須項が存在しない場合（例題 3.17）：手順 3. の論理積項の選択で，基準（※）の「できるだけ大きくかつできるだけ少ない○」で 1 個マス目すべてを囲めばよい．

(2) 併合で得た論理積項すべてが必須項である場合（例題 3.18）：手順 3. の論理積項の選択は不要となる．

(3) 標準積和形を構成する最小項を座標ラベルとする 1 個マス目のどれもが孤立している場合（例題 3.19）：1 つの併合すらできないので，手順 1.～4. は適用できない．最小積和形は標準積和形と同じである．

(4) 必須項だけですべての 1 個マス目を囲んでいる場合（例題 3.20）：手順 3. の論理積項の選択操作は不要である．また，必須項以外の論理積項も不要となる．

—— 例 題 ——————————————

3.17 次の標準積和形論理式を最小積和形にしなさい．

$$f = \overline{A}\,\overline{B}\,\overline{C} + \overline{A}B\overline{C} + \overline{A}BC + A\overline{B}\,\overline{C} + ABC + A\overline{B}C$$

（解）下のカルノー図より，特異最小項はなく，必須項は存在しない．論理積項の選択（手順 3.）において，最小化の基準（※）で等価な選択肢が 2 通り（カルノー図における実線と点線）ある．
次の 2 式が等価な最小積和形（カルノー図における実線が式 (a) に対応，点線が式 (b) に対応）である．

$$\begin{cases} f = \overline{A}B + \overline{B}\,\overline{C} + AC & \cdots (a) \\ f = \overline{A}\,\overline{C} + A\overline{B} + BC & \cdots (b) \end{cases}$$

C\AB	00	01	11	10
0	1			1
1		1	1	1

—— 例 題 ——————————————

3.18 次の標準積和形論理式を最小積和形にしなさい．

$$f = \overline{A}\,B\,\overline{C} + A\overline{B}\,\overline{C} + AB\overline{C} + \overline{A}\,\overline{B}C + ABC + \overline{A}BC$$

（解）下のカルノー図の通り，併合によって作成した 3 個の論理積

項 B, $\overline{A}C$, $A\overline{C}$ のすべてが，特異最小項（下図では，陰影で示す）を囲む必須項であり，最小積和形は $f = B + \overline{A}C + A\overline{C}$ となる．手順 3. の論理積項の選択は不要となる．

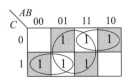

——— 例 題 ———

3.19 次の標準積和形論理式を最小積和形にしなさい．

$$f = \overline{A}B\overline{C} + A\overline{B}\,\overline{C} + \overline{A}\,\overline{B}C + ABC$$

（解） 下のカルノー図の通り，与えられた 4 個の最小項を座標ラベルとする 1 個マス目はどれもが孤立しており，併合すらできない．したがって，最小積和形は標準積和形と同じ $f = \overline{A}B\overline{C} + A\overline{B}\,\overline{C} + \overline{A}\,\overline{B}C + ABC$ である．

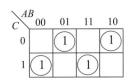

---

[9] 最小 AND-OR 回路の設計

　[3] で示したように，論理関数（論理式）と論理回路（組み合わせ回路）は 1 対 1 対応する．すなわち，[8] で示した手順で求まる**最小積和形論理式**と 1 対 1 対応する**最小 AND-OR 回路**が必ず存在する．したがって，最小積和形論理式が求まれば，[1]（78 ページ）で示した「任意の論理式に対応する組み合わせ回路の設計手順」によって，直ちに，その最小積和形論理式に対応する**最小 AND-OR 回路**を設計できる．

——— 例 題 ———

3.20 標準積和形論理式 $f = ABC + AB\overline{C} + \overline{A}BC + \overline{A}\,\overline{B}C$ の最小積和形を求めなさい．さらに，求めた最小積和形に対応する最小 AND-OR 回路を回路図で示しなさい．

（解） 下左のカルノー図の通り，併合によって作成した論理積項のうち，特異最小項（下左図の陰影で示す）を囲む ◯ の AB と $\overline{A}C$ が

必須項である．この必須項の決定（手順 2.）によって，直ちに，最小積和形 $f = AB + \overline{A}C$ を得る．

また，BC（下図で，点線の○で囲む 2 個マス目）は不要である．この最小積和形 $f = AB + \overline{A}C$ に対応する最小 AND-OR 回路は下右となる．

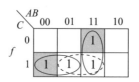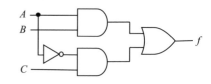

演習問題

1. 定理 3.11（分配則）として示した次の式 3.19 と式 3.20 のどちらかを，3 変数 X, Y, Z の論理値（"0" と "1"）の組み合わせの 8 通りに場合分けして行う証明以外の方法で，証明しなさい．

    (a) $X \cdot (Y + Z) = (X \cdot Y) + (X \cdot Z)$ （式 3.19）
    (b) $X + (Y \cdot Z) = (X + Y) \cdot (X + Z)$ （式 3.20）

2. 入力 X, Y で表す 2 進数 1 桁（ビット）どうし，および下位ビットからの桁上げ入力 I の 3 項による算術加算を行い，そのビットの和 S，および上位ビットへの桁上げ C のそれぞれを出力とする 3 入力（X, Y, I）2 出力（S, C）の組み合わせ論理回路（「全加算器」という，実際の全加算器については 4.2.3 項 [3] を参照）について，次の問いに答えなさい．

    (a) 3 変数論理関数 $S(X, Y, I)$ および $C(X, Y, I)$ のそれぞれを真理値表で表しなさい．
    (b) 3 変数論理関数 $S(X, Y, I)$ および $C(X, Y, I)$ のそれぞれをカルノー図で表しなさい．
    (c) 3 変数論理関数 $S(X, Y, I)$ および $C(X, Y, I)$ のそれぞれを標準積和形論理式で表しなさい．

3. A, B, C, D の 4 名の投票者（入力）が賛成（"1"）か反対（"0"）かどちらか 1 票を投じる．ただし，投票に際しては，A は 4 票分，B は 3 票分，C は 2 票分，D は 1 票分，それぞれの重みを持つ 1 票を投じる．出力 f は，その重み付き投票（のべ 10 票）の過半数を制した方を多数決の判定結果（論理値，賛成 "1" か反対 "0" かのどちらか）とする．ただし，投票結果が 5 票ずつで同数の場合は，判定結果は反対 "0" とする．

    (a) この論理関数 $f(A, B, C, D)$ を真理値表とカルノー図および標準積和形論理式で表しなさい．
    (b) (a) のカルノー図を用いて，(a) の標準積和形論理式を最小積和形論理式にしなさい．
    (c) (b) の最小積和形論理式に対応する最小 AND-OR 回路を回路図で示しなさい．
    (d) 空間サイズという定量的指標によって，(a) の標準積和形論理式に対応する AND-OR 回路と (c) の最小 AND-OR 回路とを比較しなさい．

【鳥瞰】　　　　　　　　　　　　　　　　　　　　　　　　　　ものづくりとデザイン

私たち人間（ヒトと書く）が行うものづくりは，作品ができれば完了する芸術とは違い，ヒトが従事する業務や仕事と同様に，**PDCA (Plan-Do-Check-Act) サイクル**と呼ぶくり返しになることが必然である．一般的に，PDCAサイクルは，Plan（**設計，広義のデザイン，企画**）- Do（制作，製作，作成）- Check（評価）- Act（改善，改良）の4ステージ（stage; 過程）をこの順でくり返すことで，より良いものづくりを目指す．PDCAサイクルはPlanステージで始まるし始める．そして，DoステージのPlanステージがあり，Doステージの後にはCheckステージがある．ActステージでCheckステージの結果をPlanステージにフィードバックする（feedback; 戻す）ことで，再設計 (re-Plan) すなわち再度のサイクルに入る．また，Planステージにおいて列挙する選択肢を，引き続くDoステージの後のCheckステージで，評価することもある．言い換えると，Checkは，Doに対してだけではなく，Planに対しても行わねばならない．ものづくりはPDCAサイクルそのものだから，PDCAサイクル全体を総合的に眺めることが**鳥瞰**（18ページの「鳥瞰」を参照）に通じる．PDCAサイクル全体は鳥瞰しなければ見えない．ときには一服して，自分が手がけているものづくりサイクルを鳥瞰してみよう．

ものづくりの対象は「もの」（人工物）だけれども，一方で，ものづくりの**道具**そのものも，ものづくりの確固とした対象となる．良いものを作るには道具が大切であり，良いものは良い道具から作れる．結果として，ものづくりは道具作りともなる．

ものづくりのPDCAサイクルにおいて，先頭にあるPlanステージの役割は，「設計，立案，企画あるいは構想（する）」であり，広義の「**デザイン（する）**」で言い尽くせる．広義の「デザイン（する）」は，「意匠（を作る）」，「図案（を描く）」，「下絵（をかく）」の意である狭義の「デザイン（する）」とは明確に区別できる．すなわち，工学やものづくりにおける**設計**とは（広義の）**デザイン**で，広義のデザインは工学やものづくりを縦貫する方法論となる．ものづくりの出発点でかつ根幹となる「設計」において，「デザイン（広義）する」は，知らず識らずのうちに，「科学と工学と技術とを，融合する，合成する，統合する，混ぜ合わせる，組み合わせる，連携させる，結び合わせる，あるいはくっつける」という手法の自然な実践になっている．

芸術は，**科学**の対象である自然と**工学**の対象である人工物との橋渡しをする．一方，科学が希求する真理も工学を支える原理も美しい．科学の話題で時折見聞きするロマンは芸術に通じる．さらには，科学や工学や技術はヒトを介して芸術と出会う．「術」としての学術と芸術を結び合わせるのはヒトである．また，学術での「**広義のデザイン**」は，芸術での「作品の構想を練る」ことに当たる．さらには，修練によって得る技能は「芸」と言えるから，技術と芸術のルーツは同じである．すなわち，科学を実地に応用して自然の事物を人工的に生産・製作して人間生活に役立てる技（わざ）が**技術**で，観賞的価値を創出する人間の活動およびその所産が芸術である．**科学技術**はヒトのために（意味が）あるのだから，ヒトの感性や感情を奮（ふる）い立たせる科学技術を目指すのは自然である．ヒトの琴線（きんせん）を刺激する芸術のように，ヒトの感性に響くものづくりや工学をしてみよう．

第4章
コンピュータアーキテクチャ

[ねらい]

　コンピュータシステムは，主として高速処理能力を担う「ハードウェア」という機能と，主として広範な問題適応能力を担う「ソフトウェア」という機能との分担と協調によって，高速処理能力と広範な問題適応能力とを兼備する高度なシステム機能を実現している．このハードウェアとソフトウェアの機能分担方式，さらにはその機能分担方式が決めるコンピュータシステム全体の構成方式が「コンピュータアーキテクチャ」(computer architecture) である．コンピュータアーキテクチャは，実際には，ソフトウェアによる論理的構造から見えるハードウェアによる物理的構造，あるいはハードウェアで実現し実行する機能であり，「マシン命令」あるいは「マシン語」機能としても示せる．本章では，基本的なコンピュータアーキテクチャすなわち「基本アーキテクチャ」をあぶり出すことから始めて，コンピュータの内部装置および外部装置のそれぞれのアーキテクチャの要点とそれら相互の関係について明らかにする．

[この章の項目]

基本ハードウェア構成
命令セットアーキテクチャ
基本命令セット
内部装置のハードウェア構成
プロセッサアーキテクチャ——制御機構
プロセッサアーキテクチャ——演算機構
メモリアーキテクチャ
外部装置
入出力アーキテクチャ
ファイル装置のアーキテクチャ
通信アーキテクチャ

4.1 基本アーキテクチャ

一般的かつ多種多様なコンピュータに共通する**基本ハードウェア構成**とそのハードウェア構成が実現する基本的な**マシン命令セット**を示すことによって，現代のコンピュータに共通する**基本的なコンピュータアーキテクチャ**すなわち**基本アーキテクチャ**をあぶり出してみよう．

4.1.1 基本ハードウェア構成 《どのコンピュータも必ず装備しているハードウェア装置とは》

ハードウェアとソフトウェアとが機能分担するコンピュータシステムにおいて，ハードウェアが分担する機能は，主要なまた基本的な**ハードウェア装置**をシステムとして組み合わせて実現する．これらの基本ハードウェア装置を組み合わせて構成するコンピュータシステムのハードウェア機構全体を**基本ハードウェア構成**という．

[1] 基本ハードウェア装置

現代のコンピュータの**基本ハードウェア構成**は，図 4.1（図 2.1 の再掲，一部を修整）でも示すように，次の 3 点の必須で基本的なハードウェア装置（**基本ハードウェア装置**という，2.1.2 項を参照）が担う機能を組み合わせて実現する．

(1) **プロセッサ**：高度な計算や情報の**処理**（表現，伝達および変換を含む）を担う．さらには，その処理方法を制御する．

(2) **メインメモリ**：内部装置としてプロセッサと対になって，情報の一時的保持あるいは**記憶**を担う主たる**メモリ**である．

(3) **入出力装置**：人間実際にはユーザによるコンピュータに対する情報の**入出力**を担う．この分類による入出力装置は，**外部装置**と同義であり，広義である．したがって，この列挙では，**ファイル装置**や**通信装置**も含める．

このうち，(1) のプロセッサと (2) のメインメモリの対（**プロセッサ–メインメモリ対**という）を**内部装置**あるいは「コンピュータ本体」という．内部装置のアーキテクチャについては，4.2 節で詳述する．

また，(3) の入出力装置は，内部装置に対する**外部装置**であり，コンピュータ本体に対して「周辺装置」ともいう．外部装置のアーキテクチャについては，4.3 節で詳述する．

[2] 内部バス

内部装置を構成するプロセッサ–メインメモリ対とは，前の [1] で述べ

▶〔注意〕
前章までは，特に，2 章では，プロセッサと対になる内部装置を総称として単に「メモリ」としている．しかし，本章以降では，メモリ機能を備えるハードウェア装置やハードウェア機構として，メインメモリ，キャッシュメモリ，ファイル装置などいろいろなメモリがそれぞれの章節で頻出する．したがって，ここからは，図 4.1 も含めて，プロセッサと対になる内部装置であるメモリは，実際に合わせて「メインメモリ」と厳密に書くことにする．

メインメモリにおける情報の保持や記憶機能を「一時的」としている意味は，メインメモリが電源オンの間だけ機能し，電源オフでその機能を失うメモリであるからである．

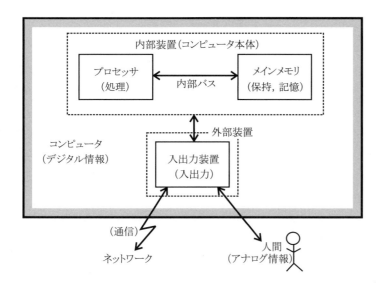

図 4.1 基本ハードウェア構成（再掲）

たように，役割分担を明確に行っている．したがって，コンピュータが情報処理を行う際には，プロセッサとメインメモリとが情報の送受すなわち通信を行う必要がある．このために，プロセッサとメインメモリとの間は**バス** (bus) という共用の信号線によって接続する．内部装置の 2 大ハードウェア装置であるプロセッサとメインメモリとが情報転送のために共用するバスは，内部装置中のハードウェア機構でもあるので，**内部バス**という．

　命令実行サイクル（4.1.2 項 [12] で詳述）ごとにくり返しかつ頻繁に内部バスが使われるので，内部バスには高速転送能力が要求される．

▶ 〔注意〕
　実際のバスは，i) 共用する情報そのものを転送するデータ線；ii) 情報の転送方向やタイミングなどを指示する制御用信号線；iii)（必要ならば）宛先やアドレスの転送専用のアドレス線；などの集まりである．

[3] メインメモリとアドレス

　プロセッサが，マシン命令によって，メインメモリ中の命令やデータの格納場所を指示する際には，メインメモリ内の当該格納場所を 1 つだけ特定できればよい．メインメモリの各格納場所（単位サイズはあらかじめ決めて固定する，1 バイト†(byte) 単位が普通）には，重複も欠番もなしで順番に**アドレス** (address; 番地) が付けられている．したがって，プロセッサは，マシン命令で当該格納場所をアドレスとして指定すればよい．

　このように，メインメモリ中の格納場所をアドレスとして示すことによって，プロセッサは，別の命令やデータにアクセスしたければ，

- 当該アドレスを変えずに，当該アドレス（が指す場所）の内容を当該命令やデータに変える；
- 当該アドレスを，当該命令やデータが格納してある場所のアドレスに変える；

のどちらによっても対処できる．

▶ †バイト
　1 バイト = 8 ビットである．

[4] 基本ハードウェア装置と基本アーキテクチャ

「コンピュータシステムにおけるハードウェアとソフトウェアの機能分担方式」を示す**コンピュータアーキテクチャ**は，概念的には，「ハードウェアによる物理的機能とソフトウェアによる論理的機能の境界[†]」(15ページの図1.2を参照) としても表せる．また，ソフトウェア機能からは，この「ハードウェアとソフトウェアの境界」が「ハードウェア装置で実現し実行する機能レベル」に見える．すなわち，コンピュータアーキテクチャは「ソフトウェア機能を設計あるいは作成する際に意識するハードウェア構成方式」としても示せる．

この定義にしたがうと，前の[1]で述べた基本ハードウェア装置はそれぞれ，次のような**基本アーキテクチャ**に対応付けられる．

(1) **プロセッサアーキテクチャ**：プロセッサにおけるハードウェアとソフトウェアの機能分担方式，あるいは**プロセッサのハードウェア構成方式**である．プロセッサアーキテクチャについては，**制御機構**と**演算機構**のアーキテクチャを中心に，4.2.2項と4.2.3項で，それぞれ詳述する．

(2) **メモリアーキテクチャ**：メモリにおけるハードウェアとソフトウェアの機能分担方式，あるいは**メモリのハードウェア構成方式**である．メモリアーキテクチャについては，内部装置である**メインメモリ**に限らずに，メモリ機能を備える外部装置としての**ファイル装置**を含めて，4.2.4項で詳述する．

(3) **入出力アーキテクチャ**：入出力装置すなわち**外部装置**，およびそれら外部装置と内部装置とのインタフェースにおけるハードウェアとソフトウェアの機能分担方式，あるいはそのハードウェア構成方式である．外部装置としての**ファイル装置**のアーキテクチャについては4.3.3項で，**通信装置**のアーキテクチャすなわち**通信アーキテクチャ**については4.3.4項で，ファイル装置と通信装置を除く（狭義の）**入出力装置**のアーキテクチャすなわち**入出力アーキテクチャ**については4.3.2項で，それぞれ詳述する．

本書でいう「○○アーキテクチャ」とは，具体的には，(1) ○○機能あるいは○○機構の実現におけるハードウェアとソフトウェアの機能分担方式；(2) ソフトウェアから見える○○装置あるいは○○機構のハードウェア構成方式すなわちハードウェア機構；(3) ハードウェアから見える○○用ソフトウェアの機能；(4) 他の装置や機構から見える○○機能実現におけるソフトウェア機能やハードウェア機構あるいはその機能分担方式；という意味での総称である．

▶ [†] 境界
「インタフェース」(interface) ともいう．

▶ 〔注意〕
本章で取り上げる具体的なハードウェア装置あるいはハードウェア機構としての「○○」は，「内部装置」(4.2節)，「外部装置」(4.3節)，「プロセッサ」(4.2.2および4.2.3項)，「メモリ」(4.2.4項)，「入出力装置」(4.3.2項)，「ファイル装置」(4.3.3項)，「通信装置」(4.3.4項) である．

4.1.2　命令セットアーキテクチャ　《基本的なコンピュータアーキテクチャは基本ハードウェア構成と基本マシン命令セットによって実現する》

　一般的に，ソフトウェア機能からは，概念的なコンピュータアーキテクチャを示す「ハードウェアとソフトウェアの境界」が「ハードウェアで実現し実行する機能レベル」すなわち「**マシン命令**（マシン語，1.3.2 項［3］や 2.2.1 項を参照）の機能レベル」に見える．したがって，マシン命令の組（**マシン命令セット**あるいは単に**命令セット**という）は，コンピュータアーキテクチャそのものとも見なせ，**命令セットアーキテクチャ** (ISA: Instruction Set Architecture) という．本項では，現代のコンピュータに共通する**命令セットアーキテクチャ**について明らかにする．

▶〔注意〕
　以降の紛れのない文脈では，「マシン命令」を単に「命令」ということもある．

［1］　メインメモリにおけるマシン命令とデータ

　2.2.1 項で述べたように，「コンピュータのハードウェアが理解したり使用する言語」である**マシン語**は，"0" と "1" の 2 種類の語だけを使用し，それらを組み合わせて作る．したがって，メインメモリで保持するマシン語は平板な "0" か "1" の列であり，それらを論理的に区別したり識別したりすることは不可能である．

　一方，論理的にはすなわちソフトウェアとしては，**マシン語**は，

(A) **マシン命令**：ハードウェアによる情報の処理方法を指示する情報である．今実行しているマシン命令のメモリアドレスを格納しておくハードウェア装置が**プログラムカウンタ**（PC，後の［12］および 4.2.2 項［3］を参照）である．

(B) **データ**：計算や処理の対象となる情報である．データのメモリアドレスを格納しておくハードウェア装置は PC とは別に装備してあり，**メモリアドレスレジスタ**（Memory Address Register; MAR, 4.2.4 項［2］を参照）という．

の 2 種類に分類することができる．

　しかし，(A) のマシン命令と (B) のデータは，どちらも "0" と "1" の 2 値の列であり，物理的にはすなわちハードウェアとしては識別不能である．そこで，マシン命令とデータとは，「それらを指すアドレスを PC か MAR かどちらによって指定するか」で，物理的に識別する．

▶〔注意〕
　マシン命令列を「（狭義の）プログラム」という．マシン命令とデータとを論理的に区別する必要がない場合には，両方を併せて「（広義の）プログラム」という．

▶〔注意〕
　以降では，紛れがない限り，「メインメモリアドレス」を単に「メモリアドレス」という．

> ● メインメモリにおいては，PC にあるアドレスによって**マシン命令**の格納場所を，MAR にあるアドレスによって**データ**の格納場所を，それぞれ指定する．

　プロセッサとメインメモリの分担機能を (A) のマシン命令と (B) データ

によって表現し直すと，次のようになる．

- **プロセッサ**：マシン命令にしたがって，データを処理あるいは計算する．
- **メインメモリ**：マシン命令とデータの両方を保持あるいは記憶する．

[2] 命令コードとオペランド

マシン命令は，内部装置特にプロセッサ内部のバス幅や処理幅などに合わせて，数バイトで表す．マシン命令は，図4.2に例を示すように，次の2種類によって構成する．

(a) **命令コード** (code)：命令の種類すなわちデータの処理法を示す．OPコード，「オプコード」あるいは「オペコード」ともいう．1マシン命令に1個だけ備える．

(b) **オペランド** (operand)：命令で使用するデータの格納場所（例：メモリアドレス，次の[3]を参照）を示す．命令コードにしたがって，1マシン命令に0個以上を備える．次の2種類に細分類できる．

- **ソースオペランド** (source operand)：命令実行によって処理する対象データの格納元（例：メモリアドレス）を示す．
- **デスティネーションオペランド** (destination operand)：命令実行によって処理した結果データの格納先（例：メモリアドレス）を示す．

たとえば，四則演算（加減乗除）などの2項演算というデータ処理法を指示するマシン命令では，図4.2に例を示すように，演算種類を指定する1個の命令コード，演算対象データの格納元アドレスを指定する2個のソースオペランド，および，演算結果データの格納先アドレスを指定する1個のデスティネーションオペランドの計4個の情報を指定する必要がある．

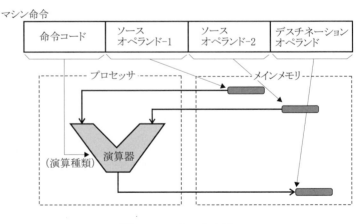

図 **4.2** マシン命令例

オペランドは，原則として，データそのものではなく，データの格納場

所（例：メモリアドレス）で示す．オペランドの形式については，原則をはずれる場合も含めて，後の［6］で詳述する．

［3］ オペランドの対象 —— レジスタとメインメモリ

プロセッサ–メインメモリ対では，マシン命令中に示される**オペランド**は，主要なメモリであるメインメモリ中のデータの格納場所を，メインメモリのアドレスとして，指定する．オペランドをアドレスとして示すことによって，たとえば，「加算」という命令コードを持つマシン命令は1種類だけ用意すればよい．いろいろなデータの組み合わせによる加算命令は，命令コードを「加算」に固定して，オペランドとして指定するアドレスだけを変えるだけで済む．

また，プロセッサは，メインメモリから読み出した1個のマシン命令にしたがって，データに対する計算や処理を行う．すなわち，マシン命令もメインメモリに格納されているので，マシン命令を取り出す際の指示もオペランドと同様にメインメモリのアドレスを用いればよい．

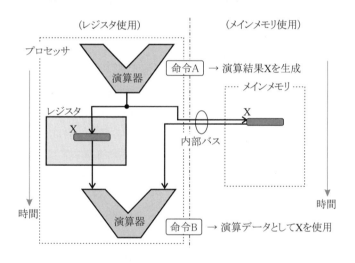

図 4.3 レジスタ（使用例）

▶〔注意〕
図 4.3 では，時間経過での使用状況を表すために，実際には1個の演算器を（4.2.3項を参照），命令 A の実行時とそれに引き続く命令 B の実行時とで，上下に分けて示している．
また，X は，実際には，オペランドで指定する場所である．

▶〔注意〕
実際にいろいろな計算やデータ処理を行うハードウェア装置を「演算機構」という．演算機構は個別の演算（例：加算，乗算，除算など）を行う「演算器」（例：加算器，乗算器，除算器など）の集まりである．演算機構や演算器については，4.2.3項で詳述する．

一方，コンピュータに要求された計算や処理が高機能になればなるほど，一連のマシン命令列のオペランドで同じデータを指定する場合が多くなる．複数のマシン命令間でデータを共有したり受け渡したりするからである．たとえば，図 4.3 の右側に示す例のように，命令 A が生成した演算結果 X を A の次（直後）の命令 B の演算対象データとして使う場合である．この場合，A のデスティネーションオペランド X の格納場所を B のソースオペランドとして指定すると，A と B との間での X の受け渡しのために，A が X をメインメモリに書き込む操作と B が X をメインメモリから読み出す操作との両方のために，プロセッサは都合 2 回メインメモリにアクセスする必

要がある．結果として，プロセッサとメインメモリとを結ぶ内部バス上を同一のデータ X が 2 回も行き来する無駄が生じる．

このような無駄な動作を避けるために，図 4.3 の左側に示す例のように，引き続く一連のマシン命令列で共用されるデータを一時的に格納しておくメモリ機構をメインメモリとは別にプロセッサ内部に用意する．この「プロセッサ内に装備する**データ専用のメモリ**」というハードウェア機構が**レジスタ** (register) である．

レジスタは，メインメモリに比べると，次のような特徴を持つメモリ機構である．

- レジスタへのアクセスは「内部バスを経由するプロセッサ内での**デ ータの移動**」であるので，その動作速度はプロセッサ‒メインメモリ間転送よりも速い．
- レジスタはプロセッサ内にハードウェア機構として装備するので，その個数や大きさすなわち容量は小さい．

まとめると，マシン命令のオペランドで指定するデータの格納元や格納先となるメモリには，図 4.4 でも示すように，次の 2 種類があり，それぞれの特徴に応じて使い分ける．

(a) **レジスタ**：：プロセッサの内部に装備するメモリである．(b) のメインメモリに比べると，小容量（実例：十数〜数千個）であるが高速動作する．処理中の**データ**だけを，メインメモリに比べると，短時間だけ保持する．少量のアドレス（レジスタの場合は，「レジスタ番号」である）を識別できればよいので，オペランド長（実例：数〜十数ビット）は短くて済む．たとえば，64 個のレジスタは 6 ビット長のオペランドで識別できる．

(b) **メインメモリ**：内部装置として，プロセッサと対になるメモリである．(a) のレジスタに比べると，大容量であるが動作は低速である．**マシン命令**および**データ**のどちらも格納する．大量の格納アドレス（バイトごとに付ける，109 ページの注意を参照）を識別するためには，長いオペランド長を必要とする．たとえば，4 ギガ[†]バイトのアドレスをすべて識別するためには，32 ビット長のオペランドが必要となる．

プロセッサ内部に実装して，プロセッサの動作速度とほぼ同じアクセス時間を実現する**レジスタ**は，**メインメモリ**と比べると，小容量でも速い．

メインメモリのアドレスによって示すオペランドを「**メモリ指定オペランド**」あるいは単に**メモリオペランド**，レジスタ番号によって示すオペランドを「**レジスタ指定オペランド**」あるいは単に**レジスタオペランド**という．

レジスタとメインメモリとは，(a) 一連のマシン命令列の実行中に，複

▶〔注意〕
　本書では，単に「レジスタ」という場合は，このプロセッサ内に装備するデータ保持用レジスタを指す．
　一方，コンピュータ特に内部装置内には，このデータ保持用「レジスタ」以外にも，多種多様な「『限定された特殊な情報』の一時的保持」専用の「レジスタ」（例：MAR，[1] で既出）が存在する．これらの「専用レジスタ」と区別することを強調するために，データ保持用レジスタを「**汎用レジスタ**」ともいう．

▶ [†] ギガ
　Giga- (G)；$\times 10^9$ を表す単位の接頭語である．

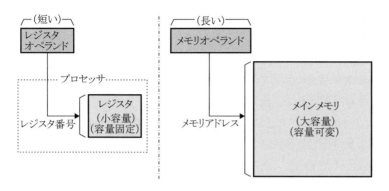

図 4.4　オペランドの対象 – メインメモリとレジスタ

数の命令間で共用されたり受け渡しされたりして，何回も読み書きされる（「ワーキング」(working) という）データは，レジスタ個数の範囲内で，レジスタに一時的に置いておく；(b) 計算や処理の途中でなくなってしまっては困るようなデータ，あるいは最終的な結果データなどは，メインメモリに格納・保持する；というように使い分ける．

[4]　命令形式の分類

――命令形式――――――――――――――――――――――――――
「命令コードやオペランドのそれぞれをどれくらいの長さにするのか，特に，オペランドについては何個にするのか，および，それらを1個のマシン命令中にどのように（例：順序）納めるのか，すなわち，1個のマシン命令でそれらをどのように表現するのか」を**マシン命令形式**あるいは単に**命令形式**という．
―――――――――――――――――――――――――――――――

マシン命令形式は，プロセッサ内のいろいろなハードウェア機構の規模や複雑さを左右する．

命令形式を「マシン命令長が固定されている」かどうかによって，次の2通りに分類できる．

(a) **固定長命令形式**：すべてのマシン命令長を，たとえば，32ビット（= 4バイト）だけに固定してしまう．ハードウェア機構は命令長が固定されているので構成しやすいが，一方で，固定長で命令形式をやりくりする必要があり，無駄も発生しやすい．

(b) **可変長命令形式**：マシン命令ごとに，4, 6, 8バイトなどと，いろいろな長さとする．命令機能に合わせて必要な長さを設定するので無駄は少なくなるが，ハードウェア機構は複雑となる．

前の [2] で述べたように，コンピュータにおける代表的な処理機能であ

る2項演算を1個のマシン命令で行うためには，当該命令で，1個の命令コードと3個のオペランド（2個のソースオペランドと1個のデスティネーションオペランド）を指定する必要がある．一方，演算手順としては，「ある2項演算命令の片方の演算対象データは演算結果データで上書きして，すなわち置き換えて，後の演算に備える」のが自然である．そして，この場合，3個のオペランドはすべて独立に指定可能である必要はなく，1個のソースオペランドとデスティネーションオペランドの指定を同一のオペランドで行えば，オペランドは3個ではなく，2個で済む．

▶《参考》
2アドレス形式以外にも，i)「1アドレス形式」：片一方の演算対象データの格納元と演算結果データの格納先とをオペランドで指定するのではなく，あらかじめ単一の特別なレジスタ（「アキュムレータ」(accumulater; AC) という）に決めておくことによって，1個のソースオペランドだけとする；ii)「3アドレス形式」：2個のソースオペランドと1個のデスティネーションオペランドを独立してすなわち個別に指定可能である；などがある．

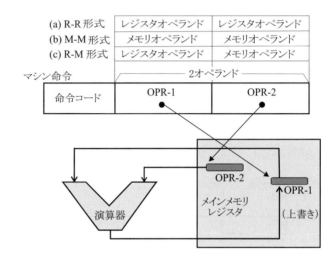

図 4.5　2アドレス形式

図4.5で示すように，2個のうち1個のソースオペランドとデスティネーションオペランドの指定を同一のオペランド（図の例では，OPR-1）で行うマシン命令形式を **2アドレス形式** という．2アドレス形式では，3個のうちの1個のオペランド指定が省略できる．一方，ソースオペランドの片一方がデスティネーションオペランドでもあるので，たとえば，2項演算命令では，ソースオペランドとして使われた演算対象データを演算結果データが上書きする．演算対象データを演算結果データで上書きして行くことによって，一連の引き続く演算を自然に進められる．2アドレス形式は，現代のコンピュータでは，代表的な命令形式である．

2個のオペランドの指定対象の相違によって，図4.5でも示すように，2アドレス形式は次のように細分できる．

(a) **レジスタ–レジスタ (R-R) 形式**：OPR-1 と OPR-2 の両方ともレジスタオペランドである．

(b) **メモリ–メモリ (M-M) 形式**：OPR-1 と OPR-2 の両方ともメモリオペランドである．

(c) レジスタ–メモリ (R-M) 形式：OPR-1 がレジスタオペランド，OPR-2 がメモリオペランドである．

R-R 形式や R-M 形式では，図 4.4 に示すように，レジスタ番号を指定するオペランド長はメモリアドレスを対象とするオペランドよりも短くて済む．この特徴を活用すると，限られたマシン命令長において，オペランド長で節約した分を命令コードやほかのオペランドさらには他の付加情報に回せる．

▶《参考》
R-M 形式では，メモリアドレスを指定するメモリオペランドと，それよりも格段に短くて済むレジスタ番号を指定するレジスタオペランドによって構成するので，R-M 形式を「$1\frac{1}{2}$ アドレス形式」と分類することもある．

[5] メモリアドレスとメモリオペランド

マシン命令そのものやメモリオペランドで指定するデータはメインメモリ内に格納してある．また，命令やデータの格納場所を指定するために，メインメモリはアドレス付け（「アドレッシング」(addressing) という）してある．アドレス付けしたメインメモリの格納領域が「メインメモリのアドレス空間」（「メインメモリ空間」，あるいは単に「メモリ空間」という）である．

メインメモリ空間では，メモリアドレスによってアクセスする場所が一意に定まる．前の [3] で述べた例によると，4 ギガバイトのメインメモリにバイトごとにアドレス付けすると，そのアドレス空間へアクセスするためのアドレスは 32 ビットの長さが必要となる．さらに，個々のコンピュータに実装するメインメモリ容量はまちまちである．したがって，メモリ・ア・ド・レ・スは，

▶〔注意〕
メインメモリのアドレス付けはバイト（1 バイト＝ 8 ビット）単位で行う．
したがって，メモリアドレスを「バイトアドレス」(byte address) ともいう．

● 長くて，その長さは可変である（A-(1)）；

という要件をまず満たす必要がある．

また，1 次元でアドレス付けしてあるメインメモリ空間上のアクセス場所を，マシン命令では，いろいろな方法で指定したいことがある．たとえば，i) メモリアドレスをアクセス時に動的に変更する，すなわち，メモリアドレスをデータとして扱う；ii) 同一マシン命令のくり返し実行ごとに，等間隔にアドレス付けして並べてあるデータに順々にアクセスする；iii) 各マシン命令で指定するメモリアドレスどうしの相対的な関係を保持したまま，プログラム実際にはマシン命令列のかたまり（「ブロック」(block) という）をメインメモリの他の場所へ移動する（231 ページの注釈で述べる「リロケーション」である）；などである．これらのメモリアドレスの種々の指定方法は，メモリ・ア・ド・レ・スに，

● アクセス時に動的に変更するあるいは変更できる（A-(2)）；

という要件を課す．

一方，前の [4] で述べたように，マシン命令そのものやそれに埋め込むオペランドの長さや種類は，アーキテクチャ設計時に，命令形式にしたがっていくつかに限り，命令セットアーキテクチャとする．そして，決定した

命令セットアーキテクチャに合わせて，オペランドを処理するハードウェア機構を構成する．したがって，オペランド処理機構をハードウェア装置であるプロセッサに実装した後は，命令語長やオペランド長を変更することはできない．また，いったんコンパイル（5.1.1 項 [1] および 205 ページの図 5.1 を参照）してメインメモリ上に置いたマシン命令のオペランドを書き直すには，プログラム全体の再コンパイルが必要となり，簡単ではない．このことから，**メモリオペランド**に対する要件は，

- 短くて，その長さは固定である（O-(1)）；
- 実行時に変更できない（O-(2)）；

の2点となる．結局，前述したメモリアドレスの要件 A-(1) A-(2) とメモリオペランドの要件 O-(1) O-(2) とは，(1) 大容量性；(2) 拡張性；の両方の点で相反することになる．

そこで，マシン命令中にはメモリオペランドとして，メモリアドレスそのものではなく，「『メモリアドレスを生成する』方法についての情報」を埋め込む．このように，メモリオペランドを「メモリアドレスを生成するもととなるアドレス情報」とすることで，メモリアドレスとメモリオペランドのそれぞれの相反する要件 (1) 大容量性；(2) 拡張性；の両方を満たせる．

[6] アドレス指定方式

「メモリオペランドは『メモリアドレスを生成する』方法についての情報」とすることによって，マシン命令のメモリオペランドを修飾して，最終的にいろいろなメモリアドレスを生成できる．

> **アドレス指定**
> メモリオペランドと「メモリアドレスを生成する」方法についての情報との対応付けの方法を**アドレス指定**方式という．

アドレス指定方式については，あらかじめ設計時に命令セットアーキテクチャとして決めておく．

そして，前の [5] で述べた i)〜iii) を実現できる種々のアドレス指定方式をアーキテクチャとして実装して，(2) の拡張性，特に実行時の可変性に関して，メモリアドレス (A) とメモリオペランド (O) とで相反する要件の両立を図る．

メモリオペランドをもとに生成するメモリアドレスを，アドレス生成過程の最後に得る「実際に効力のあるメモリアドレス」という意味で，**実効アドレス**という．

▶〔注意〕
以降では，ここで比較・列挙している「メモリアドレス」(A) や「メモリオペランド」(O) の要件の (1) を「大容量性」，(2) を「拡張性」という．

▶《参考》
「メモリアドレスを指定する」は「メモリアドレスを生成する」と同義である．「アドレス指定方式」を「アドレッシングモード」(addressing mode) あるいは「アドレス修飾」ともいう．本書では，「アドレス指定方式」を用いる．

▶〔注意〕
「実効アドレス」は，i) オペランドにあるアドレス情報をもとにして；ii) アドレス指定方式にしたがって計算する；によって生成するアドレス（最終結果）である．
4.2.4 項 [7]〜[10] で詳述する「仮想メモリ」を採るメインメモリでは，「実効アドレス」は「仮想アドレス」である．

- アドレス指定方式は「命令語中のメモリオペランドというアドレス情報から実効アドレス，すなわち実際にかつ最終的に有効となるメモリアドレスを生成あるいは計算する方法」である．

図 4.6　アドレス指定による実効アドレスの生成

　図 4.6 に示すように，アドレス指定方式を実現するために，オペランド（図では，"opr"）から実効アドレス（図では，"EA"）を生成するハードウェア機構をアドレス指定機構として備える．アドレス指定方式そのものは，(a) 命令語中で明示指定する；(b) 命令種類や命令形式ごとに特定の方式をあらかじめ決めておくすなわち暗黙指定する；などによる．また，実際には，ほとんどのコンピュータがメモリアーキテクチャとして仮想メモリ方式（4.2.4 項で詳述）を採用しており，アドレス指定機構は仮想メモリを実現する機構と一体化して実装する．（4.2.4 項 [16] で詳述）

　メインメモリ空間は広く可変であるので，メモリオペランドにおいて，前の [5] で示したようなメインメモリの (1) 大容量性；(2) 拡張性；に対処して，メモリアドレスとメモリオペランドとで相反する要件 (1) (2) を両立させるアドレス指定方式が必須となる．

[7]　直接アドレス指定と間接アドレス指定

　アドレス指定は，図 4.7 に示すように，マシン命令中のオペランドの使い方によって，次の 3 通りに分類できる．

(A) **直接アドレス指定**：オペランド（図 4.7 の例では "opr"）によって，アドレス（レジスタオペランドでは「レジスタ番号」，メモリオペランドでは「メモリアドレス」で最終的には「実効アドレス」"EA" である）を生成・決定し，そこへアクセス†（access）する．コンパイル（5.1.1 項 [1] および 205 ページの図 5.1 を参照）時に決定するオペランド "opr" は，マシン命令中に埋め込まれているので，実行中に書き換えたりすることはできない．そのオペランドによるアドレス（メモリオペランドでは最終的に実効アドレス "EA"）に格納してあるアクセス対象データは，もちろん，実行中に更新できる．

(B) **間接アドレス指定**：オペランド（図 4.7 の例では "opr"）で指定す

▶〔注意〕
「メモリオペランドとメモリアドレスとの対応付けだけを行って，それらを互いに独立させる」方法は後の 4.2.4 項で詳述する仮想メモリによっても実現している．
　現代のコンピュータでは，プロセッサアーキテクチャとしての「アドレス指定方式」とメモリアーキテクチャとしての「仮想メモリ」との両方によって，プロセッサで指定するメモリオペランドとメインメモリに付けたメモリアドレスとで相反する要件となっている (1) 大容量性；(2) 拡張性；([5] 参照）の両方を解決している．

▶†アクセス
「読み出し」と「書き込み」の総称である．

るアドレス（レジスタオペランドでは「レジスタ番号」，メモリオペランドでは「メモリアドレス」で最終的には「実効アドレス」"EA" である）には，アクセス対象データそのものではなく，そのデータが格納してあるアドレス（"P"）が入っている．そのアドレス "P" でレジスタ番号や実効アドレス "EA" を生成・決定し，そこへアクセスする．レジスタかメインメモリに2回アクセスする必要があるが，最初にオペランドで指定するアドレス（図4.7の例では "P"）は，データとして扱うので，実行中に書き直せる．

(C) **即値指定**：オペランドそのものが演算対象データである．すなわち，マシン命令中にアクセス対象データが直接埋め込まれている．「オペランドからアクセス対象データを得る」というアドレス指定方式にしたがう計算・生成過程を経ずに，オペランドが即にすなわちそのまま直ちにアクセス対象データとなる．命令中にデータが埋め込まれていることになるので，実行中の書き直しはできない．読み出しデータを指定するソースオペランドで使用する．

▶〔注意〕
 日本語の「即（即時の，即刻の，直接の）」に対応する英語の "immediate" にしたがい，「即値指定」を「イミーディエート指定」ともいう．

▶〔注意〕
 図4.7において，オペランド（図の例では "opr"）がメモリオペランドである場合には，アドレス指定機構を経て，実効アドレス（図の例では "EA"）となる．

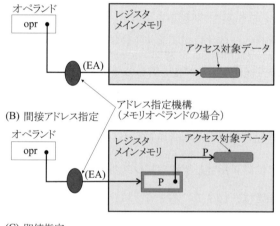

図 4.7 直接アドレス指定と間接アドレス指定

[8] 絶対アドレス指定と相対アドレス指定

メモリオペランドにおける**アドレス指定**は，図4.8に示すように，1個のオペランド内に示す「実効アドレスを求めるためのアドレス情報」が単一か複数（2個）であるかによって，次の2通りに分類できる．

(a) **絶対アドレス指定**：メモリオペランドとして指定するアドレス情報

(図 4.8 の例では "A") は単一であり，それだけが実効アドレスを生成する情報となる．

(b) **相対アドレス指定**：メモリオペランドとして，**ベース** (base)（図 4.8 の例では "B"）と**オフセット** (offset)（図 4.8 の例では "o"）の 2 個のアドレス情報を指定する．実際には，この 2 個のアドレス情報をもとに生成する値どうしを加算 (B+o) することによって，最終的な実効アドレスを生成する情報とする．ベースは基準点あるいは原点アドレスであり，オフセットはそこからの相対的なずれあるいは変化値を表している．図 4.9 に相対アドレス指定の概念を示すように，ベースは実効アドレスの上位ビットの生成に寄与し，広い範囲のアドレス空間に粗く振ったアドレスを決める．一方，オフセットは実効アドレスの下位ビットの生成に寄与し，狭い範囲のアドレス空間に細かく振ったアドレスを決める．相対アドレス指定によって，前の［5］で示したようなメインメモリの (1) 大容量性；(2) 拡張性；の両方に対処できる．

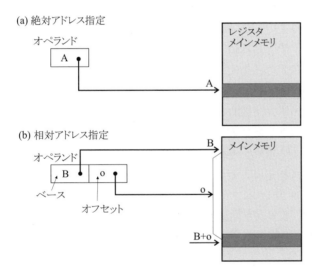

図 **4.8** 絶対アドレス指定と相対アドレス指定

［9］ 種々のアドレス指定方式

メモリ指定における (1) 大容量性；(2) 拡張性；（［5］を参照）の両立を実現するために，レジスタが備える「メインメモリと比較して，少数だけれども速いアクセス」という特性と，**間接アドレス指定**あるいは**相対アドレス指定**の各特長とを組み合わせた次のような代表的なアドレス指定方式がある．

(1) **レジスタ間接**：間接アドレス指定には，「アドレス指定の柔軟性が確

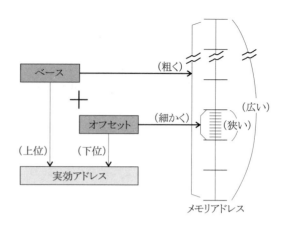

図 4.9 相対アドレス指定におけるベースとオフセットの役割（概念図）

保できる」という長所がある．一方で，1 回目のアドレス読み出しをメインメモリから行うと「アドレス指定に時間がかかりすぎる」という短所が現れ，長所を帳消しにしてしまう．この短所の出現を防いで長所だけを活用するために，図 4.10 に示すように，間接アドレスすなわち「1 回目に読み出すアドレス」を実効アドレスとしてレジスタに置くアドレス指定方式である．

間接アドレス指定であるので，まず，レジスタオペランド（図 4.10 の例では "R"）によってメモリアドレス（図 4.10 の例では "P"）を読み出す．間接的なメモリアドレスの読み出しは，レジスタ（"R"）へのアクセスであるので，メインメモリよりは格段に速い．したがって，レジスタとメインメモリへの 2 回のアクセスを併せても，直接アドレス指定によるメインメモリへの 1 回のアクセスとほぼ同じ程度の時間で，オペランドが指定する実効アドレス（"P"）にアクセスできる．レジスタ間接アドレス指定は「レジスタ指定を利用する間接アドレス指定」と言える．

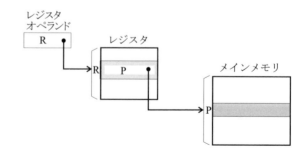

図 4.10 レジスタ間接アドレス指定

(2) **インデックス**：図 4.11 に示すように，**相対アドレス指定におけるオ**

フセットの指定をレジスタ間接で行う．オフセットはレジスタ（図4.11の例では"R"）に格納してあるデータ（図4.11の例では"o"）である．**インデックス** (index) は，あらかじめ決められた間隔で格納してあるデータ（「要素データ」という）に付けた要素番号であり，オフセットとして，**インデックスレジスタ** (index register) という特別なレジスタ（「専用レジスタ」である）に格納しておく．インデックスレジスタは，マシン命令の実行ごとに，あらかじめ決めた値だけ自動的に増減する機能を備えている．したがって，インデックスアドレス指定のオペランドを有するマシン命令では，その実行ごとにまたその実行だけで，インデックスレジスタに格納しているオフセットを定数値だけ増減できる．その結果，図4.11のように，同じマシン命令をくり返し実行するだけで，インデックスが付いた等間隔データに，次々にアクセス可能となる．

インデックスアドレス指定は「レジスタ指定を利用する間接・相対アドレス指定」と言える．

▶〔注意〕
　複数個のインデックスレジスタあるいはベースレジスタを装備する場合には，インデックスレジスタ番号あるいはベースレジスタ番号（図4.11あるいは4.12の例では"R"）の指定が必要である．

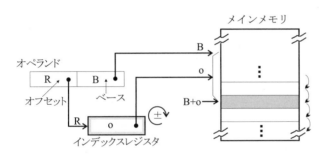

図 **4.11**　インデックスアドレス指定

▶〔注意〕
　図4.11と4.12では，便宜上，オペランドにおけるベースとオフセットの位置関係を，図4.8とは，入れ替えてある．

(3) **ベース**：(2) のインデックスアドレス指定におけるレジスタの役割である「オフセットの格納」を「ベースの格納」に変えたアドレス指定方式である．図4.12に示すように，**相対**アドレス指定におけるベースの指定を**レジスタ間接**アドレス指定で行う．ベースはレジスタ（図4.12の例では"R"）に格納してあるデータ（図4.12の例では"B"）として扱うことができる．ベースを格納しておく特別なレジスタを**ベースレジスタ** (base register) という．ベースアドレス指定では，i) メインメモリ上でのプログラムの格納場所を移動するリロケーション（231ページの注釈を参照）；ii) ベースが実行時に決まるデータブロック（例：現在実行中のプログラムが使用しているメモリブロック）の指定；などの機能を簡単に実現できる．

ベースアドレス指定も「レジスタ指定を利用する間接・相対アドレス指定」と言える．

▶《参考》
　(1)〜(3) 以外のアドレス指定方式として，(a)「PC相対」：ベースアドレス指定でのベースレジスタをPC（プログラムカウンタ，4.2.2項 [3] を参照）にした間接・相対アドレス指定；(b)「ベースインデックス」：相対アドレス指定におけるベースとオフセットの指定の両方をレジスタ間接アドレス指定で行う方式で，インデックスアドレス指定とベースアドレス指定を併用する間接・相対アドレス指定；などがある．

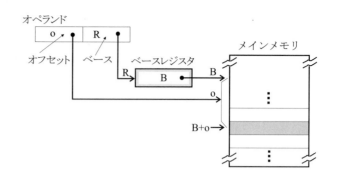

図 4.12 ベースアドレス指定

[10] データ形式の分類指標

1.1.4項で述べたように，コンピュータで扱う情報には，マシン命令のほかに，マシン命令が処理する**データ**がある．命令形式が「命令コードやオペランドを，1個のマシン命令として，どのように表現するのか」を定義するのに対して，「ひとまとまりのデータを，命令語として，どのように表現するのか」という定義を**データ形式**という．

データは，ユーザが実行時に入力する，あるいは，プログラマ[†]がプログラミング時に宣言し，コンパイル（5.1.1項［1］および 205 ページの図 5.1 を参照）した後，OS が実行時にメインメモリに割り付ける．また，コンピュータが処理結果として提示するデータもある．

データに備わるいろいろな性質すなわち**属性**を決める指標には，次のようなものがある．

(a) **領域**：同じ属性を持ち相互に識別可能なデータの種類を表す指標である．「範囲」ともいう．そのデータの範囲や種類，個数で示すのが普通である．数値データ（次の［11］を参照）では，「精度」という引き続くデータ間の距離も領域の指標となる．

(b) **演算**：そのデータに対して適用できる処理機能である．「操作」ともいう．

(c) **格納方式**：データをハードウェア装置やハードウェア機構上で表現する方法である．「内部表現方式」ともいう．

これらの属性を指標として，データ形式を分類できる．そして，同じ属性を持つデータ形式に対して付ける呼び名を**データ型**という．

[11] 基本データ型

コンピュータ内部で処理対象となるデータ型として次のものが代表的であり，これらを**基本データ型**という．

(A) **数値**：2進数（2.3.2項で詳述）で表現する．私たち人間が身近な数

▶ [†]プログラマ
「プログラムの作成者」である．

▶ 〔注意〕
ここで列挙する「基本データ型」については，一般的なプログラミング言語での表現との対応を考えて，英語での表記をカッコ内に添えてある．

として使用し，数学でも厳密に定義できる．次の2種類が代表的である．

(a) **整数** (integer)：数直線上に精度 "1" で存在する離散値である．数直線上で範囲を限ると，その中に存在する整数は有限個である．

- 演算：**算術演算**（演算機構については，4.2.3項で詳述）を適用する．
- 格納形式：整数は範囲を限ると有限個であることを利用して，限られた範囲や個数の整数値を表現する**整数表現**（4.2.3項 [1] で述べる「固定小数点数表現」の代表である）が一般的である．

(b) **実数** (real)：数直線上のあらゆる所に存在する連続値である．数直線上で範囲を限っても，その中に存在する実数は無数にある．

- 演算：整数と同様に，**算術演算**（演算機構については，4.2.3項で詳述）を適用する．
- 格納形式：領域が無限であるので，これらを有限のハードウェア機構で取り扱うための工夫が必要となる．したがって，主として，**浮動小数点数表現**（4.2.3項 [7] で詳述）を用いる．

大半のコンピュータは，整数と実数の2種類の**演算器**（4.2.3項で詳述）と，それによって演算や操作を指定するマシン命令セット（4.1.3項 [2] を参照）を装備している．

(B) **論理値** (Boolean)：2.3.1項で述べたように，"1"（真）あるいは "0"（偽）の2種類すなわち2値である．

- 演算：論理代数にしたがう**論理演算**（3.1.1項で詳述）を適用する．
- 格納形式：1個の論理値当たり1ビットで済むが，ハードウェアの有効利用のために1〜数バイトに複数個の論理値を詰め込んで（「**パック** (pack) する」という），ビット列[†]として格納あるいは処理するのが普通である．

(C) **2進コード** (binary code)：有限個の均質要素から成る数値や文字の集合を，別の記号列の集合（「コード」あるいは「符号」である）に変換したり（「**エンコード**」(encode)，「符号化」，「コード化」という），逆に，元のデータ型に戻したり（「**デコード**」(decode)，「復号」という）する．コードを，原則として，長さの等しい2進数やビット列で表現するとき，このコードを**2進コード**と，また，2進コードにエンコードすることを「**2進コード化**」と，それぞれいう．2進

▶ [†] ビット列
　論理値の集まり（列）をいう．1.1.3項で述べたように，図形，画像，音声などのアナログ情報は，コンピュータではデジタル化したデジタル情報として取り扱う．デジタル情報は量子化によってビット列や2進数値になっている．
　ビット列は独立した論理値の集まりであり，全体に対して，あるいは各ビットごとに論理演算を適用する．

コード化の対象となるデータ型は，i) 10進数；ii) 文字；が代表的である．また，ii) の文字を連結したデータ型を**文字列**（ストリング(string)）という．

(A) に対して，(B) (C) を**非数値型**という．一般のコンピュータは，非数値型の論理値や2進コードに対する論理演算あるいはビット列操作というマシン命令セット（4.1.3項［2］で詳述）を備えている．

[12] 命令実行サイクル

プロセッサは，命令実行サイクル（2.2.3項で概要を既述）に入っている，すなわち現在実行中のマシン命令のメモリアドレスを保持する**プログラムカウンタ** (Program Counter; PC) を必ず装備している．「実行するマシン命令の順序制御はPCを管理する」ことによるので，PCはプロセッサの命令実行順序制御（4.2.2項［3］で詳述）機構の核である．

また，PCが指定する「命令実行サイクルに入っている，すなわち現在実行中のマシン命令そのもの」を保持する専用レジスタが**命令レジスタ** (Instruction Register; IR) である．

レジスタおよびPCやIRも加えてコンピュータの内部装置のハードウェア構成例を図4.13に示しておく．内部装置を構成するハードウェア機構間でのマシン命令やデータの移動を中心に，この図4.13に沿って，**命令実行サイクル**の各ステージ動作について詳しく見てみよう．

1. **命令取り出し**：直前に実行したマシン命令によってPCに設定したメモリアドレスに格納してあるマシン命令を，**メインメモリ**から読み出し，内部バスを経由して，プロセッサ内のIRに置く．命令実行サイクル中はIRに現在実行中のマシン命令を保持する．
2. **命令デコード**：IRからマシン命令を取り出し，**デコーダ**（decoder; 復号器）を通して，マシン命令中に符号化して埋め込んでおいた**命令コード**や**オペランド**などを分離して取り出し，解読する．そして，実際の**制御信号**などに展開して必要なハードウェア装置やハードウェア機構に分配する．
3. **オペランド取り出し**：デコーダによって展開したソースオペランドの指定によって，**レジスタ**あるいは**メインメモリ**から演算対象データを取り出し，内部バスやデータバス（4.2.3項［2］で詳述）を経由して**演算器**の入口に置く．
4. **実行**：演算器の入口に置いた演算対象データを用いて，**演算器**による演算を行い，演算結果を演算器の出口に置く．4.2.3項［9］で述べるように，演算種類によって使用する演算器は異なる．また，順序制御命令（4.1.3項［3］を参照）のように，演算器を使用しない実行機能

▶〔注意〕
ここでは，命令実行サイクルを構成する各ステージを，「まとまりのある機能」例ごとに名前付けして，列挙している．一方で，各ステージの機能の実行に費やす時間については言及していない．しかし，実際には，現代のプロセッサは「命令パイプライン処理」（4.2.2項［8］で詳述）方式を採用しているために，連続して行う1.～5. の各ステージに費やす時間は均等にする必要がある．したがって，実際のアーキテクチャ設計では，命令実行サイクルにおいて，i) 命令デコードステージとオペランド取り出しステージとを合併して1ステージとする；ii) 実行ステージを演算の前半を行うステージと演算の後半を行うステージとに分割して2ステージとする；などの「まとまりのある機能としての各ステージで費やす時間を均等にする」調整が必要になる．

もある.
5. **結果格納**：演算器の出口に置いた演算結果データを，2. でデコードしたデスチネーションオペランドの指定にしたがって，データバスや内部バスを経由してレジスタあるいはメインメモリに書き込む.
6. **次命令アドレスの決定**：次に実行すべき命令のアドレスを PC に設定する．今実行している命令が演算命令（次の 4.1.3 項で詳述）ならば，単に PC をカウントアップ（count up; 増加順での計数）するだけでよい．一方，順序制御命令（次の 4.1.3 項で詳述）なら，命令機能にしたがって，次命令アドレスを生成して PC に設定する必要がある．

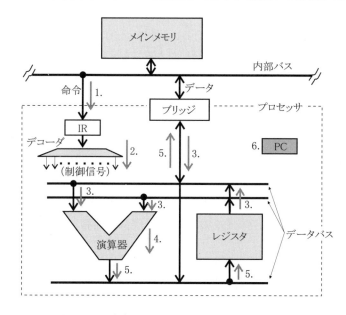

図 4.13 命令実行サイクルとハードウェア機構

この 1.～5. のステージはこの順序でしかできない一連の操作であるが，6. のステージは，可能ならば，1.～5. のステージのどれかと並行させてもよい．

1.～5. の各ステージは，図 4.13 に示すように，バスを除くと，それぞれ相異なるハードウェア機構によって実現する．また，そうすることによって，各ステージのハードウェア機構は順に実行されるマシン命令列によって共用することができる．たとえば，先行して実行サイクルに入った命令 A が 3. のオペランド取り出しから 4. の実行ステージに到達すれば，A に後続する命令 B が 2. の命令デコードから 3. のオペランド取り出しのステージに入ることができる．ステージ処理ごとに用意されたハードウェア機構によって，複数のマシン命令の相異なるステージを実行するプロセッサの高速化（「命令パイプライン処理」という）については，4.2.2 項 [8] で詳

述する．

> • 命令実行サイクルの各ステージは，独立したハードウェア機構で，それぞれごとにまとまりのある相異なる仕事をする．

4.1.3 基本命令セット 《マシン命令の基本セットはどのコンピュータにも共通だ》

前の 4.1.1 項で述べた現代のコンピュータに共通する**基本ハードウェア装置**とそれによる**基本ハードウェア構成**が実現する**基本的なマシン命令の組**（**基本命令セット**という）がある．現代のコンピュータが備えるべき最低限の機能すなわち基本命令セットによって実現する機能は，おおよそ同じである．本項では，現代のコンピュータに共通な**基本命令セット**について，**演算**と**制御**の 2 大機能ごとに，まとめておこう．

[1] 基本命令セットの分類

どのコンピュータも備えている代表的なマシン命令の組すなわちマシン命令セットが**基本命令セット**である．基本命令セットをそのマシン命令の処理対象によって分類すると次のようになる．

(a) **演算命令**：対象データを処理，操作あるいは演算する命令である．次の [2] で詳述する．

(b) **制御命令**：(1) マシン命令の実行順序を明示的に制御する**順序制御命令**；(2) ハードウェア装置やユーザプログラムを管理し制御（以下では，「管理・制御」と書く）するために OS と通信・依頼する **SVC (SuperVisor Call)**；(3) 命令実行サイクルを消費するだけで，「実際には何もしない」すなわち「無操作」の **NOP (No OPeration)**；に大別できる．このうち，(1) の順序制御命令については，後の [3] で詳述する．

(b) の制御命令の (2) に分類した SVC には，i) 入出力装置を制御する；ii) 入出力装置以外の外部装置（例：タイマ，通信装置）を制御する；iii) OSと通信する，あるいは OS に依頼する；などが含まれる．SVC は「OSとの通信のために割り込みを明示的に発生する」マシン命令である．SVC については，割り込みとの一般的なかかわりや割り込み全体での位置付けの観点から 4.2.2 項 [6] で，OS を支える主要な機能の観点から 5.1.3 項 [4] で，入出力命令や入出力制御命令としての役割の観点から 5.3.1 項で，それぞれ詳述する．

(b) の制御命令の (3) に分類した NOP には，「複雑にからみ合うマシン命令の実行順序を，NOP の挿入によって，プログラムには一切影響を及ぼ

さずに解きほぐして，結果として，マシン命令の実行順序を簡潔に整理する」という役割がある．

[2] 演算命令

現代のコンピュータの元祖は計算器であるから，コンピュータは人間の代わりにいろいろな計算を高速に行ってくれる．そのほかに，人間が普通は行わないようなコンピュータ独特の演算や，コンピュータが得意とする処理など，いろいろな機能をマシン命令として実現する．

(A) **算術演算**：人間が普通行う整数や実数に対する計算操作である．算術演算は，演算対象データ数によって，さらに次の2種類に大別できる．どちらも，原則として，整数と実数の両方に適用する．

(1) **単項演算**：演算対象データを1個しか持たない演算である．マシン命令で指定するソースオペランドは1個でよい．

(a) **符号反転**：絶対値はそのままで，演算対象データの符号を正から負へあるいは負から正へ反転する．

(b) **カウント（計数）**：演算対象データを"1"だけ増加あるいは減少させる．この演算は整数に適用するのが普通である．

(2) **2項演算**：演算対象データを2個持つ演算であり，演算対象データが3個以上の「多項演算」はこの2項演算のくり返しによって行うことができる．

(a) **四則演算**：「加」，「減」，「乗」，「除」の4種類の代表的な2項演算がある．整数どうしあるいは実数どうしで行うのが普通であり，その場合，演算結果データは演算対象データと同じ整数あるいは実数として示すのが普通である．ただし，整数どうしの除算については，商と剰余を整数として示す演算と，商だけを実数として示す演算とを備えるのが普通である．

(b) **関係演算**：2個の演算対象データの比較を行う．代表的な大小比較は「減算による結果の正負あるいはゼロ判定」である．
「より大」，「より小」，「以上」，「以下」，あるいは「等しい」，「等しくない」などがある．演算対象データは整数か実数であるが，演算結果データは，比較が「正しい」，「成立（真）」か，比較が「誤り」あるいは「不成立（偽）」か，のどちらか（**論理値**という，次の(B)で述べる）として示す．

(c) **そのほかの演算**：べき乗，平方根，剰余などがある．

整数と実数とを用いて算術演算を行うコンピュータの演算機構については，4.2.3 項で詳述する．

(B) **論理演算**：1 ビットの論理値どうしの演算であり，次の 3 種類がある．論理演算については，3.1.1 項 [2] で詳述しているので，ここでは，演算名称の列挙だけに留める．

(1) 否定（ノット (NOT)）
(2) 論理積（アンド (AND)）
(3) 論理和（オア (OR)）

(C) **ビット列操作**：論理値を複数個まとめて（ビット列である，117 ページの注釈を参照），同時に操作する．

(1) 論理演算：ビット列の全部または一部に対して，まとめて (B) の論理演算を適用する．

(2) シフト (shift) 演算：図 4.14 に示すように，ビット列をひとまとまりのデータとして，指定するビット数だけ左右に移動する（ずらす，「シフト」である）操作である．シフト操作のソースオペランドは，i) 方向（左か右か）；ii) シフトするビット数；である．シフト演算は，次のような操作に細分できる．

(a) 論理シフト：ビット列全体を独立した論理値（ビット）のまとまりとしてシフトする．

(b) 算術シフト：ビット列を算術データとしてシフト操作する．2 進数に対する算術シフトでは，n ビットの左算術シフトが $\times 2^n$ の乗算に，n ビットの右算術シフトが $\div 2^n$ の除算に，それぞれあたる．

(c) 循環シフト：シフトによって左（右）端からあふれたビット列を反対の右（左）端から詰め直す．

▶〔注意〕
「算術シフト」では，符号ビット（通常は最上位ビット）をシフト対象から外してそのまま保持する．すなわち，符号（ビット）以外のビット列がシフト対象である．

論理左（右）シフトでは，最右（左）のビットから新たに "0" を入れて行く．一方，算術左シフトでは，最右の最下位ビットから新たに "0" を，算術右シフトでは，最左（上位）の符号ビットの直右ビットから新たに符号ビットと同じ論理値（"0" か "1"）を，それぞれ入れて行く．

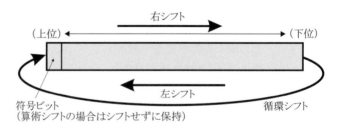

図 4.14 シフト演算

(D) **データ転送**：ソースオペランドで指定したデータを演算あるいは加工する操作である (A)〜(C) に対して，データそのものはそのままで，その格納場所だけを移動する操作である．オペランドでは，移動元および移動先のそれぞれのレジスタ番号やメモリアドレスを指

定する．データ転送はコンピュータ独特の処理機能である．
限られた大きさのレジスタやメインメモリにある演算対象データを別のレジスタやメモリアドレスに退避したり，元のレジスタやメモリアドレスに回復したりする機能のために，次のような命令がある．

(1) **ロード** (load)：対象データをメインメモリからレジスタへ転送する．
(2) **ストア** (store)：対象データをレジスタからメインメモリへ転送する．
(3) **移動，ムーブ** (move)：メインメモリにある対象データをメインメモリの別のアドレスへ移動する．
(4) **コピー** (copy)，**複写**：メインメモリにある対象データをメインメモリの別のアドレスへコピーする．
(5) **ブロック転送**：メインメモリにある対象データを，ブロックで，メインメモリの別のアドレスへ移動またはコピーする．

[3] 順序制御命令

マシン命令は，原則として，メインメモリへの格納順に実行する．この原則にしたがって命令を実行する限り，命令語での次命令アドレス指定は不要である．

これに対して，マシン命令を並び順で実行したくないときには，オペランドとして次命令アドレスを明示指定する必要がある．マシン命令の実行順序を直接制御する命令を**順序制御命令**あるいは**分岐命令**（「**ジャンプ (jump)命令**」ともいう）という．順序制御命令では，メモリオペランドなどをもとにして，分岐先である次命令アドレスを明示的に指定あるいは決定する．

順序制御を行うハードウェア機構を**順序制御機構**といい，プロセッサの制御機構の中核となる．順序制御命令の機能を実現するハードウェアとしての順序制御機構については，4.2.2項 [3] で詳述する．

主な順序制御（分岐）命令は次のように大別できる．（図 4.15を併照）

(A) **無条件分岐**：強制的に，並び順実行を中止し，別のマシン命令列の実行に移る．無条件分岐命令のオペランドは分岐先アドレス（図 4.15 では，"U"）である．
(B) **条件分岐**：条件というプロセッサの状態によって，(a) 無条件分岐と同じように，並び順実行を中止し，別のマシン命令列の実行に移る（分岐成立）；(b) そのまま並び順で実行を続ける（分岐不成立）；のどちらかを選択する．単に「条件分岐」ともいう．条件分岐命令のオペランドは (a) の分岐成立の場合の分岐先アドレス（図 4.15 では，"C"）である．

▶〔注意〕
「格納順」は「並び順」あるいは「アドレス順」でもある．

▶〔注意〕
「順序制御」は，厳密には，「命令実行順序制御」である．以降では，紛れのない限り，単に「順序制御」という．「順序制御命令」，「順序制御機構」などである．

▶〔注意〕
条件分岐による分岐は，通常は，「分岐するかしないか」の 2 通りの選択肢である．これに対して，3 通り以上の多方向に分岐先を指定できるマシン命令を備えるコンピュータもある．ここでの「条件分岐」は，「多方向分岐」と区別する場合も含んで，厳密にいう「2 方向分岐」を指している．

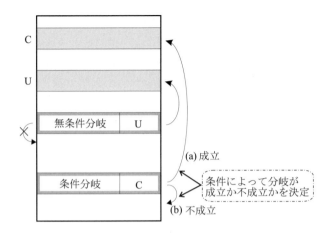

図 4.15 分岐による順序制御

条件分岐の成立か不成立かの判断に用いる**条件**とは論理値（"0" か "1"，2.3.1 および 3.1.1 項を参照）であり，次のようにいろいろな事象がある．

(1) 関係演算の結果：まず，関係演算を行い，その結果として得る論理値を条件とする．当該分岐命令そのもので関係演算を指定・実行できる場合と，当該分岐命令とは別に条件を求める関係演算を行う場合とがある．

(2) フラグ (flag)：条件分岐命令用にハードウェア機構として装備する**フラグ**という 1 ビットの論理値を条件とする．フラグの操作（例：セット (set)，リセット (reset)，テスト (test)）用命令を別に備える．

(3) ハードウェア信号：ハードウェア機構から出る状態信号（論理値）をそのまま条件にする．

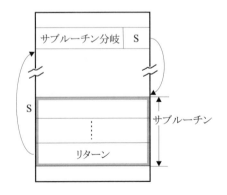

図 4.16 サブルーチン分岐

(C) **サブルーチン分岐**：図 4.16 に示すように，(1) あるプログラム（実際

には，マシン命令列）の途中で，いったん**サブルーチン** (subroutine) という別のプログラム（実際には，マシン命令列）の実行を割り込ませる；(2) サブルーチンの実行が終了すれば，割り込まれた元のプログラム（実際には，マシン命令列）の実行に戻る；という順序制御を行う．サブルーチンは，「複数のプログラムで共用する部分プログラム」とも言える．

サブルーチンへの分岐を実行する (1) の順序制御命令を**サブルーチン分岐命令**という．また，(2) において，サブルーチンの最後に実行するマシン命令は「分岐元へ戻る無条件分岐命令」である．「分岐元へ戻る」ことを**リターン**（return; 戻り，復帰），それを行う (2) の順序制御命令を**リターン命令**という．分岐元のサブルーチン分岐命令 (1) とそれによる分岐先プログラム（サブルーチン）からのリターン命令 (2) とは対になる．

▶〔注意〕
リターン命令による戻り先は，厳密には，「当該サブルーチン分岐命令の次のアドレス」である．

サブルーチン分岐には，一般的な分岐命令と同様に，分岐する条件の有無による (A) の無条件分岐と (B) の条件分岐との組み合わせによって，(a) 無条件サブルーチン分岐：強制的にサブルーチン分岐する；(b) 条件サブルーチン分岐：条件によってサブルーチン分岐するかどうかを決める；とがある．

命令実行順序制御におけるハードウェアの分担機能すなわち順序制御機構については，4.2.2 項［3］で詳述する．

4.2 内部装置のアーキテクチャ

本節では，基本アーキテクチャをもとにして，コンピュータ本体すなわち**内部装置**であるプロセッサおよびメインメモリそれぞれのアーキテクチャの要点について詳述する．

4.2.1 内部装置のハードウェア構成 《内部装置とはプロセッサ–メインメモリ対である》

現代のコンピュータの内部装置は，4.1.1 項で述べたように，(1) **プロセッサ**；(2) **メインメモリ**；という基本ハードウェア装置を内部バスで接続して構成（101 ページの図 4.1 を参照）する．(1) のプロセッサのアーキテクチャについては 4.2.2 と 4.2.3 項で，(2) のメインメモリを中心とするメモリのアーキテクチャについては 4.2.4 項で，それぞれ詳述する．

このうち，**プロセッサ**は，図 4.17 に示すように，次の 3 点の主要なハードウェア装置やハードウェア機構で構成する．

(A) 制御機構（次の 4.2.2 項で詳述）
(B) 演算機構（4.2.3 項で詳述）
(C) レジスタ（4.1.2 項［3］で既述）

▶〔注意〕
図 4.17 も，図 4.1 と同様に，ハードウェア装置やハードウェア機構と主要なデータ線（「データバス」という）だけを明示するブロック図である．

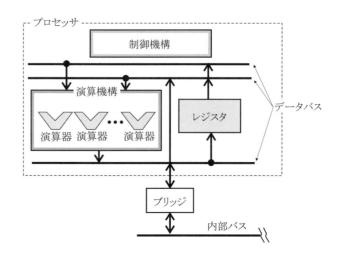

図 **4.17** 内部装置のハードウェア構成

これらのうち，(B) の演算機構と (C) のレジスタとは，データバス（4.2.3 項［2］で詳述）という共用転送路によってデータを送受する．

4.2.2 プロセッサアーキテクチャ（1）—— 制御機構 《制御機能をプロセッサ内のハードウェア機構で実現する》

本項では，まず，プロセッサを構成する主要なハードウェア装置やハードウェア機構について再度整理する．そして，プロセッサを構成する 2 大機構である制御機構と演算機構のうち，特に**制御機構**について，ハードウェアとソフトウェアの機能分担すなわちプロセッサアーキテクチャの観点から，詳述する．

［1］制御機構

制御機構は，次の 2 つのまとまりのある機能をそれぞれ実現するハードウェア機構で構成する．
(a) **順序制御機構**：実行するマシン命令のメモリアドレスを決定する，すなわちマシン命令の実行順序を決める．順序制御機構については，後の［3］で詳述する．
(b) **制御信号の生成**：プロセッサさらには内部装置全体の各所に，それぞれを制御するために必要なハードウェア信号（**制御信号**という）を供給する．

4.1.3 項 [3] で示した基本マシン命令としての順序制御命令による命令実行順序制御（前述の分類での (a)）以外で，制御機構が行う**制御機能**には，次のようなものがある．
(1) 内部装置内（例：プロセッサ–メインメモリ間，内部バス）での情報送受のタイミングをとる．
(2) 演算機構やレジスタおよびデータバス（4.2.3 項 [2] で詳述）に，命令やデータを供給するタイミングをとる．
(3) 命令実行サイクル（4.1.2 項 [12] で詳述）の各ステージ間および各ステージ用ハードウェア機構間での情報（主として，命令とデータ）の受け渡しのタイミングをとる．
(4) 順序制御機構内で，いろいろな情報送受のタイミングをとる．
(5) データバスで送受するデータを選択する．
(6) プロセッサ以外の内部装置（例：メインメモリ）を制御する．

これらの制御機能を実現する信号は，**クロック** (clock) という基本タイミング (timing) 信号をもとにして生成する**制御信号**（前述の分類での (b)）として，内部装置の必要個所に供給する．制御信号を生成する方式やそれらの方式を実現するハードウェア機構については，次の [2] で詳述する．

[2] 制御方式

制御機構は，i) マシン命令ごとに；ii) マシン命令をもとにデコードする；ことによって，ぼう大な数で多種多様な制御信号（前の [1] を参照）を生成する．制御機構の主要な機能の 1 つが「制御信号の生成」（前の [1] の分類での (b)）であることから，「マシン命令から制御信号をデコードして生成する」方式を**制御方式**という．

制御方式は次の 2 方式に大別できる．（図 4.18 を併照）

(a) **配線論理制御方式**：ハードウェア装置やハードウェア機構に対する制御信号を，ハードウェアすなわち論理回路（3 章で詳述）だけによって高速に生成する．ハードウェア的制御方式である．

(b) **マイクロプログラム制御方式**：ハードウェア装置やハードウェア機構に対するきめ細かく多岐に渡る制御信号を，**マイクロプログラム** (microprogram) という制御専用のコンパクトなプログラムによって生成する．ソフトウェア的制御方式と言える．

マイクロプログラムは**制御メモリ**というマイクロプログラム格納専用メモリに格納してある．マイクロプログラム制御方式では，まず，マシン命令の一部分である命令コードを，そのマシン命令に対応するマイクロプログラムの開始アドレス情報として，マイクロプログラム格納専用メモリから一連のマイクロプログラムを読み出す．マイクロプログラムには，「どのハードウェア機構に，どのタイミング

▶《参考》
論理回路で構成するハードウェア装置やハードウェア機構のすべての動作を，クロックあるいはそれから生成するタイミング信号だけによって制御する方式を「同期式」という．現代のコンピュータ，特にプロセッサのほとんどは同期式である．

同期式に対して，共通クロックを使用せずに，ある部分機構の動作が別の部分機構の動作を駆動する方式を「非同期式」という．非同期式は，クロック周期に伴う無駄時間がなく，きめ細かいタイミング制御が可能であるので，同期式より高速であるという長所を持つ．一方で，非同期式の制御機構そのものは巨大で，また，広範囲に渡る分散配置のために，その保守は極めて難しくなる．

で，どんな制御信号が必要か」という情報が記述してあるので，それにしたがって，制御信号を生成・分配する．マイクロプログラム制御方式では，マシン命令ごとにくり返すマイクロプログラムの実行が「マシン命令のデコード」となる．

▶〔注意〕
マイクロプログラムを格納する制御メモリは，マシン命令プログラムを格納するメインメモリよりも格段に高速動作するメモリである．また，通常，制御時には，マイクロプログラムは読み出ししか行わないので，制御メモリには"ROM"(Read-Only Memory)という読み出し専用メモリをあてる．このことから，現代のマイクロプロセッサでは，制御メモリを単に"ROM"という．

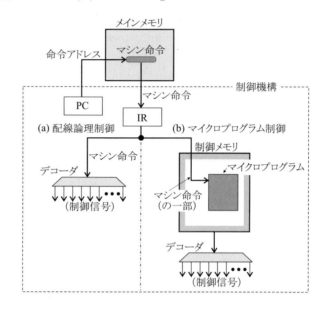

図 4.18 制御機構のハードウェア構成

現代のコンピュータにおいては，図4.18に示すように，(a) 単純な機能で簡潔な制御で済むマシン命令に対しては，**配線論理制御**；逆に，(b) 高機能で複雑な制御が必要となるマシン命令に対しては，**マイクロプログラム制御**；をそれぞれ適用する両制御方式の使い分けおよび併用が一般的である．

マイクロプログラム制御であれ，配線論理制御であれ，「どのハードウェア機構の，どのタイミングで，どんな制御信号が必要か」については，命令実行サイクル（4.1.2項［12］で詳述）の命令デコードステージにおいて，マシン命令をデコードすれば明らかになる．

- **制御機構**が**制御方式**にしたがって行う「マシン命令をもとにした**制御信号の生成**」とは，命令実行サイクルの命令デコードステージで行う機能すなわち**命令デコード**である．

[3] 順序制御機構

プロセッサの制御機構の中で命令実行順序制御を行うハードウェア機構である**順序制御機構**の働きや仕組みについて考えてみよう．

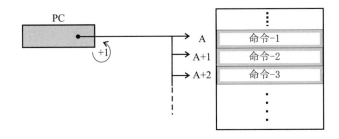

図 4.19 プログラムカウンタによる順序制御

　順序制御とは，i) あるマシン命令の命令実行サイクルの「次命令アドレスの決定」ステージにおいて，PC（プログラムカウンタ，4.2.2項 [3] を参照）へ次命令アドレスを設定する；ii) 次の命令実行サイクルの先頭の命令取り出しステージにおいて，i) で PC に置いたアドレスでマシン命令を引いて，IR へ取り出す；の2機能を順に実行することによって実現する．

　4.1.3項 [3] で述べたように，ひとまとまりのあるいは一連のマシン命令列は，原則として，並び順すなわち格納順で実行する．その際の順序制御は，図 4.19 に示すように，PC を "1" だけカウントアップして行くだけである．そうすれば，命令取り出しステージで，自然に並び順（命令-1, 2, 3, ···）でマシン命令がメインメモリからプロセッサ内 (IR) に読み出せる．結局，次に実行するマシン命令アドレスの設定のために，実行中の命令実行サイクル中のどこかのステージで，PC をカウントアップすればよい．

　また，並び順ではない別のアドレスに格納されている命令を実行したければ，順序制御命令（4.1.3項 [3] を参照）によって実行したいマシン命令アドレスを PC に直接設定すればよい．たとえば，無条件分岐命令では，その分岐命令のオペランドとして取り出した分岐先アドレスを PC に設定する．条件分岐命令では，分岐不成立の場合には，PC を単にカウントアップするだけであり，分岐成立の場合には，無条件分岐と同様に，オペランドで指定する分岐先アドレスを PC に設定する．

　順序制御機構によって，マシン命令の実行順序を，次に示すいろいろな具体例のように，きめ細かく制御できるようになっている．

(1) メインメモリでの並び順すなわち格納順にしたがってプログラムを実行する．
(2) メインメモリのあちらこちらに格納してあるプログラムを連結あるいは連続して実行する．
(3) 「どのプログラムを実行するか」選択する．
(4) 中断したプログラムを再開する，あるいは，あるプログラムの開始点に戻る．

▶〔注意〕
　「PC に対する +1 のカウントアップ」は，厳密には，「マシン命令長（バイト単位）分のカウントアップ」である．

▶〔注意〕
　ここでの「プログラム」とは，「マシン命令列で示すプログラム」で，厳密には，「マシン命令プログラム」という．

(5) 何回も同じプログラムをくり返し実行する．
(6) プログラムの実行途中でいったん別のプログラム（「サブルーチン」である）を呼んで実行したり，そのサブルーチンから呼び出し元に戻ったりする．
(7) プログラムを複数のコンピュータやユーザによって共用する．
(8) あらかじめ予測できない事態や事象すなわち不測の事態や事象に対処する．

順序制御機構によってこのような多彩な実行順序の制御が可能となり，コンピュータはいろいろな環境や条件に応じて処理内容を変えることができるようになっている．「あらかじめ与えられた順序で計算するだけの単なる計算器」から，「プログラムによって多様な状況に適した実行順序での情報処理が可能なコンピュータ」に進化を遂げたのである．

[4] 割り込み（概要）

ユーザは，コンピュータに実行させたいあるいはコンピュータで実行することのすべての場合をあらかじめ予測してプログラムとして記述（「プログラミング」である）し，さらに，それらをコンパイル（5.1.1項[1]および205ページの図5.1を参照）して得たマシン命令プログラムとしてコンピュータに搭載する．しかし，コンピュータでのプログラムの実行時すなわち動的には，予測できない事態や事象すなわち不測の事態や事象がしばしば発生する．不測の事態や事象は実行時に発生するので，実行前にあらかじめ対処することができない．したがって，不測の事態や事象への対処や処理の方法を実行前にプログラムとして記述すなわちプログラミングしておくことは不可能である．このために，コンピュータシステムは，本来のマシン命令列の実行フローを，不測の事態や事象の発生時に，強制的かつ動的に変更する手段として**割り込み機構および機能**を装備している．

図4.20に示すように，不測の事態や事象（**割り込み要因**という）が生じて割り込み機構が発動（**割り込みが発生**）すると，実行中のプログラム（実際には，マシン命令列）を一時中断して，割り込み要因の処理（**割り込み処理**という）プログラム（これも，実際には，マシン命令列）へ制御フローが分岐する．実際には，実行中のマシン命令列の切れ目に，割り込み処理用マシン命令列が割り込む．

割り込まれる方の実行中のプログラムはユーザのプログラムが大半であり，割り込む方のプログラムすなわち割り込み処理プログラムの大部分はOS機能として実現する．割り込み処理におけるOSの役割については5.1.3項で詳述する．

コンピュータには，時間的多重化あるいは空間的多重化によって共用しているハードウェアおよびソフトウェアがあり，それらを原因とする不測

▶〔注意〕
(1)～(8)に示した例は，本章では，「マシン命令プログラムの実行順序」に関するものとして示している．一方，ユーザは，任意のプログラミング言語によってプログラミングする際にも，(1)～(8)と同様な順序制御，すなわち「プログラミング言語で記述するプログラム（「プログラミング言語プログラム」という）の実行順序」を，それぞれのプログラミング言語の機能によって，明示指定するし，また明示指定できる．

マシン命令プログラムであれ，プログラミング言語プログラムであれ，それぞれの具体的な実行順序が示すプログラムの構造（「制御構造」という）は，順序制御機構による制御方法に直接関係する．

また，マシン命令プログラムはプログラミング言語プログラムをコンパイルして生成するので，両者の制御構造は相互に対応する．

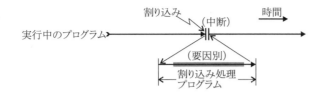

図 4.20 割り込みと制御フロー

の事態や事象は頻繁に生じる．そこで，コンピュータには，起こり得るいろいろな不測の事態や事象に対処するために，

(a) 順序制御機構の一部として，割り込み要因の発生を検知するハードウェア機構；
(b) 割り込み処理を担う OS を中心とする共用ソフトウェア；

のそれぞれを，あらかじめ装備しておく．

- **割り込み**は，いつ起こるか予測できない事態や事象の発生をハードウェア機構すなわち**順序制御機構**が検知して，それに OS が一元的に，またそれぞれの事態や事象に応じて，対応する仕組みである．

順序制御機構では，割り込み要因である不測の事態や事象は，厳密には，「あらかじめ発生した場合の対応を準備していた事態や事象」と言える．

[5] 割り込みの必要性

「割り込みの必要性」について，具体的に整理しまとめておこう．

(1) **不測の事態や事象**：プログラム（実際には，マシン命令列）として記述していない，あるいは記述できない「不測の，すなわち予測不可能な事態や事象」に対処する．
(2) **異常や例外の検知**：ハードウェアやソフトウェア（プログラム）が持つ本来の機能以外の動作としての**異常**，エラーや**例外**などを検知し対処する．
(3) **ユーザプログラム→ OS 通信**：「ユーザプログラムから OS への通信」機能を実現する．
(4) **ハードウェア装置→ OS 通信**：「ハードウェア装置やハードウェア機構から OS への通信」機能を実現する．
(5) **競合する外部装置利用要求の調停**：「内部装置による共用ハードウェア装置すなわち外部装置への利用要求」の競合を**調停**あるいは**スケジューリング** (scheduling) し，それら共用ハードウェア装置を効率良く利用する．
(6) **非同期動作しているハードウェア間の通信**：プロセッサと入出力装置，あるいは，ネットワークで接続したプロセッサ相互などのよう

に，互いに非同期動作しているハードウェア装置やハードウェア機構間の通信やそれに必要な同期[†]を実現する．

- (1) と (2) は一般的な観点での必要性である．
- (3) と (4) は，「OS を経由する間接的なユーザプログラム–ハードウェア装置間通信」の実現である．（5.1.3 項 [2] で詳述）
- (5) と (6) は，「内部装置による外部装置の制御」機能の実現である．

[6] 割り込み要因

割り込みを引き起こす具体的な原因や事象である**割り込み要因**について，「割り込み要因の発生場所」という指標で分類してみよう．

(A) **内部割り込み**：要因の発生個所が**内部装置**特にプロセッサにある割り込みである．内部割り込みは，マシン命令を実行するタイミングに合わせて発生し，マシン命令の実行というソフトウェア的要因によるので，**ソフトウェア割り込み**ともいう．前の [5] で列挙した割り込みの必要性の (3)「ユーザプログラム→ OS 通信」の手段となる．

(1) **命令実行例外**：当該マシン命令の機能としては，「割り込みの発生」が明示してない（「暗黙的」という）割り込みである．予定していたマシン命令機能以外の，すなわち**例外**となる事象の発生を通知する．マシン命令の実行タイミングに合わせて，また，例外を起こした要因ごとに，命令実行サイクルのある特定のステージで発生する．例外を起こした要因について，OSに措置（「例外処理」という）を依頼するための割り込みである．

マシン命令としての正規の機能以外の事態や事象すなわち**例外**には，次のような具体例がある．

- メモリアクセス例外：i) 指定したメモリアドレスにマシン命令やデータがない；ii) 仮想メモリにおける実ページがメインメモリにない（**ページフォールト**という，次の 4.2.4 項で詳述）；iii) アクセスする権限がないメインメモリ領域へアクセスしようとする（「メモリ保護違反」という）．
- 不正命令：i) 命令セットにはない命令コードである；ii) データであるのに命令として実行しようとする．
- 不正オペランド：オペランドで指定するアドレスにデータがない．
- 演算例外：i) 演算結果がレジスタや演算器からあふれる（「**オーバフロー**[†]」(overflow) という）；ii) "0" を除数とする除算（「ゼロ除算」という）を実行する．

(2) SVC：当該マシン命令の機能の全部か一部として，「割り込み

▶ [†] 同期
「タイミングを一致させる」ことである．通信には，「同期」が必須である．

▶ [†] オーバフロー
前の [2] で示した算術演算やシフト演算による実行結果が，演算器そのものやレジスタなどの限られたビット長（例：32 ビット）のハードウェア機構からあふれる場合をいう．通常は，最上位ビットからあふれる場合を指す．
右シフト演算によって，最下位ビットからあふれる場合を「アンダフロー」(underflow) として区別することもある．

の発生」が明示してある（「明示的」という）割り込みである．
"SVC" というマシン命令を実行することによって割り込みが生じて，結果として，OS へ制御フローが移る．すなわち，「OS を呼び出す」ことが SVC の明示的機能である．

具体的には，次のような SVC 命令がある．

- **入出力命令，入出力制御命令**：内部装置（プロセッサ–メインメモリ対）⇔入出力装置間でのデータを直接送受するすなわち入出力する（「入出力命令」である），さらには，入出力を制御する（「入出力制御命令」である）．（4.3.2 項を参照）
- **ブレークポイント命令**：ブレークポイント†(breakpoint) と呼ぶ「プログラム実行の中断点」を OS に通知する．

(B) **外部割り込み**：要因の発生個所が**外部装置**特に入出力装置にある割り込みである．外部割り込みは，マシン命令の実行とは独立してすなわち無関係に発生し，外部装置というハードウェア的要因によるので，**ハードウェア割り込み**ともいう．前の [5] で列挙した割り込みの必要性の (4)「ハードウェア装置→OS 通信」の手段となる．

(1) **入出力割り込み**：入出力装置からの「状態」の通知である．入出力装置の状態例として，i) ユーザが入力装置によってデータを正常に入力した；ii) 出力装置の動作が正常に完了した；iii) 入出力装置が異常（例：電源オフである，正常に動作しない，故障している）である；iv) 通信装置を介して他のコンピュータが通信を要求している；などがある．代表的な外部割り込みである．

(2) **ハードウェア障害**：当該ハードウェア装置やハードウェア機構からの「障害発生」の通知である．ハードウェア障害の具体例として，i) 電源異常；ii) メモリからの読み出しエラー；iii) 温度異常；などがある．

(3) **リセット**：コンピュータのユーザが「リセットスイッチをオン（押下）する」事象を原因とする．ユーザが強制的にプログラムの実行を中断したり中止するのに使用する．

個々の割り込み要因は多種多様で独立した事象である．また，ある要因に対する割り込み処理（次の [7] で詳述）には一定の時間を要する．したがって，「ある割り込み処理中に，別の要因の割り込みが発生する」ことは普通である．「時間軸上で重複・重畳する複数の割り込みを単一のプロセッサで逐次処理する」機構を**多重レベル割り込み機構**という．

多重レベル割り込み機構は，(a) 割り込み要因ごとに，その「緊急性」を

▶ †ブレークポイント
 i) デバグ（debug; プログラムの誤りを発見し削除する操作）時にプログラム実行を一時中断する起点；ii) プログラムをトレース（trace; 実行履歴をとる）する時点；である．
 「トラップ」(trap) ともいう．

▶〔注意〕
リセットスイッチは「ユーザが『強制リセット』という指令を与える外部装置の一種」でもある．したがって，本書では，「リセット」を外部割り込みすなわちハードウェア割り込みに含める．
 実際には，独立した「リセットスイッチ」が実装してある場合と，特定のキー操作（例：alt＋ctrl＋del の同時押下）によってリセット操作とする場合とがある．

表す「割り込み処理の優先度」を付与する；(b) 時間的に重複・重畳する複数の割り込みを優先度すなわち緊急性によって順序付けする；によって順次処理する．割り込みの順序付けとは，ある割り込み処理の要因よりも，i) 低優先度の要因による割り込みについては，禁止するすなわち受け付けずに待たせる；ii) 高優先度の要因の割り込みについては，現在の割り込み処理を中断して，優先的にすなわち直ちに受け付ける；である．

割り込みの優先度は割り込み処理の緊急性や必要性によって順序付ける．前に列挙した**割り込み要因**にしたがって，割り込みの**優先度**の具体例を示しておこう．

- 優先度が高い要因から低い要因へ順に，ハードウェア障害；リセット；命令実行例外；入出力割り込み；SVC；ブレークポイント命令；と優先度を付与する．
- (a) 命令実行例外のうちでも，OS 機能に直接的にかかわるページフォールトやメモリ保護違反を高く，そうでない演算例外を低く；(b) 入出力割り込みのうちでも，高速の応答すなわち割り込み処理が必要な「高速入出力装置（例：ファイル装置，4.3.3 項 [3] を参照）からの割り込み」は高く，そうでない「低速入出力装置（例：キーボードやプリンタ，4.3.2 項 [3][4] を参照）からの割り込み」は低く；と優先度を細かく設定する．

[7] 割り込み処理

種々の要因による**割り込み**は，順序制御機構というハードウェア機構と，基本的な OS 機能すなわちソフトウェア機能とが機能分担して，それらが共用する機能や統一した手順で処理する．

割り込みに対する**割り込み処理**の手順は次の通りである．

0. 割り込みの**発生**：ある特定の要因で割り込みが発生する．

1. 割り込みの**受付**：ハードウェア機構が割り込みを受け付ける．
   割り込みを受け付けることによって，**割り込み処理**が始まる．

2. **割り込み禁止状態への移行**：他の割り込みを禁止するために，割り込み禁止状態へ移行する．割り込み禁止状態では，他の割り込みが発生しても，原則（原則からはずれる場合については，前の [6] の最後に述べた「多重レベル割り込み機構」を参照）として，その割り込みを受け付けない．

3. **ハードウェア状態の退避**：ハードウェア機構によって，割り込まれたプログラムが生成していた（プロセッサの）ハードウェア状態をプロセッサ内の退避領域へ退避する．

4. 割り込み要因の**識別**：「割り込み要因は何か」を識別する．

▶〔注意〕
「ハードウェア状態」例には，i) 条件（4.1.3 項 [3] を参照）；ii) プログラムカウンタ (PC)；iii) レジスタ；iv) メインメモリの使用領域のコピー（「メモリイメージ」(memory image) という）；v) 割り込みの優先度；などがある．

5. **割り込みハンドラへの分岐**：割り込み要因ごとの割り込み処理プログラム（**割り込みハンドラ**(handler)という）へ分岐する．

  割り込みハンドラが始まる．

6. **ソフトウェア状態の退避**：割り込まれるすなわち実行を中断するプログラムやそれに付随する各種の情報を退避する．

7. **割り込みハンドラによる要因ごとの処理**：「割り込み要因ごとの処理」を行う．

8. **ソフトウェア状態の回復**：割り込まれたすなわち中断していたプログラムやそれに付随する各種の情報を回復する．

  割り込みハンドラ（6.～8.）が終了する．

9. **ハードウェア状態の回復**：ハードウェア機構によって，プロセッサ内の退避領域から，割り込まれたプログラムが生成していた（プロセッサの）ハードウェア状態を回復する．

10. **割り込み可能状態への移行**：割り込み可能状態へ移行し，他の割り込みを許可する．OSは，割り込み可能状態になると，既に発生している，あるいはこれから発生する，別の割り込みを受け付けることができる．

11. **割り込み受け付け時点への復帰**：10.と連動して，原則として，割り込まれたプログラムを割り込まれた時点から再開する．

  割り込み処理（1.～11.）が終了する．

割り込み処理におけるハードウェアとソフトウェアの代表的な機能分担方式は次の通りである．

- 一般的な**前処理**（1.～5.）および一般的な**後処理**（9.～11.）：ハードウェア機構とOS（カーネル）とが協調して担う．
- 個別の要因ごとの処理（6.～8.）：割り込み要因ごとに実行時に決まる動的な処理機能であり，OSの割り込みハンドラが担う．

割り込み処理において，OSが分担する役割については，5.1.3項[6]で詳述する．

[8] 命令パイプライン処理

命令実行サイクルの各ステージは，4.1.2項[12]で述べたように，独立したハードウェア機構で異なる仕事を，均等時間で行う．このことを利用して，プロセッサでの一連のマシン命令列の実行を高速化することができる．

まず，各ステージに要する時間が均等になるように，ハードウェア機構を設計する．そして，各ステージを担当する，またステージごとに独立しているハードウェア機構を順番に使用するように制御する．普通なら，あ

▶《参考》
　割り込み処理手順の前処理（1.～5.）におけるハードウェアからソフトウェアへの連絡および連携の仕組みは，具体的には，(a)「割り込みの発生」を示す信号線（ハードウェア）がオンになる；(b) マシン命令プログラムがあらかじめ決めてある特定の命令アドレス（例："0"）に強制的に分岐する；と簡潔である．(a) (b) のために必要となるハードウェア機構については，アーキテクチャ設計時に決めて実装しておく．実際には，(b) によって，実行中のマシン命令プログラム上での「割り込み」すなわち「OSプログラム（割り込み処理プログラム）への分岐」が生起する．

るマシン命令を命令実行サイクルの命令取り出しステージに投入して，それが結果格納ステージを終えて命令実行サイクルから出てくるまでの間には，次のマシン命令を命令実行サイクルに投入しない，すなわち次のマシン命令の命令取り出しステージを行わない．しかし，これだと，図 4.21 の左に示すように，各ステージにおける処理を担当するハードウェア機構は，自分のステージに処理すべき命令が存在する間だけ動作し，そのほかのステージが作業している間は何もせずに遊んでいる．

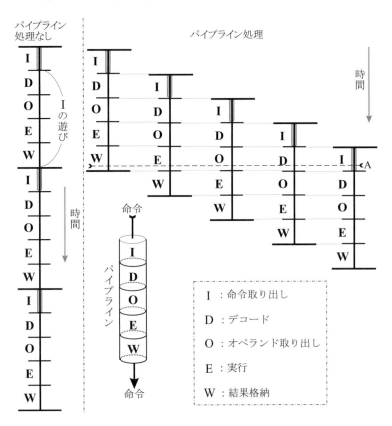

図 4.21 命令パイプライン処理

この遊びすなわち無駄な時間をなくすために，図 4.21 の右に示すように，各ステージでの処理を担当するハードウェア機構は，ある命令をそのステージで処理した後直ちに，次の命令の処理に移る．このように，命令実行サイクルのステージを担当するハードウェア機構に次々と 1 ステージ時間のずれだけでマシン命令を投入して行けば，各ステージのハードウェア機構の遊び時間はなくなる．この命令処理方式は，i) 各ステージを連結して作る「命令実行サイクル」という「パイプライン」(pipeline) に，マシン命令を 1 ステージ時間だけずらして次々に投入する；ii) パイプラインを連続して流れて行く間に各ステージ処理を担当するハードウェア機構のそ

れぞれによって処理する；という流れ作業と見なせるので，**パイプライン処理**という．また，パイプラインにはマシン命令を投入するので，正確には，パイプライン処理を**命令パイプライン処理**という．

命令パイプライン処理では，図 4.21 に示すように，命令実行サイクルのすべてのステージに異なるマシン命令が置いてある期間（図 4.21 では "A"）は，その命令実行サイクルを構成するステージ数だけのマシン命令を同時に処理できて，プロセッサによる実行を高速化できる．一方で，命令パイプライン処理では，命令実行サイクルを構成するステージ数よりもずっと多数のマシン命令を投入しなければ，全体としての高速化の効果は現れない．（次の例題 4.1 を参照）

▶《参考》
スーパコンピュータでは，パイプラインに命令ではなく「データ」を投入する「演算パイプライン処理」機構も装備している．

―――― 例 題 ――――

4.1 5 ステージ（ただし，「1 ステージ時間は 10 ナノ秒」とする）で構成する命令実行サイクル（したがって，1 命令実行サイクルは 50 ナノ秒）を持つ命令パイプライン処理機構がある．このパイプライン処理機構に 100,000 個のマシン命令を投入すると，全部のマシン命令が完了するまでにはどれだけの時間がかかるか求めなさい．また，命令パイプライン処理機構がない場合と比較しなさい．

（解）パイプライン処理をしなければ，$50 \times 100000 = 5000000$ によって，5000000 ナノ秒＝ 5 ミリ（$= 5 \times 10^{-3}$）秒かかる．

まず，パイプライン処理する場合に実行される総ステージ数を求めてみよう．パイプライン処理では，1 ステージずつずれて各命令実行サイクルが始まる（すなわち，命令の投入である）から，第 1 番目（開始）から第 100,000 番目（最終）の命令の投入（直後）までの間に，合計 100,000 ステージが実行できる．この時点で，最終命令の第 1 ステージは既に終えているので，最終命令処理を完了するためには，残り 4 ステージだけが必要である．

結局，合計 100,004 ステージが 100,000 個のマシン命令のパイプライン処理で費やされる．1 ステージ時間＝ 10 ナノ秒で，$100004 \times 10 = 1000040$ である．すなわち，1000040 ナノ秒 $= \underline{1.00004}(\approx 1)$ ミリ秒で全マシン命令が実行できる．すなわち，パイプライン処理しない場合（5 ミリ秒）に比べると，約 5 分の 1 で完了できる．

> - 命令実行サイクルを s ステージで構成するパイプライン処理機構に，s よりも十分大きいマシン命令数 I ($I \gg s$) を投入すると，I の値にかかわらず，パイプライン処理機構を備えていない場合の約 s 分の 1 に処理時間を短縮できる．

現代のコンピュータのプロセッサは，標準として，**命令パイプライン処理機構**を備えている．

4.2.3　プロセッサアーキテクチャ（2）── 演算機構　《演算機能をプロセッサ内のハードウェア機構で実現する》

本項では，プロセッサを構成する 2 大機構のうちの**演算機構**について，ハードウェアとソフトウェアの機能分担すなわちプロセッサアーキテクチャの観点から，明らかにする．

[1]　算術演算と数の表現

4.1.2 項 [11] で述べたように，人間が行う計算や演算の対象となる 10 進数としては，整数と実数とが代表的であり，また，この両者を扱うだけで一般的な**算術演算**に関しては十分である．したがって，人間の道具として計算や処理を行うコンピュータにおいても，**整数**と**実数**とを計算対象の数としている．

厳密に言えば，整数は実数に含まれる．それなのに，整数と実数とを区別するのは，特にコンピュータでは，四則演算を代表とするいろいろな算術演算を行う方法が整数と実数とで異なるからである．コンピュータにおける**整数表現**では，小数点は整数（部）の最下位ビットの直右に固定してあるものとして，小数点位置の指定を省略する．このように，「小数点を定位置に固定することによって，数表現ごとの小数点位置の指定を省略する」数表現を**固定小数点数表現**という．

一方，実数に対する演算では，整数部と小数部とを分ける小数点の扱いについて考慮する必要がある．すなわち，コンピュータにおける**実数表現**では，小数点すなわち小数点の位置も "0" と "1" で表す必要がある．実数表現およびそれによる実数演算については，[7] で後述する．

さらに，コンピュータにおける実数表現に独特の問題としては，2.3.3 項 [3] で述べたような「有限サイズのハードウェアを使って実数表現するために必要となる丸めの機能やそれに伴って発生する誤差への対処」がある．丸め機能や誤差対策は，2.3.3 項 [3] で述べた**無限循環小数**（**有理数**）だけではなく，平方根 $\sqrt{}$ の大半（例：$\sqrt{2}, \sqrt{3}, \sqrt{5}, \cdots$），円周率 π，自然対数の底 e などの**無理数**に対しても必要となる．

▶〔注意〕
　整数表現は固定小数点数表現の一種であるが，「整数表現」の代わりに「固定小数点数表現」を使うこともある．ただし，厳密に言うと，整数表現には小数点は不要である．また，実数を固定小数点数表現するプロセッサアーキテクチャも実在する．
　本書では，「整数表現」だけを使用する．

また，整数演算の方が実数演算よりも簡単である．これは，人間が計算の対象とする10進数でも，コンピュータが対象とする2進数でも，同じである．

[2] 演算機構とデータバス

図4.22（図4.17の再掲）に示すように，主としてプロセッサ内の演算機構–レジスタ間のデータ転送専用に使用する共用転送路すなわちバスを**データバス** (data bus) という．データバスはプロセッサ–メインメモリ間を結ぶ内部バス (4.1.1項 [2] で詳述) と区別する．すなわち，レジスタがデータ専用のメモリであることから，マシン命令の転送とデータの転送の両方で共用する内部バスとは違い，データバスはデータ専用の演算機構–レジスタ間バスである．

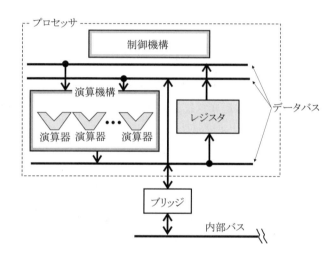

図 4.22　演算機構とデータバス（再掲）

演算機構は，図4.22で示すように，各種の**演算器**をデータバスに並列接続して構成する．演算機構を構成する演算器例については，[9] で列挙している．

2項演算の場合，ソースオペランドは，それがレジスタあるいはメインメモリのどちらに格納されていようとも，演算実行時には同時に2個のデータが必要となる．図4.22のように，演算器の入り口2つが別々のデータバスに接続できる場合には，ソースオペランドの演算器への同時転送（オペランド取り出し）が可能である．しかし，演算器の2つの入り口への転送路を1本のデータバスで共用する場合には，このデータバスでの転送タイミングをずらす必要がある．現代のプロセッサのほとんどでは，図4.22に示す例のように，高速化のために，2本のソースオペランド用バスと1本のデスチネーションオペランド用バスとの計3本のデータバスを別々に装

備している．

　また，データバスと内部バスなどのように，バス間を接続する必要もある．図 4.22 に示すように，バスどうしを結ぶためのハードウェア機構を**ブリッジ** (bridge) という．ブリッジの主な役割は，「転送あるいは動作速度や方式の相異なるバス間のタイミング合わせや使用競合の調停」である．

　演算機構を構成する個々の**演算器**に対して，アーキテクチャ設計の観点から課される要件（※）は，次の通りである．

(1) 当該コンピュータの命令実行サイクル（4.1.2 項 [12] で詳述），特に，オペランド取り出し，実行および結果格納の各ステージにしたがう．
(2) 多種多様な演算データに対しても，同種の演算に要する時間（「演算時間」という）は均一である．
(3) ハードウェア機構としての空間サイズの制約下で，演算時間が最小である．

[3] 加算器

　四則演算のうち，減算，乗算および除算は**加算**をもとにして展開できる．

- **減算**：負数を扱える加算である．
- **乗算**：加算のくり返しである．たとえば，$(A \times B)$ の積は「0 を最初の被加数にして，A を加数とする累積加算を B 回くり返して累積した最終和」あるいは「A を同一演算項とする B 項による多項加算の（総）和」である．
- **除算**：減算すなわち「負数を扱える加算」のくり返しである．たとえば，$(A \div B)$ の商は「A を最初の被減数にして，B を減数とする累積減算を被減数が B 未満になるまでくり返す場合の減算回数」である．

したがって，算術演算用ハードウェア機構（**減算器，乗算器，除算器**）の構成では，**加算器**が基本となる．

　また，関係演算は減算結果によって判定できる．たとえば，$(A > B)$ が成立か不成立かは，$(A-B)$ の演算結果の正負を判定すればよい．したがって，関係演算用ハードウェア機構すなわち**関係演算器**も，加算器に正負やゼロの判定機構を付加することによって，構成できる．

　下位ビットからの**桁上げ**を当該ビットへの入力とする 2 進数 1 桁（1 ビット）の加算器を**全加算器**という．全加算器は，表 4.1 に真理値表（3.2.1 項で詳述），図 4.23 にブロック図をそれぞれ示すように，i) X と Y をそれぞれ当該 1 ビットの被演算数すなわち被加数と加数（入力），CI を下位ビットからの当該ビットへの 1 ビット桁上げ（入力），さらには，S を当該 1 ビットの演算結果すなわち和（出力），CO を当該ビットからの上位ビットへの 1 ビット桁上げ（出力）として；ii) $X + Y + CI \rightarrow$

▶ 〔注意〕
　これらの要件（※）を満たすと，演算時間は，当該コンピュータの命令実行サイクルを構成する各ステージに費やす時間（「ステージ時間」という，どのステージも同一である）を単位にできる．たとえば，「単純な機能の演算（例：整数演算，加減算など）の実行ステージは 1 ステージ時間，複雑な機能の演算（例：実数演算，乗除算など）の実行ステージは 2 以上のステージ時間とする」などである．

表 4.1 全加算器の真理値表

入力			出力		和[†] (10進数)
X	Y	CI	CO	S	
0	0	0	0	0	0
0	0	1	0	1	1
0	1	0	0	1	1
0	1	1	1	0	2
1	0	0	0	1	1
1	0	1	1	0	2
1	1	0	1	0	2
1	1	1	1	1	3

([†]10進数で示す和は参考)

S（1ビット和），CO（上位ビットへの1ビット桁上げ）を行う；3入力2出力組み合わせ論理回路である．

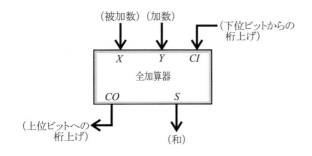

図 4.23 全加算器（ブロック図）

　全加算器は加算器の基本回路である．たとえば，図4.24のように，32個（$FA_0, FA_1, \cdots, FA_{31}$）の全加算器を，それぞれ下位ビットからの桁上げ出力を当該ビットへの桁上げ入力として，直列に接続すれば「32ビット加算器」（$X_i + Y_i \to S_i$ $(i = 0, 1, \cdots 31)$，桁上げ入力：CI，桁上げ出力：CO）が構成できる．図4.24の加算器（点線囲いの部分，**桁上げ伝播加算器**という）では，最下位ビットの桁上げ CO_0 が32個の全加算器を最上位ビットからの桁上げ CO_{31} まで，次々に伝播することによって累積する桁上げ伝播遅延が加算時間を決める．この桁上げ伝播遅延の存在は，前の［2］（140ページ）で示した「演算器に対する要件」（※）を満たさない．したがって，実際のコンピュータでは，桁上げ伝播加算器は採用されていない．

　現代のコンピュータは，アーキテクチャ上で工夫することによって，この「演算器に対する要件」（※）を満たす次のような加算器を装備している．

(a) **桁上げ先見加算器**：各ビットの加算は全加算器で行うが，桁上げは

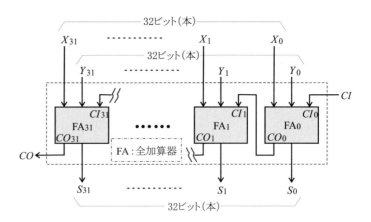

図 4.24 桁上げ伝播加算器（32 ビット）

下位から上位へ伝播させずに,「桁上げ先見回路」という別途備える論理回路によって,被加数と加数のみから各ビットまた全ビットの桁上げを同時に計算する．各ビットの桁上げの計算は,他のビットの桁上げの影響を受けないビット独立演算である．また,どのビットの桁上げもほぼ同じ時間で生成できる．

(b) **桁上げ保存加算器**：多項加算は 2 項加算ごとの部分加算をくり返せばできる．この 2 項加算のくり返しにおいて, 2 項加算ごとの各ビットの桁上げを一時的に保持して,それを次の 2 項加算で加え合わせる多項加算器である． 3 入力 2 出力の 1 ビット全加算器を演算長と加算のくり返し分だけ並べて構成する．各 2 項加算における桁上げ伝播は発生しない．

[4] **負数の 2 進数表現 ── 補数表現**

加算器への入力となる演算データとして**負数**を扱えれば,その加算器は加減算器となる．整数を例にとって,コンピュータ内部における負数の 2 進数表現方式について考えてみよう．負整数を 2 進数表現するときに考慮しなければならない事項は次の 2 点である．

- "−" 符号も "0" か "1" で表す．
- 正整数の加算器によって負整数の加算すなわち減算もできる．

この 2 点を満足できる負整数の 2 進数表現方式として,次の 2 通りがある． 2 進数表現の m ビットの正整数 N について,それを符号反転した負整数を 2 進数表現してみよう．

(A) **1 の補数** $\overline{N}$：ある正整数 N の m 個の各ビットを反転（"0"⇔"1"）して得る．実は,このビット反転操作は, N および $\overline{N}$ を 10 進正整数（例題 4.2 の解の [⋯] 内）と見なして,次の式 4.1 の計算を行っていることになる．

$$\overline{N} = 2^m - 1 - N \tag{4.1}$$

(B) 2の補数 $\overline{\overline{N}}$：ある正整数 N の m 個の各ビットを反転（"0"⇔"1"）して得る (A) の 1 の補数に "+1" を加算することによって補正する．この操作は，N, $\overline{N}$, $\overline{\overline{N}}$ を 10 進正整数（例題 4.2 の解の [⋯] 内）と見なして，次の式 4.2 の計算を行っていることになる．

$$\overline{\overline{N}} = 2^m - N = \overline{N} + 1 \tag{4.2}$$

▶〔注意〕
　本文中での数表現では，$(\cdots)_{10}$ が 10 進数，$(\cdots)_2$ が 2 進数である．（28 ページの注意の再掲）

───── 例　題 ─────

4.2 符号ビット（ここでは最上位ビットとする）も含めて 4 ビットの 2 進正整数 $N = (0111)_2$ を符号反転した負整数を，(1) 1 の補数；(2) 2 の補数；でそれぞれ表しなさい．

（解）　(1)　$N = (0111)_2 [= (+7)_{10}] \Rightarrow \overline{N} = (\underline{1000})_2 [= (+8)_{10}]$
　　　　　　$\left(\overline{N} = 2^4 - 1 - N = 16 - 1 - 7 = 8 \right)$
　　　　(2)　$N = (0111)_2 [= (+7)_{10}] \Rightarrow \overline{\overline{N}} = (\underline{1001})_2 [= (+9)_{10}]$
　　　　　　$\left(\overline{\overline{N}} = 2^4 - N = 16 - 7 = 9 (= \overline{N} + 1) = 8 + 1 \right)$

(A) と (B) のどちらの補数表現においても，例に示したように，「最上位ビットは符号ビット（"0" ならば "+"，"1" ならば "−"）」と見なせる．また，それだけではなく，**符号ビット**も，下位ビット（列）とまったく同様に，**数値**を表すビットとして扱える．

> ● **補数**表現では，最上位ビットは「符号」を表すビット（"0"：正数，"1"：負数）であるが，その符号（ビット）を下位の数値ビット列と区別して取り扱う必要がなく，下位ビット列に連接する数値ビットとして自然に，演算に使用できる．すなわち，補数表現では，ビット列全体が 1 個の正または負の**数値**である．

符号反転を行う演算器を**補数器**という．補数器においては，補数表現方式にしたがって，式 4.1 および式 4.2 で示した演算を 2 進数表現で行う．

───── 例　題 ─────

4.3 "−7" をそれぞれ 4 ビットの (1) 1 の補数；(2) 2 の補数；によって 2 進数表現し，減算 (3 − 7) を「"−7" の加算」によって計算する過程を数式で示しなさい．

（解）　$3 - 7 = 3 + (-7) = -4$　（参考：10 進数表現による計算）
　　　　$(+3)_{10} = (0011)_2$　$(+7)_{10} = (0111)_2$　$(+4)_{10} = (0100)_2$

(1) $(-7)_{10} = (\overline{0111})_2 = (1000)_2$　　　　　（例題 4.2 (1) の解）
　　$(+3)_{10} + (-7)_{10} = (0011)_2 + (1000)_2$
　　　　　　　　　　　　$= (1011)_2 = (\overline{0100})_2 = (-4)_{10}$
(2) $(-7)_{10} = (\overline{\overline{0111}})_2 = (1001)_2$　　　　（例題 4.2 (2) の解）
　　$(+3)_{10} + (-7)_{10} = (0011)_2 + (1001)_2$
　　　　　　　　　　　　$= (1100)_2 = (\overline{\overline{0100}})_2 = (-4)_{10}$

---

[5] 補数による加算

$(A - B)$ を行う減算器は，i) 補数器によって減数 B の補数をとる，すなわち負数 $(-B)$ にする；ii) i) で得た B の補数と被減数 A との加算を行う；という2つの機構で構成できる．ただし，1の補数を使う場合と2の補数を使う場合との加算手順は，それぞれ次に示すように，オーバフロー（132ページの注釈を参照）の扱いや最上位ビットからの桁上げによる結果の補正の必要性の2点で違いがある．

(A) **1の補数による加算手順**：

1. 符号ビットも含めて，すなわち，負数の場合は1の補数にしてから，被加数と加数を加算する．
2. 1.の結果，最上位ビットからの桁上げ（「エンドキャリ」(end carry) という）があれば，1.の加算結果にそのエンドキャリ "1" を加え（**補正**という），桁上げそのものは無視する．エンドキャリがなければ，加算結果の補正は不要である．この補正で用いる最上位ビットからのエンドキャリを**循環桁上げ**，「エンドアラウンドキャリ」(end-around carry) という．
3. 残った結果が符号を含めた加算結果すなわち和である．和が負数（符号ビットが "1"）の場合は，1の補数表現で示されている．

(B) **2の補数による加算手順**（図 4.25 を併照）：

1. 符号ビットも含めて，すなわち，負数の場合は2の補数にしてから，被加数と加数を加算する．
2. 最上位ビットからの桁上げすなわちエンドキャリは**無視**する．
3. 残った結果が符号を含めた演算結果すなわち和である．和が負数（符号ビットが "1"）の場合は，2の補数表現で示されている．

(B) の2の補数による加算では，ハードウェア機構の規模の点で，「補正の有無のチェックおよび補正（+1加算である）のための機構が不要」という長所が「(2の) 補数器には補正（+1加算である）のための加算器が余分に必要」という短所を隠ぺいできる．したがって，現代のコンピュータでは，負数の加算すなわち減算は (B) の2の補数表現で行うのが一般的で

ある．

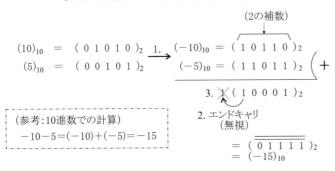

図 4.25　2 の補数による加算

- 負数を**補数**表現すれば，加算器だけで加減算を行うことができる．すなわち，補数を扱える，あるいは補数器を備える加算器は**加減算器**である．

---

[6] 乗算器と除算器

　前の [3] にまとめたように，**乗算**も**除算**も加算あるいは減算をくり返すことによってできる．しかし，「くり返す」ということは「時間がかかる」ことでもある．ハードウェア機構として加算器しか装備していなければ，たとえば，乗算を行うためには，この加算器による演算を何回もくり返すハードウェア機構を用意する必要がある．また，この機構では，$(A \times B)$ の演算に要する時間はくり返し数 B に依存することになる．くり返し加算による乗算では，大きな数を乗数 B にすれば小さな数を乗数 B にするよりも当然時間はかかる．乗除算は四則演算を構成する基本演算でもあるので，これらの事象は，[2]（140 ページ）で示した「演算器に対する要件」（※）に反する．

　したがって，現代のコンピュータでは，加算器をくり返して使うのではなく，乗除算を専門に行う乗算器と除算器をハードウェア機構として装備している．乗算と除算とは計算の仕組みが根本的に異なるので，**乗算器**と**除算器**とは別々に装備する．

　乗算器のハードウェア構成における「演算器に対する要件」（※）を満たすためのアーキテクチャ上の工夫として，(1) ブース (Booth) 法：2 の補数表現の負数を被演算数として直接扱う；(2) 配列型乗算器（「並列乗算器」ともいう）：「n ビットの被演算数どうしの乗算で同時にできる n 個の n ビット部分積」の総和を 2 次元配列†状に並べた全加算器（前の [3] を

▶ †配列
　同じデータ型 (4.1.2 項 [10] を参照) の要素で構成する 1 次元あるいは多次元（ここでは，2 次元）の並びである．その全体のデータ型を「配列型」という．

参照）で同時に求める；(3) ウォリス (Wallace) 木：(2) での「n 個の部分積の総和」を木‡状に並べた桁上げ保存加算器（前の [3] を参照）で求める；(4) 基本乗算の積を「九九」のような早見表（もちろん，2 進数表現である）にして持ち，その表を引くことによって部分積を求め，それらの部分積を桁上げ保存加算器（前の [3] を参照）によって合計（加算）する；などがある．

「加算のくり返し」である乗算に対して，除算は「減算のくり返し」である．したがって，除算の基本手順は，「i) 算術シフト演算（n ビット右シフトは $\div 2^n$ の除算，4.1.3 項 [2] を参照）；ii) 大小比較；iii) 減算；のくり返し」となる．この手順のうち，ii) の大小比較は「減算結果による正負あるいはゼロ判定」すなわち減算であるので，iii) の減算と併せて行える．このように，大小比較と減算を演算手順および演算器として共用する**除算法**に，(1) 引き戻し法（「回復型除算法」ともいう）；(2) 引き放し法（「非回復型除算法」ともいう）；がある．引き戻し法と引き放し法との相違は「余分に行った減算をなかったことにする（「回復」という）タイミング」である．このほかに，「演算器に対する要件」（※）を満たすためのアーキテクチャ上の工夫をした**除算器**として，(3) 乗算収束型除算法：「乗算の方が除算より速い」という性質を利用して，乗算による近似計算によって除算の商のみを計算する；(4) 複数ビットの部分商を同時生成する；などがある．

[7] 浮動小数点演算器

演算器で**実数**の計算を行うためには，まず，コンピュータ内部における実数表現法を決めておかねばならない．

数学的に，有限ビットの実数 R は次の式で 2 進数表現できる．

$$R = m \times 2^e \tag{4.3}$$

この式 4.3 で，m は**仮数**あるいは「仮数部」，e は**指数**あるいは「指数部」という．コンピュータ内部では，m も e もどちらも 2 進整数であり，それらが負数であれば，前の [4] で示した補数表現で表す．このとき，m の符号は R の符号である．

仮数 m は「有効数字」とも言える．また，指数 e は m に対して小数点の位置決めをしている．言い換えれば，「m を整数にするように整数 e によって調整する」あるいは「実数 R を 2 つの整数 m と e とによって表現する」わけである．この実数の 2 進数表現法を**浮動小数点数表現**という．浮動小数点数表現がコンピュータ内部での実数の表現方法である．

───── 例 題 ─────
4.4　2 進実数の $(10100)_2$，$(11.011)_2$，$(0.1111)_2$ を浮動小数点数表現しな

▶ ‡木
関連するデータ要素を相互に線（枝，辺）で連結（リンク (link) という）した構造全体をいう．

▶ 〔注意〕
一般的に，乗算の方が除算より約 3〜5 倍速い．

さい．

(**解**) $(10100)_2 = (101)_2 \times 2^{(10)_2}$
$(11.011)_2 = (11011)_2 \times 2^{(-11)_2}$
$(0.1111)_2 = (1111)_2 \times 2^{(-100)_2}$

実数を決められた長さ（たとえば，64ビット）で**浮動小数点数表現**してみよう．図4.26で示す例のように，仮数部と指数部を割り振る（図の例では，仮数部：56ビット，指数部：8ビット）必要がある．このように，浮動小数点数表現の仮数部と指数部の長さは，「その演算機構はハードウェア機構で実現する」という理由で，整数表現と同じく，アーキテクチャ設計時に，それぞれある決まった長さに固定する．

▶〔注意〕
例題4.4の解では，仮数と指数を2進数で表している．また，それらの負数は「絶対値に符号 "−" を付ける表現」（私たちが普通に行う数表現で「符号−絶対値表現」という）で表しているが，実際には，特にコンピュータ内部では，負の仮数や指数は補数表現である．

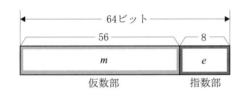

図 4.26 浮動小数点数表現（例）

コンピュータ内部での実数表現である浮動小数点数に対する演算機構（**浮動小数点数演算器**である）としては，指数部に対する演算器と仮数部に対する演算器とを別々に用意すればよい．たとえば，浮動小数点数 $R_1 = m_1 \times 2^{e_1}$，$R_2 = m_2 \times 2^{e_2}$ における乗算 ($R_1 \times R_2$) 器としては，次の式4.4にしたがって，i) 仮数部の乗算 ($m_1 \times m_2$) 器；ii) 指数部の加算 ($e_1 + e_2$) 器；iii) 演算結果の仮数部を有効ビットだけで表すように，指数部によって調整する（**正規化**という，次の例題4.6参照）ハードウェア機構；のそれぞれを組み合わせて浮動小数点数演算器を構成する．

$$R_1 \times R_2 = \underline{(m_1 \times m_2)} \times 2^{\underline{(e_1 + e_2)}} \tag{4.4}$$

—— 例 題 ——

4.5 $(3.5)_{10} \times (0.5)_{10} = (1.75)_{10}$ について，浮動小数点数表現2進数での乗算過程を数式で示しなさい．

(**解**) $(3.5)_{10} = (11.1)_2 \quad (0.5)_{10} = (0.1)_2$
$(11.1)_2 \times (0.1)_2$
$= ((111)_2 \times (1)_2) \times 2^{(-1-1)} = (111)_2 \times 2^{-2} = \underline{(1.11)_2}$
$(1.11)_2 = (1.75)_{10}$

―― 例 題 ――

4.6 浮動小数点数の $(1100)_2 \times 2^{-1}$ と $(1.0101)_2$ について，仮数を「最下位ビットが "1" の整数」で表すように，正規化しなさい．

（解） $(११\underline{००})_2 \times 2^{-1} = (11)_2 \times 2^{(-1+2)} = (11)_2 \times 2^1$

$(1.\underline{0}101)_2 = (10101)_2 \times 2^{-4}$

▶ 〔注意〕
　この例題 4.5 と 4.6 の解では，途中解も含めて，仮数だけ 2 進数表現で，指数は 10 進数表現で表す．

[8] 論理演算器とシフト演算器

　算術演算とは違い，**論理演算**はビット独立の，すなわち 1 個の論理値であるビットごとの演算そのものであり，コンピュータによる論理演算器は算術演算器と比べるとずっと簡単に実現できる．また，論理値や 2 進数すなわち "0" と "1" はハードウェアの言葉であり，否定 (NOT)，論理積 (AND)，論理和 (OR) の 3 種類の論理演算はそれぞれ 1 個の**論理素子**（3.3.1 項 [1] で詳述）というハードウェアの基本単位によって直接実現できる．たとえば，16 ビットの論理積 (AND) を求める論理演算器は独立した AND 素子を 16 個置くだけでよい．

　シフト演算操作は上下位のビットを隣り合うビットに移動する操作であり，**論理回路**（論理素子を組み合わせて作ったハードウェア機構，3 章で詳述）によって簡単に実現できる．

[9] 演算機構のアーキテクチャ

　これまでの説明をまとめると，現代のコンピュータにおいて，**演算機構**というハードウェア機構として装備するのが一般的な演算器としては，(1) 補数器；(2) 整数の加算器；(3) 整数の乗算器；(4) 整数の除算器；(5) 浮動小数点数の加算器；(6) 浮動小数点数の乗算器；(7) 浮動小数点数の除算器；(8) 論理演算器；(9) シフト演算器；(10) 2 進数 ⇒ 10 進数変換機構；(11) 10 進数 ⇒ 2 進数変換機構；などである．

　マシン命令をデコードして得られる命令コードが，ソースオペランドによって取り出した演算対象データを (1)～(11) のうちの適切な演算器，あるいは，その組み合わせに分配し，演算の実行を指示する．これらを担当する演算器は算術演算か論理演算を行うことになるので，「演算器」を **ALU** (Arithmetic and Logic Unit; 算術論理演算器) ともいう．

　このほかにも，たとえば，平方根，立方根，べき乗，初等関数（例：三角関数，指数関数，対数関数など），積和演算などに対しては，専用の演算器を装備するか，装備されている演算器をくり返し使うことによって実現すればよい．「演算器をくり返し使う」は「それぞれを実行するマシン命令のくり返しをプログラムとして，すなわちソフトウェアによって実現する」

を意味する．現代のコンピュータでは，ハードウェア規模はICチップの
サイズなどによる制約によって左右されるので，アーキテクチャ設計時に，
ハードウェア機構として装備すべき演算器種類をあらかじめ決めておく．
そして，それら演算器で実現する演算をマシン命令として基本命令セット
に用意し，それ以外の高機能演算はソフトウェア（プログラム）によって
実現する．

また，演算データの一時的な格納に用いられるレジスタも，演算器と同
じ理由で，整数用レジスタと浮動小数点数用レジスタとを別々に装備する
のが普通である．

4.2.4　メモリアーキテクチャ　《メモリ機能はメインメモリを中心に実現する》

プロセッサのほかに，現代のコンピュータの主要なハードウェア装置と
して**メモリ**がある．プロセッサと対になって内部装置を構成する**メインメ
モリ** (main memory) を代表とするメモリは，コンピュータ動作に必要な
マシン命令やデータを格納しておいたり，必要に応じてそれらをプロセッ
サに供給する役割を主として担っている．本項では，メモリにおけるハー
ドウェアとソフトウェアの機能分担方式すなわち**メモリアーキテクチャ**に
ついて述べる．

[1] メインメモリ

いろいろなメモリのうち，特に，プロセッサと対になってコンピュータ
の内部装置としての機能を実現するメモリを「主要なメモリ」という意味
で**メインメモリ**という．また，メインメモリは，内部装置内でプロセッサ
と対になるメモリであるので，「内部メモリ」とも呼ばれる．

コンピュータの内部装置を構成する2大ハードウェア装置であるプロセッ
サとメインメモリとは，2.1.2や2.2.2項で述べたように，明確に機能分担
している．コンピュータの内部装置におけるプロセッサ−メインメモリ対に
よる機能分担は，コンピュータの原理である「プロセッサにおける情報処
理のために必要なプログラム（実際には，マシン命令とデータ）を，でき
る限り，あらかじめメインメモリに用意しておく」すなわち**プログラム内
蔵**の実装である．

プログラム内蔵というコンピュータの原理における「できる限り」の意
味は，「マシン命令やデータによっては，実行中（**動的**である）にユーザが
プロセッサに送り込む必要があるものも一部存在する」からである．たと
えば，**コマンド**（command; 指令）は，ユーザがコンピュータに入力装置
（4.3.2項 [3] で詳述）を介して動的に与える命令である．

したがって，ユーザが動的に与えるコマンド（命令）やデータ以外（のプログラム）は「実行前に（**静的**である）あらかじめ用意しておく，あるいは用意できる情報」と言える．

プログラム内蔵方式をとる現代のコンピュータの内部装置すなわちプロセッサ–メインメモリ対において，**メインメモリ**は，(a) マシン命令とデータの一時的**格納**あるいは保持；(b) プロセッサへのマシン命令とデータの供給，すなわちプロセッサによる**アクセス**（読み出しと書き込み）；の2つの機能を備えているハードウェア装置である．

(a) と (b) の両機能を実現するためにメインメモリが備えるべき要件は次の2点である．

- ランダムアクセス (random access)：アドレス指定だけで任意の格納場所を一意に識別して，一定時間でそこにアクセスできる．この性質を備えたメモリをランダムアクセスメモリ (Random Access Memory; RAM) という．
- 線形アドレス：アドレスを "1" ずつ増加するだけで，並び順のアドレスに順番にアクセスできる．言い換えると，1次元アドレスによって格納場所やアクセス先を指定できる．

- ランダムアクセス性と**線形アドレス**性は，現代のコンピュータのメインメモリが備えるべき必須の要件である．

主要なメモリであるメインメモリの要件としての**ランダムアクセス**性と**線形アドレス**性は，ほとんどのメモリすなわちメモリ一般にも適用できる．したがって，「プログラムが備えるアクセスパターンによって，ランダムアクセス性と線形アドレス性を使い分ける，さらには使いこなせる」ことが，一般的なメモリアーキテクチャの設計における重要な要件となる．

[2] メインメモリへのアクセス

前の [1] で述べたメインメモリが要件として備える性質としてのランダムアクセス性と線形アドレス性のもとで，メインメモリ内の各格納場所は**アドレス**によって互いに紛れなく識別できる．したがって，プロセッサによるメインメモリへのアクセス（読み出しと書き込み）の際には，アドレスの指定および「読み出しか書き込みか，どちらのアクセスか」の指示が必要となる．これらのために，i) メインメモリアドレス；ii) アクセスするマシン命令やデータ；のそれぞれを一時的に（アクセスする間）保持するハードウェア機構をプロセッサ側に備える．i) のためのハードウェア機構を**メモリアドレスレジスタ** (Memory Address Register; MAR)，ii) のためのハードウェア機構を**メモリデータレジスタ** (Memory Data Register; MDR) と

いう．これらは，プロセッサ内に実装する専用レジスタである．

図4.27に示すように，プロセッサ内にあって MAR および MDR を備えるメインメモリ管理機構（MMU (Memory Management Unit) という）が内部バスを経由するメインメモリアクセスを管理制御する．

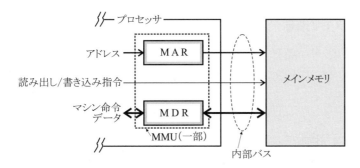

図 4.27　プロセッサによるメインメモリへのアクセス

プロセッサの MMU（図4.27では一部）が MAR と MDR を使って行うメインメモリへのアクセス操作は次のようになる．
(A)　**読み出し**（リード (read)）
　1．MAR に読み出し対象とする命令またはデータが格納してあるアドレスを設定する．
　2．メインメモリに読み出し指令を送る．
　3．読み出し対象の命令またはデータを，メインメモリから読み出して，内部バスを経由して MDR に置く．
(B)　**書き込み**（ライト (write)）
　1．MAR に書き込み対象とするデータを格納するアドレスを設定する．
　2．メインメモリに書き込み指令を送る．
　3．MDR にあらかじめ置いた書き込み対象のデータを，内部バスを経由して，メインメモリへ書き込む．

▶〔注意〕
　メインメモリに格納するマシン命令とデータのうち，マシン命令はプロセッサによる読み出し専用（「リードオンリ」(read only) という）である．したがって，プロセッサによるメインメモリへのアクセスでは，(A) の読み出しはマシン命令とデータの両方が対象となるが，(B) の書き込みの対象はデータのみである．

[3]　メモリの機能

現代のコンピュータは，メインメモリ以外にも，いろいろなメモリ（次の [4] で詳述）をハードウェア装置として装備している．**メインメモリ**は，これらのメモリを代表する主要なメモリである．その意味で，メインメモリが備える「命令とデータの (a) 格納；(b) プロセッサによる読み出しと書き込み」の2つの機能は，ハードウェア装置としての**メモリ**全般が備えている．

> - メモリは，(a) 情報の**格納**；(b) 情報の読み出しと書き込み，すなわち情報への**アクセス**；の2つの機能を備えているハードウェア装置である．

[4] メモリ階層

　プロセッサは情報を処理するハードウェア装置であるから，その性能は「どれくらいの速さで情報処理できるか」すなわち処理速度という指標によって示せる．ここでは，内部装置としてプロセッサと対になるメインメモリを中心とするコンピュータ内にある**メモリの性能**について考えてみよう．
　メモリの**機能**は，前の [3] で述べたように，(a) 情報の格納；(b) 情報へのアクセス；の2つである．この2つの機能それぞれの優劣あるいは高低を測る指標は，次のように相異なる．
- **格納**機能に対しては「どれくらいの量が格納できるか」という指標で測るのが適切で，この指標を**容量**という．
- **アクセス**機能に対しては「どれくらいの時間あるいは速さでアクセスできるか」という指標で測るのが適切で，この指標を**アクセス時間**あるいは**アクセス速度**という．

したがって，メモリの機能や性能は**容量**と**アクセス時間**の相異なる指標によって測ることができる．容量については大きい方が，アクセス時間については短い（アクセス速度なら速い）方が，それぞれ性能が良い．
　メモリの最小単位は1ビットであり，これを実現するハードウェア機構を**メモリ素子**という．メモリ素子は，i) 半導体；ii) 磁性体；などによって，論理値（"0" か "1"）を実現する．i) の半導体上にメモリ素子を集積して構成するメモリを **ICメモリ**という．現代のコンピュータの内部装置に実装する**メインメモリ**は IC メモリである．
　メモリの容量は「単位面積あたりのメモリ素子の集積度」でも示せる．一方，メモリのアクセス時間は「アクセス要求を発してから各メモリ素子の読み出し動作あるいは書き込み動作の完了までの時間」で示せる．
　ところが，実際のメモリ性能としての**容量**と**アクセス時間**とは両立しない．したがって，容量とアクセス時間の2つの指標によって測った性能のどちらもが高いあるいは良いメモリは，実在しない．
　結果として，他のメモリに比べて相対的に容量が大きいすなわち優れたメモリは，他のメモリに比べて相対的にアクセス時間が長いすなわち劣る．逆に，他のメモリに比べて相対的にアクセス時間が短いすなわち優れたメモリは，他のメモリに比べて相対的に容量が小さいすなわち劣る．たとえば，容量を大きくするために磁性体をメモリ素子として用いると，電気的

▶ 〔注意〕
　メインメモリと比べて一般のメモリでは，(a) の機能として格納する情報が「命令とデータ」とは限らないので，一般的な「情報」としている．また，(b) の機能としてアクセスするハードウェア装置が「プロセッサ」とは限らないので削除し，かつ，アクセスする情報が「データ」とは限らないので，一般的な「情報」としている．

▶ 〔注意〕
　「アクセス時間」と「アクセス速度」は，どちらもアクセス機能を測る指標で，互いに逆数の関係にある．「アクセス時間」の優劣を形容する日本語は「短い⇔長い」である．一方，「アクセス速度」の優劣を形容する日本語は「速い⇔遅い」である．
　以降では，ほとんどの場合，「アクセス時間」を用いる．

▶ 〔注意〕
　(a) メモリ素子を何にするか；(b) メモリ素子をどのように実装あるいは構成するか；などが，「容量」と「アクセス時間」の両方を左右する．特に，(a) のメモリ素子が，「容量」と「アクセス時間」の両方のメモリ性能をほとんど決める．

動作だけで済む半導体を用いる場合に比べると，機械的に動作する部品を使う分，格段にアクセス時間が長くなる．一方，半導体をメモリ素子とする IC メモリにおいても，アクセス時間をより短くする機構を付加すると，その分だけ集積度が低下して容量も小さくなる．

容量が最も大きいメモリ，あるいは，アクセス時間が最も短いメモリは実在するが，「容量とアクセス時間の両方が最高」というメモリは現存しない．

容量もアクセス時間も優れたメモリがあれば，コンピュータのメモリはすべてそれによって置き換えられるであろう．しかし，容量とアクセス時間とが両立しない現況では，容量とアクセス時間の 2 種類の指標によって性能を規定するいろいろなメモリを，目的によって使い分ける，すなわち適材適所を図ることが必要となる．

- たくさんの情報を格納する必要があるメモリには，多少アクセス時間が長くても大容量で実装できるものが望ましい．
- 情報に素早くアクセスする必要があるメモリには，小容量しか実装できなくてもアクセス時間が短いものが望ましい．

---メモリ階層---

優劣が相反する 2 つの指標の**容量**と**アクセス時間**とによって性能を規定するメモリ機能，および，それを実現するメモリの種類を**メモリ階層**（図 4.28 を参照）という．

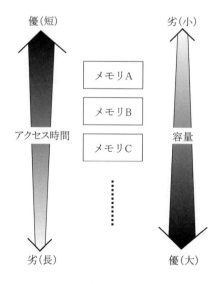

図 4.28　メモリ階層

たとえば，容量が優れたメモリ階層はアクセス時間で劣り，反対に，アクセス時間が優れたメモリ階層は容量で劣る．単に「性能が優れている」メモリ階層や「容量とアクセス時間の両方ともに優れている」メモリ階層は存在しない．

メモリ階層は，メモリアーキテクチャ設計時での，**メモリ**というハードウェア装置の選定において，「目標とするメモリ性能すなわち容量とアクセス時間を発揮できるメモリ種類を決める」ための指標となる．言い換えると，「あるメモリ種類はあるメモリ階層に属し，そのメモリ階層は一定の容量性能およびアクセス時間性能を規定する」と言える．

メモリ階層を決める性能指標は単一ではなく2つであるので，メモリアーキテクチャの設計でメモリ階層を選択する際には，「容量とアクセス時間の性能指標のそれぞれをどのように選定するか」が重要となる．

[5] 主要なメモリ階層

現代のコンピュータのメモリアーキテクチャを支えている主要な**メモリ階層**を列挙しておこう．図4.29に示した「主要なメモリ階層間の関係」については，それぞれのメモリ階層を規定する性能指標である**容量**と**アクセス時間**の数値例を添えてある．

▶〔注意〕
　もちろん，「容量とアクセス時間の両方ともに劣っている」メモリ階層も実在しない．メモリとして機能しないからである．

▶〔注意〕
　図4.29における容量とアクセス時間の数値例は，一般的なユーザに身近なパソコンなどの例である．現代のコンピュータは多種多様であり，これらの数値も幅広く分布し，また，コンピュータの進化とともに伸長する．ここでの数値例は，ある時点での絶対値ではなく，あくまでも相対的な参考値である．

▶〔注意〕
　n（nano-；$\times 10^{-9}$，ナノ），G（Giga-；$\times 10^9$，ギガ）は単位の接頭語である．（どちらも再掲）

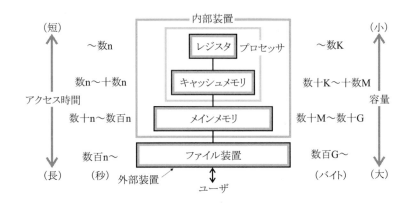

図 4.29　主要なメモリ階層

(A) **メインメモリ**：容量とアクセス時間のどちらの指標でもバランスのとれた性能を示す中心的なメモリ階層である．
　(1) プロセッサと対になる主要な**内部装置**であり，「内部メモリ」あるいは「1次メモリ」ともいう．
　(2) プロセッサで実行中の命令や使用中のデータをその間保持する．
　(3) プロセッサが直接アクセスできるので，(B)のファイル装置と相対的に比較すると，格納機能よりも**アクセス**機能を重視する，すなわち小容量でも**高速性**を必要とする場合に用いる．

(4) 現代の代表的なメインメモリは DRAM[†]（Dynamic Random Access Memory; RAM については [1] を参照）という IC メモリで実装するのが一般的である．

(B) **ファイル装置**：容量の指標で (A) のメインメモリよりも優れ，アクセス時間の指標でメインメモリよりも劣るメモリ階層である．(4.3.3 項で外部装置として詳述)

 (1) ユーザが直接に操作（例：生成，消去，併合，分割，編集）する**ファイル**を格納しておく**外部装置**としてのメモリであり，「補助メモリ」，「外部メモリ」あるいは「2 次メモリ」ともいう．

 (2) 主として，プロセッサが使用中でない命令やデータを格納しておく．

 (3) プロセッサから見ると**外部装置**あるいは周辺装置という位置付けであり，プロセッサからはメインメモリをいったん経由する間接アクセスとなる．

 (4) メインメモリと相対的に比較すると，アクセス機能よりも**格納機能**を重視する，すなわち低速でも**大容量**を必要とする場合に用いる．

 (5) 現代の代表的なファイル装置は**ハードディスクドライブ**や**フラッシュメモリ**である．(4.3.3 項 [3] で詳述)

(C) **レジスタ**：ここで列挙する (A)〜(D) のメモリ階層のうちで，**アクセス時間**の指標で最も優れ，容量の指標で最も劣るメモリ階層である．(4.1.2 項 [3] で既述)

 (1) プロセッサ内に実装し，データバス (4.2.3 項 [2] を参照) によって演算機構と直結する．

 (2) 演算途中の**データ**だけを格納する専用メモリである．

 (3) データを処理する演算機構の最も近くに置くので，プロセッサさらには演算機構の動作速度とほぼ同じ**アクセス時間**を実現できる．

 (4) 格納機能を無視しても，メモリ階層の中で**最高速**の**アクセス機能**を追求する場合に用いる．

 (5) 演算機構に近接して，論理回路として実装する．

(D) **キャッシュメモリ** (cache memory)：アクセス時間の指標で (A) のメインメモリよりも優れ，容量の指標でメインメモリよりも劣るメモリ階層である．(後の [11]〜[14] で詳述)

 (1) 命令用とデータ用に独立したキャッシュメモリとして，プロセッサ内に実装する．

 (2) (C) のレジスタよりは，容量で優り，アクセス時間で劣る．

▶[†] DRAM
　キャパシタ（capacitor; コンデンサ (condenser)）に電荷を蓄えることによって，情報を記憶する IC メモリである．電気の供給をやめると，記憶している情報が消える「揮発性メモリ」である．また，時間経過によって失われる電荷をダイナミック（動的）に更新する記憶保持動作（リフレッシュ (refresh) という）を必要とする．

(3) メインメモリよりも格納する時間が短くてよい命令やデータ，すなわち，実行中の命令や使用中のデータのうち，頻繁に使う一部分だけを一時的に保持する（「キャッシュする」という）．

(4) メインメモリと相対的に比較すると，格納機能よりも**アクセス機能**を重視する，すなわち小容量でも**高速性**を必要とする場合に用いる．

(5) 現代の代表的なキャッシュメモリは，メインメモリに使用するDRAMよりも集積度が低く容量性能では劣るが高速動作するようなICメモリで実装する．

▶〔注意〕
一般に，「あるメモリ（階層）の一部を，アクセス速度性能でそれよりも相対的に優れる別のメモリ（階層）にコピーする，あるいはコピーしておく」ことも「キャッシュする」という．

ハードウェア装置としてのメモリの性能である**容量**と**アクセス時間**は，メモリ素子の選択によって，ほとんど決まる．したがって，メモリ素子を選定すれば，それらで構成する**メモリ階層**もほぼ設定したことになる．

メモリ階層それぞれの実装あるいは設置場所による位置関係は，図 4.29 と次に示すように，メモリ階層を決める容量とアクセス時間という 2 つの性能指標に大きく影響する．

- プロセッサ内部に実装して，プロセッサの動作速度とほぼ同じ**アクセス時間**を実現できる**レジスタ**は，プロセッサに最も近いメモリ階層と言える．
- ユーザ（人間）が多種多様で大量のファイルを直接操作して**格納**できる**ファイル装置**は，ユーザに最も近いメモリ階層と言える．

すなわち，メモリ階層は，メモリ機能を実現するハードウェア装置やハードウェア機構の実際の実装場所の相対的な位置関係をも指している．

- プロセッサとユーザとの間に，メインメモリを中心とする**メモリ階層**を順に実装する．プロセッサに最近接する**レジスタ**が最も**アクセス時間性能**で，ユーザに最近接する**ファイル装置**が最も**容量性能**で，それぞれ優れている．

[6] 参照局所性

---参照局所性---
「実行中のプログラム（実際には，マシン命令列）がアクセスあるいは参照するマシン命令やデータの格納場所すなわちアドレスは一部あるいは特定の個所に集中する」ことを**参照局所性**あるいは「**参照局所性がある**」または「**参照局所性が高い**」という．

参照局所性は「局所性を示す対象」によって，図 4.30 に概念図を示すように，次の 2 種類に分類できる．

(a) **空間的参照局所性**:「一度アクセスしたアドレスに近接する」すなわち「格納場所が近いアドレス」は近いうちにアクセスする可能性が高い.

(b) **時間的参照局所性**:「一度アクセスしたアドレスそのもの」は近いうちに,たとえば,同じプログラムの実行中に,またアクセスする可能性が高い.

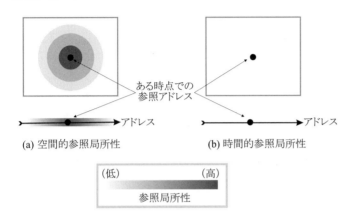

図 4.30 参照局所性（概念図）

　ほとんどのプログラムすなわちマシン命令とデータは「空間的参照局所性と時間的参照局所性とを併示する」性質を持っている.また,実行するプログラムや適用する問題ごとに参照局所性の傾向や性質は相違するのが普通である.

　現代のコンピュータはメモリ階層（前の［4］［5］を参照）を備えているので,メモリアーキテクチャの設計では,「メモリ階層の管理における**参照局所性の活用**」が要点となる.すなわち,メモリアーキテクチャとして,隣接するメモリ階層の特性を利用すれば,参照局所性が高いプログラムを,当該メモリ階層において空間的または時間的に効率良く処理できるようになり,結果として,当該メモリ階層そのものの機能を改善できる.

　メモリアーキテクチャとして,**メモリ階層**と**参照局所性**を活用する代表例が次の［7］〜［10］で詳述する**仮想メモリ**と,［11］〜［14］で詳述する**キャッシュメモリ**である.

[7] **仮想メモリ（1）── 原理**

　メインメモリには,プロセッサが実行しようとするプログラムや使用しようとするデータを格納しておく（「プログラム内蔵」である）必要がある.しかし,そのプログラムが巨大で一時にメインメモリに入らない場合もある.その場合には,とりあえずはメインメモリ以外のメモリに格納しておいて,必要時に必要なプログラムをメインメモリに持ってくる方法しかな

い．また，現代のコンピュータはいろいろな仕事を同時に行うから，メインメモリには複数のプログラムが同時に存在するのが普通である．個々のプログラムのサイズが小さくても，多数のプログラムをあらかじめメインメモリに格納しておこうとすると，やはり，メインメモリの「アクセス時間との適度なバランスを保つ容量」性能では，不足する．

　実際には，データを含むプログラムはユーザが作成するものがほとんどであり，それらは**ファイル**として**ファイル装置**に格納してある．そして，それらファイルは，使用する可能性があるときに，ファイル装置からメインメモリに転送する．それをプロセッサが必要時まさに実行時にアクセスする．すなわち，プロセッサが実行時にアクセスするプログラム（データを含む）は必ずファイル装置にファイルとしてある．その意味で，ファイル装置はメインメモリの「バックアップ（backup; 予備，控え）メモリ」でもある．言い換えると，メインメモリには，「使用する可能性の高い」すなわち「参照局所性（前の［6］で詳述）が高い」ファイルだけを置いておけばよい．

▶〔注意〕
　メインメモリが電源オフで情報が消える揮発性であるのに対して，ファイル装置は電源オフでも情報が消えない「不揮発性」である．これが「ファイル装置をメインメモリのバックアップメモリとする」大きな理由でもある．

　このように，(a) メインメモリとファイル装置の2つの隣接する**メモリ階層**；(b) プログラムが本来備えている**参照局所性**；の2点を利用して，「プロセッサから見えるメインメモリ**容量**を見かけ上大きくする」機能が**仮想メモリ方式**である．

　仮想メモリは，図 4.31 に示すように，次の2種類のメモリすなわちアドレス空間（4.1.2 項［5］を参照）をそれぞれ独立に構成し，相互に対応付ける（**マッピング** (mapping) という，後の［9］で詳述）ことによって実現する．

(A) **実メモリ**：実際のハードウェア装置である**メインメモリ**に付けてあるアドレス（**実アドレス**という，後述する (a)）で指定するアドレス空間，すなわち実際のあるいは物理的なメインメモリのアドレス空間である．容量はコンピュータごとにまちまちである．

(B) **仮想メモリ**：マシン命令中のメモリオペランド（4.1.2 項［3］を参照）をもとにして生成する実効アドレス（4.1.2 項［6］を参照，**仮想アドレス**という，後述する (b)）で指定するアドレス空間，すなわち仮想のあるいは論理的なメモリのアドレス空間である．容量は一定サイズに固定する．

　また，(A) と (B) それぞれのアドレス空間で指定するアドレスは，

(a) **実アドレス**：実装しているメインメモリの**物理的**アドレス；
(b) **仮想アドレス**：マシン命令中のオペランドから生成する実効アドレスで**論理的**アドレス；

という．

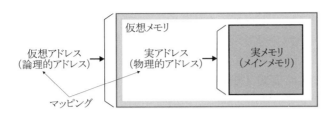

図 4.31 仮想メモリの原理

- 仮想メモリによって，マシン命令中のオペランドで指定するメモリアドレス空間を，実メモリのサイズ（容量）とは無関係に，仮想的に**拡大**し，また**一定サイズ**に固定できる．

仮想メモリを実現すれば，結果として，
- 実メモリであるメインメモリの利用効率が良くなる；
- 実メモリであるメインメモリのサイズ（容量）による，小さいあるいはまちまちであるなどの，種々の制約を事実上撤廃できる；

という実際的な効果を得られる．

[8] 仮想メモリ (2) —— 仮想メモリ機構

仮想メモリは「実メモリであるメインメモリとそのバックアップメモリでもあるファイル装置とのマッピング機能を，OSとハードウェアが分担する仮想メモリ機構によって実現するメモリアーキテクチャである．

プロセッサは，マシン命令中のオペランドによって，実メモリとは独立した**仮想メモリ**という一定サイズに固定した，また巨大なメモリのアドレス（「仮想アドレス」である）を指定できる．仮想メモリ機構は，仮想アドレス空間と実アドレス空間とのマッピングによって，ある1個の仮想アドレスから対応する1個の実アドレスを生成する．そして，プロセッサは，その実アドレスによって，実メモリであるメインメモリにアクセスする．

仮想メモリ機構では，プログラムによるメモリアクセスが示す**参照局所性**（前の [6] を参照）を活用するために，「仮想メモリと実メモリとのマッピング」は一定サイズのブロック（かたまり）で行う．マッピングは仮想メモリ機構が管理・制御する．実メモリは仮想メモリよりも格段に小さいので，ある時刻に実アドレス空間にマッピングできる仮想アドレス空間はごく一部である．このため，仮想メモリ機構は，「参照局所性が高い」ブロックを優先して，実アドレス空間にマッピングする，すなわち割り付ける．

仮想メモリにあるアクセス対象のプログラム（実際には，マシン命令やデータ）は「メインメモリのバックアップメモリ」であるファイル装置に必ず格納してある．したがって，仮想メモリ機構は，「『実メモリと仮想メモ

りとのマッピング』および『仮想メモリとその実体がバックアップしてあるファイル装置とのマッピング』を統合して管理する」ことによって,「仮想アドレス空間と実アドレス空間とのマッピング」を実現している.

図 4.32 では,**仮想メモリ機構**について,特に,実のすなわち物理的なハードウェア装置との関係を中心に,図説している.この図 4.32 にしたがって,主要なハードウェア装置ごとに,「仮想メモリ機構へのかかわり方」についてまとめると,次のようになる.

- **プロセッサ**:プログラムを**実行**する.
- **メインメモリ**:実行しているプログラムを実行中に**保持**する実メモリである.
- **ファイル装置**:プログラムをファイルとして**退避・格納**しておくバックアップメモリである.

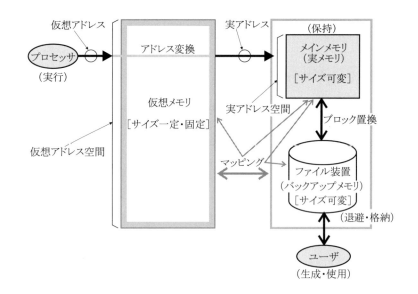

図 **4.32** 仮想メモリ機構とハードウェア装置との関係

仮想メモリ機構のうち,特に,MMU([2] を参照)の一部分であるハードウェア機構は,マシン命令(実際には,マシン命令中のオペランド)で指定する「メインメモリへのアクセス」を次の手順に変換して実行する.

1. メモリオペランドから実効アドレス(4.1.2 項 [6] を参照)として生成する**仮想アドレス**を含むブロックが「実メモリ上に(マッピングして)あるかないか」をチェックする.
2. (a) ある場合:そのマッピングにしたがって,仮想アドレスから対応する実アドレスへ変換する(**アドレス変換**という,後の [9] で詳述).

(b) ない場合（ページフォールト (page fault) という，[10] を参照）：次の手順を順次行う．
　　　(1) 実メモリ上にある不要なブロックをバックアップメモリであるファイル装置へ追い出し，代わりに，仮想アドレスで指定したアクセス対象の命令やデータを含むブロックを，バックアップメモリであるファイル装置から，実メモリ上に取ってくる（「置換」あるいは「入れ替え」である）．
　　　(2) 置換後のマッピングにしたがって，仮想アドレスから対応する実アドレスへ変換する（**アドレス変換**である）．

　(b) のページフォールトの場合に行う (1) の操作は，「実メモリとファイル装置間でのブロックの置換」であり，**ブロック置換**という．また，このブロック置換時における「不要な，すなわちファイル装置へ追い出すブロックを決定する戦略」を**ブロック置換アルゴリズム**（後の [10] で詳述）という．4.2.2 項 [6] や 5.2.2 項 [4] で述べるように，ページフォールトは代表的な割り込み要因であり，ブロック置換は「ページフォールトを要因とする割り込みすなわちページフォールト割り込みに対する OS による割り込み処理機能」である．

　仮想メモリ機構の動作について，プロセッサが仮想メモリ空間にあるマシン命令やデータにアクセスする手順に沿って，まとめておこう．
1. プロセッサは，(a) 実行しようとするマシン命令そのもの；(b) オペランドから生成する実効アドレス；のそれぞれを**仮想アドレス**によって指定する．
2. (b) のオペランドは，アドレス指定方式（4.1.2 項 [6] で詳述）にしたがい，MMU（[2] を参照）内にあるアドレス指定機構によって**実効アドレス**となる．実効アドレスは仮想アドレスである．
3. **アドレス変換**：MMU は，(1)「実効アドレス（仮想アドレスである）を含むブロックが実メモリすなわちメインメモリ上にあるかどうか」について，アドレス変換テーブルを引いて調べる；(2a) 実メモリ上にあれば，アドレス変換テーブルを引いた結果が**実アドレス**である；(2b) 実メモリ上になければ，ブロック置換をしてから，再度アドレス変換によって**実アドレス**を得る．（アドレス変換手順の詳細については，前述）

[9] 仮想メモリ (3) —— マッピング

　仮想アドレスと実アドレスのマッピングは**アドレス変換テーブル**（table; 表）（単にマッピングテーブルともいう）に記述しておく．図 4.33 に示すように，「仮想アドレス V から実アドレス R へのアドレス変換」は「仮想アドレス V によってアドレス変換テーブルを引き，その内容である実アド

レス R を得る」という一般的なテーブルの原理にしたがって行う．通常，「アドレス変換テーブルを引く」操作が「当該仮想アドレス（のマッピング）が実メモリ上にあるかないかのチェック」操作も兼ねる．

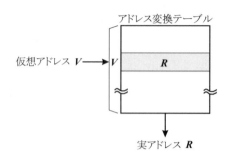

図 4.33 アドレス変換

▶†動的アドレス変換機構
メインメモリへのアクセス時に，(a) 当該仮想アドレスが実メモリ上に（マッピングして）あるかないかのチェック；(b) 仮想アドレスから実アドレスへのアドレス変換；を専用に行うハードウェア機構である．"DAT" (Dynamic Address Translator) ともいう．DAT は，通常，プロセッサ内の MMU の一部分となるハードウェア機構として装備する．

▶‡アドレス変換バッファ
アドレス変換テーブルのうち，参照頻度が高い「仮想アドレスと実アドレスとのマッピング」だけを一時的に保持する（「バッファ」(buffer) という．ここでは「キャッシュする」と同義である，156 ページの注意を参照）専用ハードウェア機構である．"TLB" (Translation Look-aside Buffer, Table Look-up Buffer) ともいう．通常，DAT（前の注釈を参照）内に実装する．
TLB は，「アドレス変換テーブルサイズの巨大さや可変性に対処するために，参照局所性が高いマッピングを高速のハードウェア機構で保持する」メモリアーキテクチャである．

アドレス変換テーブルそのものは，i) サイズが大きくて可変である；ii) マッピングの変更ごとに動的な書き換えが必要となる；という理由で，メインメモリ上に構成する．

アドレス変換テーブルそのものをメインメモリ上に構成する場合でも，「当該仮想アドレス（のマッピング）が実メモリ上にあるかないかのチェック」操作および「アドレス変換テーブルを引く」操作そのものは，高速処理が要件となるので，**動的アドレス変換機構**†というハードウェア機構によって実現する．

また，アドレス変換をさらに高速化するために，アドレス変換テーブルの一部を，メインメモリではなく，動的アドレス変換機構内に設けた専用ハードウェア機構（**アドレス変換バッファ**‡という）として，構成する．

仮想メモリ機構において，「仮想メモリ⇔実メモリ（メインメモリ）間のマッピング単位」は，(1) 仮想メモリのうちの参照局所性の高い部分の実メモリ領域への**割り付け**単位；(2) 実メモリ（メインメモリ）⇔バックアップメモリ（ファイル装置）間の**データ転送**単位；となる．また，**参照局所性**を活用するために，マッピングやデータ転送は**ブロック**（かたまり）で行う．

「マッピング単位の決定方法」によって，**マッピング**を分類してみよう．

(A) **ページング** (paging)：ページ (page) という一定サイズに固定したブロック単位でマッピングする．

プログラムやデータのどちらも，それらが持つ論理的な意味は無視して，機械的また物理的に，**固定長**すなわち**一定サイズ**のページ単位に区切る．

図 4.34 に示すように，仮想アドレス空間も実アドレス空間も一定かつ固定長のページサイズで分割する．そして，ページ単位で，仮想

アドレス空間上のページ（「仮想ページ」という）と実アドレス空間上のページ（「実ページ」という）とをマッピングする．したがって，仮想アドレス空間には仮想ページごとに「仮想ページ番号」を，実アドレス空間には実ページごとに「実ページ番号」を，それぞれ振る．「仮想ページと実ページのマッピング」はページテーブルと呼ぶアドレス変換テーブルに記述しておく．「仮想ページから実ページへのアドレス変換」は「ページテーブルを引く」操作となる．
「アクセスを要求した仮想ページが実メモリにない」場合には，ページフォールト割り込みが生じる．

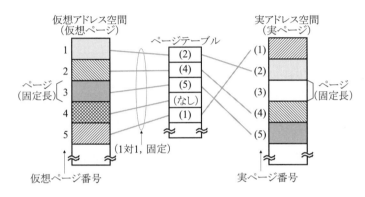

図 4.34 ページングによるマッピング（例）

(B) セグメンテーション (segmentation)：1個のプログラムや一連あるいは一群のデータといった「論理的意味」を持つブロック（**セグメント** (segment) という）でマッピングする．
セグメントは，プログラムやデータブロックという論理的意味を考慮した論理的な単位で構成するので，そのサイズは**可変**である．
図4.35に示すように，**セグメント**単位で，仮想アドレス空間上のセグメント（「仮想セグメント」という）と実アドレス空間上のセグメント（「実セグメント」という）とをマッピングする．したがって，仮想アドレス空間には仮想セグメントごとに「仮想セグメント番号」を，実アドレス空間には実セグメントごとに「実セグメント番号」を，それぞれ振る．「仮想セグメントと実セグメントのマッピング」は**セグメントテーブル**と呼ぶアドレス変換テーブルに記述しておく．「仮想セグメントから実セグメントへのアドレス変換」は「セグメントテーブルを引く」操作となる．
「アクセスを要求した仮想セグメントが実メモリにない」場合には，**セグメントフォールト**割り込みが生じる．

(C) ページセグメンテーション (paged segmentation)：(A) のページン

▶〔注意〕
「論理的意味」とは，具体的には，i) ひとまとまりのプログラム；ii) プログラムが使用するひとまとまりのデータ；iii) プログラムかデータかの区別；iv) プログラムやデータの特徴や性質（例：共用か専用か）；などをいう．

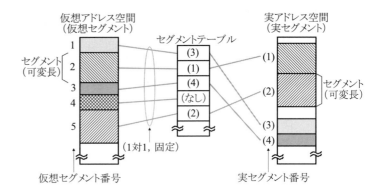

図 4.35 セグメンテーションによるマッピング（例）

グと (B) のセグメンテーションを併用するマッピング方式である．(A) と (B) の 2 種類のマッピングを次の順で段階的に適用する．（図 4.36 を併照）

1. （第 1 段階）まず，全体では，**セグメント単位**（(B) の**セグメンテーション**）で，仮想セグメントと実セグメントとをマッピングする．このとき，セグメントは論理的意味を持つひとまとまりであるので，その全体サイズは可変かつ自由（ただし，ページ単位で）である．仮想セグメントと実セグメントのマッピングは「セグメントテーブル」に記述してある．

2. （第 2 段階）次に，各セグメント内では，**ページ単位**（(A) の**ページング**）で，仮想セグメントと実セグメントのそれぞれのセグメント内のページどうし，すなわち仮想ページと実ページをページごとにマッピングする．仮想ページと実ページのマッピングは各実セグメントごとに備える「ページテーブル」に記述しておく．

ページセグメンテーションでは，仮想アドレス空間も実アドレス空間も，最終的にはすなわち第 2 段階では，一定かつ固定長のページサイズで分割する．したがって，「仮想セグメントをページ単位で分割して，それらの各ページを実セグメント内のページに**ページング**でマッピングする**セグメンテーション**」と言える．

ページセグメンテーションでは，最初のセグメンテーションによるマッピングはセグメント単位で行うので，そのセグメントの論理的意味（163 ページの注意を参照）を OS が活用できる．そして，セグメントのマッピングを決定後は通常のページングによるマッピングになるので，仮想メモリ機構特に OS による実メモリすなわちメインメモリの管理が簡単になり，メインメモリの利用効率そのもの

も良くなる．

ページセグメンテーションにおけるアドレス変換は，

1. 「セグメントテーブルを引く」ことによって，仮想セグメント番号（図4.36の例では，"9"）から「実セグメントごとに備えるページテーブルのアドレス」を得る；
2. 「1.で得たページテーブルを引く」ことによって，仮想ページ番号から実ページ番号を得る；

という操作になる．

ページセグメンテーションの第1段階のセグメンテーションではセグメントフォールト割り込みが，第2段階のページングではページフォールト割り込みが，それぞれ生じる場合がある．

▶〔注意〕
ページセグメンテーションの第1段階のセグメンテーションの結果，仮想セグメント全体を実セグメントにマッピングできれば，仮想セグメントと実セグメントは同一サイズである．この場合は，第2段階のページングにおけるページフォールト割り込みは生じない．しかし，実際には，仮想セグメントよりも実セグメントが小さい，すなわち仮想セグメントの一部だけしか実セグメントにマッピングできない場合がある．その場合には，第2段階のページングにおけるページフォールト割り込みが生じることがある．

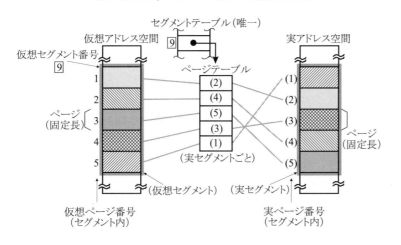

図 4.36　ページセグメンテーションによるマッピング（例）

現代のコンピュータやそのプロセッサが備える仮想メモリ機構を支える代表的マッピング方式は，ページングとセグメンテーションを併用するページセグメンテーションである．

[10]　仮想メモリ（4）── ページフォールトとブロック置換

前の［9］で述べたように，ページを単位とするページングやページセグメンテーションマッピングにおいて，「アクセスを要求した仮想ページが実メモリ上にない」場合にページフォールト割り込みが生じる．実際には，ページフォールト割り込みは「アドレス変換時に，ページテーブルにアクセス対象の仮想ページの登録がない」場合に発生する．

ページフォールト割り込みによってページフォールトという通知を受けたOSは，その割り込み処理において，

1. 仮想メモリのバックアップメモリであるファイル装置に格納してある当該仮想ページをメインメモリの不要な実ページと置換する；

▶〔注意〕
本書では，セグメンテーションやページセグメンテーションの第1段階での「セグメントを単位とするマッピング」において生じる「セグメントフォールト」を「ページフォールト」に含めて，「ページフォールト割り込み」と総称している．したがって，本書でいう「ページフォールト割り込み」は，仮想ブロック（ページやセグメント）が実メモリ上にない場合に生じる割り込みである．

もし，［10］での記述を「セグメントフォールト割り込み」に限定したい場合には，「ページ」を「セグメント」に置き換えればよい．

2. ページテーブルを書き換える；

というブロック置換（ページングやページセグメンテーションの場合はページ置換である）を実行する．

ページ置換では，「使用頻度すなわち参照局所性が高いページを実メモリであるメインメモリで保持する」ことが目標となる．したがって，逆に言うと，ページ置換では，「使用頻度すなわち参照局所性が低い実ページをファイル装置へ追い出す」ことが有効となる．

ページ置換時に，「メインメモリに置いてある実ページのどれをファイル装置に追い出すか」を決定する戦略をページ置換アルゴリズム（一般的に，実ブロックを対象とする場合には，「ブロック置換アルゴリズム」）という．ページ置換アルゴリズムの目標は「使用頻度あるいはアクセスする可能性すなわち参照局所性が最も低いページを決定する」ことである．

代表的なページ置換アルゴリズムには，(1) LRU (Least Recently Used)：最後のアクセス時刻が最古であるページを最優先して追い出す；(2) FIFO (First In First Out)：メインメモリに一番最初にすなわち最古に読み込んだページを最優先して追い出す；(3) ワーキングセット[†] (working-set)：ワーキングセットではないページを優先して追い出す；のほかに，アルゴリズムとは言えないが，(4) ランダム (random)：任意あるいは無作為に選んだページを追い出す；などがある．

ページフォールトおよびブロック置換における OS の分担機能については，5.2.2 項 [6] で詳述する．

[11] キャッシュメモリ (1) —— 原理

格納のほかに，メインメモリのもう 1 つの大きな機能はプロセッサによるアクセス（「読み出しと書き込み」の総称）であった．すなわち，メインメモリは，プロセッサの要求に応じてマシン命令やデータへのアクセスを実現する必要がある．しかし，動作速度だけを追求すればよいプロセッサと，容量とアクセス時間との適度なバランスを保つ必要があるメインメモリとでは，それぞれの動作速度の差が拡大して行くのは必然である．その結果，プロセッサがメインメモリ内の命令やデータに要求する速度でアクセスできないと，「プロセッサがメインメモリへのアクセスのために待たされる」という事態が多発する．この事態を防ぐために，現代のコンピュータでは，キャッシュメモリ (cache memory) という「メモリアーキテクチャとして設定するメモリ階層を利用して，プロセッサによるメインメモリへのアクセス時間を短縮する」メモリアーキテクチャ（キャッシュメモリあるいは単に「キャッシュ方式」という）が採られている．

キャッシュメモリ階層は，図 4.37 上の概念図に示すように，レジスタ階

▶ [†]ワーキングセット
あるプログラムを実行している時刻から，あらかじめ決めておいた一定時間をさかのぼる過去の時間内に，当該プログラムが参照したページを要素とする集合である．
ワーキングセットは「参照局所性が高いページの集合」と言える．

▶《参考》
「キャッシュ」(cache) とは，「隠し場所」とか「貯蔵所」という意味である．

層とメインメモリ階層との中間に設けるメモリ階層である．キャッシュメモリは，レジスタと比べると，アクセス時間は長いが容量は大きく，メインメモリと比べると，容量は小さいがアクセス時間は短い．この「メインメモリよりも相対的にアクセス時間が短い」という特長を利用するメモリアーキテクチャである．また，実際に，キャッシュメモリはレジスタとメインメモリとの中間位置（たとえば，最新のマイクロプロセッサでは，プロセッサと同じ IC チップ上すなわちプロセッサ内）に実装する．

▶〔注意〕
プロセッサ内に実装する場合，キャッシュメモリ機構は MMU 内に，キャッシュメモリそのものは MMU 外に，それぞれ置くのが普通である．

そして，メインメモリが保持するプログラムのうち，実際に使用中のすなわち参照局所性が高いマシン命令やデータないしはその一部のコピーをキャッシュメモリに一時的に，実際にはメインメモリよりもずっと短い間だけ，保持する．

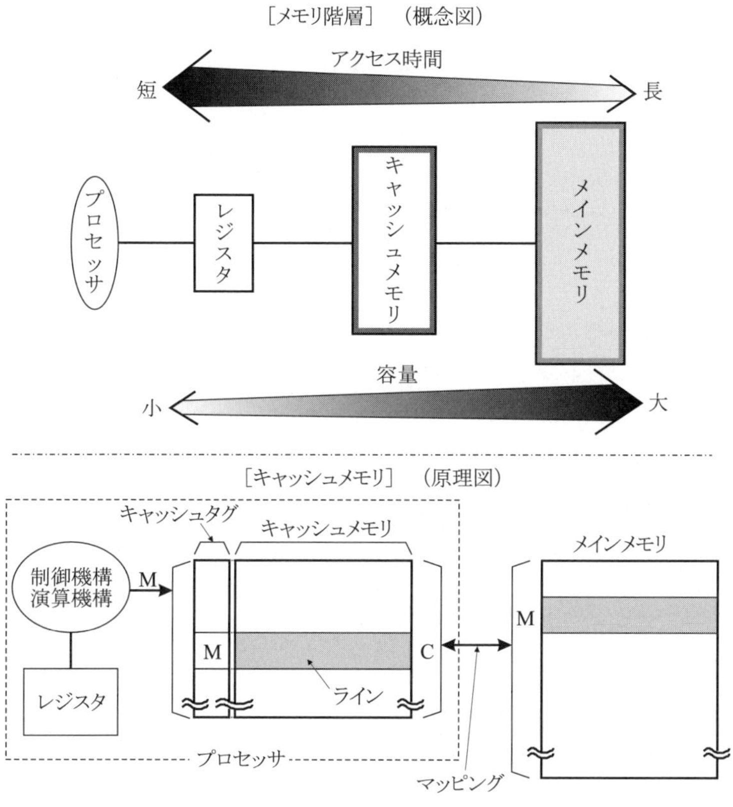

図 4.37 キャッシュメモリ（概念と原理）

キャッシュメモリには，保持する情報の性質によって分類できる次の2種類がある．
  (a) **命令キャッシュ**：マシン命令には，i) 読み出しアクセスだけで書き込みアクセスがないので，「メインメモリの内容とそのコピーを保持

するキャッシュメモリの内容との同一性(「コヒーレンシ」という，[14]を参照)」を保持する必要がない；ii) 暗黙の順序制御では，引き続くアドレスの命令を順次実行するので，空間的かつ時間的参照局所性が格段に高い；という性質がある．これらの性質を積極的に利用する**マシン命令**専用のキャッシュメモリである．

(b) **データキャッシュ**：マシン命令のオペランドで指定するデータには，i) 読み出しおよび書き込みの両アクセス操作を必要とし，特に，書き込みではコヒーレンシの保持が必須となる；ii) 参照局所性は命令より低いのが普通である；という性質がある．これら i) ii) の性質のため，命令格納用とは区別して構成する**データ**(すなわち，マシン命令以外の書き込みアクセスもある情報)専用のキャッシュメモリである．

[12] キャッシュメモリ(2) ── キャッシュメモリ機構

キャッシュメモリの機能は，次のようにして実現する．(図4.37下の原理図を併照)

(1) キャッシュメモリとメインメモリとの間で，アドレスの**マッピング**をとる．

(2) マッピングは，**ライン**(line)という「ある一定の長さの連続アドレス」を単位とする．ラインサイズは，あらかじめ決めて固定しておく．ラインサイズは，仮想メモリのページよりも格段に小さい．

(3) 「プロセッサがアクセスしようとする命令やデータがキャッシュメモリにあるかどうか」などのマッピングの管理や制御は，**キャッシュメモリ機構**というハードウェア機構によって行う．

(4) キャッシュメモリには，i) 最も頻繁に使用されている；ii) 最近アクセスされたので，近いうちに使用される可能性が高い；iii) 今実行あるいは使用しているマシン命令やデータに引き続くあるいは近いアドレスである；などの理由で最もアクセスされそうな，すなわち**参照局所性**が高い命令やデータを，ハードウェア機構によって，保持する．

(5) 図4.37に示すように，「キャッシュメモリで保持するマシン命令やデータのコピー元であるメインメモリアドレス」(「**タグ**」(tag) という)のすべてをマッピングテーブル(**キャッシュタグ**(cache tag) あるいは「タグテーブル」という)として保持する．キャッシュタグは連想メモリ[†]であり，その各格納単位はキャッシュメモリの各ライン(「キャッシュライン」という)と1対1対応している．したがって，キャッシュタグはキャッシュメモリに連結する一部分(「タグフィールド」という)として一体構成する．すなわち，キャッシュメモリのあるラインのタグフィールドには，そのキャッシュライン(図4.37

▶《参考》
現代のコンピュータでは，仮想メモリの標準的な「ページ」サイズが4Kバイト程度であるのに対して，キャッシュメモリの標準的な「ライン」サイズは64バイト程度と，約64分の1である．

▶[†] 連想メモリ
「アドレス」によって，そのアドレスに格納してある「内容」を検索する通常のメモリとは逆に，「内容」(図4.37では，"M")によって，その内容が格納してある「アドレス」(図4.37では，"C")を検索するメモリである．内容による検索は全アドレスを同時(「並列」ともいう)に行う．このような一斉同時検索を「連想」という．
人間の脳は最も身近な「記憶の一部によって記憶の全部を一斉同時検索する『連想メモリ』」である．

では，"C"）にコピーしてある内容のコピー元であるメインメモリアドレスすなわちタグ（図 4.37 では，"M"）を置く．

命令実行サイクル（4.1.2 項 [12] を参照）の命令取り出しやオペランド取り出しあるいは結果格納の各ステージで，プロセッサがメインメモリにアクセスする場合のキャッシュメモリの動作は，実行順で，次の通りである．

1. プログラムカウンタ (PC) で指定したり，オペランドから生成したメモリアドレス（図 4.37 では，"M"）によってアクセスしようとした命令やデータのコピーがキャッシュメモリにあるかないかを**キャッシュタグ**によって調べる．
2. 命令やデータのコピーが，
   (a) キャッシュメモリに**ある**，すなわちメモリアドレス（図 4.37 では，"M"）と一致するタグがあれば（**ヒット** (hit) という），それに連結するキャッシュライン（図 4.37 では，"C"）にアクセスする．
   この場合のアクセス時間は実質的にキャッシュメモリへのアクセス時間に短縮される．
   (b) キャッシュメモリに**ない**，すなわちメモリアドレスと一致するタグフィールドがなければ（**ミスヒット** (mishit) あるいは「ヒットミス」(hitmiss) という），原則として，対象とするラインをメインメモリからキャッシュメモリにコピーして，同時にキャッシュタグを更新してから，その命令あるいはデータがあるキャッシュラインにアクセスする．
   ミスヒットの場合には，キャッシュメモリ－メインメモリ間でのラインのコピー操作が必要となるので，キャッシュメモリによるメインメモリへのアクセス時間の実質的な短縮はない．

総アクセス回数に対して，アクセスしようとした命令あるいはデータがキャッシュメモリにある，すなわちヒットする割合を**ヒット率**といい，キャッシュメモリの効果を表す．

───── 例 題 ─────
4.7 メインメモリへのアクセス時間 T_m が 100 ナノ秒，キャッシュメモリへのアクセス時間 T_c が 5 ナノ秒であるコンピュータにおいて，ヒット率 R が 99 ％，95 ％，90 ％，80 ％ のとき，実質的なメインメモリへのアクセス時間 T_E はそれぞれいくらになるか求めなさい．

（解）T_E は，次の式で求まる．
$$T_E = R \times T_c + (1-R) \times T_m$$

$T_m = 100, T_c = 5, R = 0.99, 0.95, 0.9, 0.8$ を順に代入して，T_E（R の値順に，$T_{e99}, T_{e95}, T_{e90}, T_{e80}$ とする）を求める．

$$T_{e99} = 0.99 \times 5 + 0.01 \times 100 = 5.95$$

$$T_{e95} = 0.95 \times 5 + 0.05 \times 100 = 9.75$$

$$T_{e90} = 0.9 \times 5 + 0.1 \times 100 = 14.5$$

$$T_{e80} = 0.8 \times 5 + 0.2 \times 100 = 24$$

T_{e80} は T_m の約 4 分の 1 である．さらに，T_{e99} は，T_{e80} の約 4 分の 1 であるから，T_m の約 16 分の 1 となる．

キャッシュタグを連結したキャッシュメモリそのものやキャッシュメモリ機構は，**ハードウェア**によって構成する．キャッシュメモリ機構というハードウェア機構によってキャッシュメモリの制御や管理を行う意味は，キャッシュメモリが「メインメモリのアクセス時間の短縮」というメインメモリの時間的な性能改善が目標だからである．

[13] キャッシュメモリ（3）── メインメモリとのマッピング

キャッシュメモリとメインメモリとのマッピングは，参照局所性を活用するために，**ライン単位で行う**．したがって，キャッシュメモリとメインメモリとの実際のマッピングは，キャッシュメモリに付けたライン番号（図 4.37 では，"C"）とメインメモリに付けたライン番号（図 4.37 では，"M"）とのマッピングになる．マッピングはマッピングテーブルすなわち**キャッシュタグ**（ただし，「連想メモリ」である）に記述しておく．

キャッシュメモリとメインメモリとの**マッピング方式**は次の 3 種類に大別できる．このマッピング方式の説明では，キャッシュメモリのライン総数を L_C とする．

(A) **ダイレクト**（direct; 直接）：「メインメモリのあるラインをキャッシュメモリのどのラインにマッピングするか」について，あらかじめ定めて固定しておく．（図 4.38 を併照）

　メインメモリの第 i 番目のラインをキャッシュメモリの第 j 番目のラインにマッピングする方法は固定する．固定方法は，たとえば，$j = (i \bmod L_C)$ などを使う．

　たとえば，図 4.38 に示す例のように，「メインメモリの第 6 ラインのマッピング先はキャッシュメモリの第 2 ライン（$j = (i \bmod 4)$ である）」というようにマッピング方法を固定する．したがって，「ヒットかミスヒットか」の判定は「キャッシュメモリの第 2 ラインのタグがメインメモリの第 6 ラインであるかどうか（図 4.38 の例では，

▶〔注意〕
「固定」とは，「メインメモリのすべてのラインのそれぞれはキャッシュメモリのあらかじめ決めて固定してあるラインとだけ一意にマッピングする」という意味である．

"6"のほかに"2"である可能性がある)」をチェックするだけで済む．すなわち，ダイレクトマッピングのキャッシュタグは，連想メモリではなく，「アドレス」(図4.38では，メインメモリアドレスの"6")で「内容」(図4.38では，キャッシュメモリアドレスの"2")を引く通常のメモリとして実装できる．

ダイレクトマッピングの特徴は，長所としてのi) 構成が簡単で，実現しやすい；短所としてのii) 自由度がないので，いろいろな参照局所性への対応が不十分となる；および，iii) 通常のメモリであるキャッシュタグの検索は，(B)に比べると，速い；である．

▶〔注意〕
図4.38〜4.40でのキャッシュタグとキャッシュメモリの位置は，便宜上，図4.37の原理図でのそれらの位置とは，左右で入れ替えてある．
また，図4.38〜4.40の例では，$L_C = 4$ である．

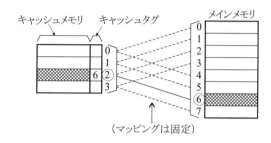

図 4.38　ダイレクトマッピング (例)

(B) **フルアソシアティブ** (full associative; 完全連想)：メインメモリの各ラインをキャッシュメモリのどのラインにも自由にマッピングできる．(図4.39を併照)

マッピングする方法は完全に自由である．キャッシュタグは，格納内容であるメインメモリのライン番号によって，L_Cラインを一斉同時検索(「連想」である)する連想メモリである．たとえば，図4.39に示す例のように，メインメモリの第6ラインのマッピング先は，連想メモリであるキャッシュタグを"6"によって一斉同時検索して"2"を得て，キャッシュメモリの第2ラインとして求まる．

フルアソシアティブマッピングの特徴は，長所としてのi) ハードウェアで実装するキャッシュメモリ機構としては，自由度が最も高い；短所としてのii) 連想メモリであるキャッシュタグのハードウェア規模が大きく複雑になる；および，iii) 連想メモリであるキャッシュタグの検索は，(A)に比べると，遅い；である．

(C) **セットアソシアティブ** (set associative; 部分連想)：複数(定数，kとする)個のキャッシュラインを組すなわち**セット** (set)にする．(1) メインメモリのラインとセットとのマッピングは(A)のダイレクト；(2) セット内でのラインのマッピングでは，(B)のフルアソシアティブ；をそれぞれ適用する．(A)のダイレクトマッピングと(B)

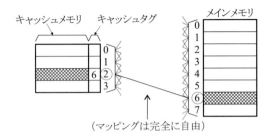

図 4.39 フルアソシアティブマッピング（例）

のフルアソシアティブマッピングを併用するマッピングである．

アクセス対象のメインメモリのライン番号が決まれば，対応するセット（番号）が決まる．そして，そのセットのキャッシュタグ（「連想メモリ」である）だけを一斉同時検索（連想）する．（図 4.39 を併照）

キャッシュメモリのセット数 N は，

$$N = \frac{L_C}{k} \tag{4.5}$$

となる．すなわち，キャッシュタグについては，「サイズが k ラインの連想メモリ N 個で構成する」ことと同等になる．

図 4.40 に示す例（$L_C = 4$，$k = 2$，$N = 2$）によると，メインメモリの第 6 ラインのマッピング先を求める手順は，次のようになる．

1. あらかじめダイレクトマッピングで決めてあるメインメモリのライン番号とセットとのマッピングによって，メインメモリの第 6 ラインに対応するセット番号（例では "1"，あらかじめ決めて固定してある）が決まる．
2. 第 1 セットのキャッシュタグだけを "6" によって一斉同時検索（連想）して "2" を得ることによって，キャッシュメモリの第 2 ラインとして求まる．この連想操作は，フルアソシアティブと同じであるが，対象ライン総数は N 分の 1（$\frac{L_C}{N}$）で済む．

1 セットを k 個（$1 \leq k \leq L_c$）のラインで構成する場合を k ウェイ (k-way) セットアソシアティブマッピングという．k ウェイセットアソシアティブマッピングにおいて，

- $k = 1$（ウェイ），$N = L_C$（セット）の場合がダイレクトマッピング；
- $k = L_C$（ウェイ），$N = 1$（セット）の場合がフルアソシアティブマッピング；

である．

セットアソシアティブマッピングでは，ダイレクトマッピングとフルアソシアティブマッピングで長所と短所が相反する特徴を，1 セット当たり

▶〔注意〕

実際には，キャッシュタグは，タグフィールドとして，キャッシュメモリに連結され，キャッシュメモリと一体構成してある．そして，キャッシュメモリは分割できないので，「キャッシュタグを k サイズの連想メモリ N 個で構成する」のは見かけ上である．重要な点は，「連想メモリは全体を並列検索することから，そのサイズは並列検索の対象ライン数となる」ことである．

「L_C サイズの連想メモリが 1 個」のフルアソシアティブに比べて，セットアソシアティブでは，N 個の連想メモリが必要となるが，各連想メモリのサイズは k で N 分の 1 で済む．したがって，検索すなわち連想する時間は短くなり，また，キャッシュタグ（連想メモリ）全体としてのハードウェア実装コストは格段に低くなる．

▶《参考》

k は，実際の「1 次キャッシュ」（174 ページの参考を参照）では，2, 4, 8, 16 が一般的である．

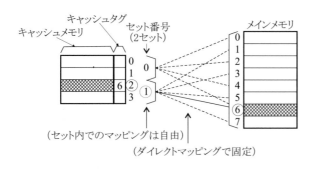

図 4.40 セットアソシアティブマッピング（例）

のライン数すなわちウェイ数 k によって，各メモリアーキテクチャごとに，あらかじめ設計時に選定できるので，現代のコンピュータのキャッシュメモリのほとんどがセットアソシアティブマッピングを採用している．

[14] キャッシュメモリ（4）—— メインメモリ更新とライン置換

データキャッシュ（[11] の格納情報の性質による分類での (b)）には，読み出しだけではなく書き込みアクセスもあり，その書き込みアクセスがヒットすれば，キャッシュメモリの内容は書き換わる．このとき，キャッシュメモリはメインメモリの一部コピーであるので，書き換わったキャッシュメモリの内容をコピー元のメインメモリにも反映・書き込む（**メインメモリ更新**という）必要がある．

「メインメモリとキャッシュメモリとの内容の同一性」を**コヒーレンシ** (coherency) という．データキャッシュへの書き込みアクセスがあれば，その内容が書き換わるので，その瞬間にコヒーレンシが壊れる．したがって，キャッシュメモリ機構は，データキャッシュのコヒーレンシ保持のために，書き込みアクセスのヒット時には，メインメモリ更新を行わねばならない．

「メインメモリに置いてある原データを，どのタイミングで書き換えてコヒーレンシを再保証すなわち保持するか」によって，(a) **ライトスルー** (write-through)：キャッシュメモリの書き換えと同時にメインメモリにも書き込むすなわち更新する；(b) **ライトバック** (write-back)：キャッシュメモリへの書き込み時にはキャッシュメモリだけを書き換えておき，書き込み対象を含むラインをメインメモリへ追い出す（**ライン置換**という，後述）際にメインメモリを更新する；の 2 種類の**メインメモリ更新**方式がある．

キャッシュメモリ機構においては，キャッシュメモリへのアクセスのミスヒット時に，アクセス対象のメインメモリラインをキャッシュメモリに読み出す必要がある．そのとき，キャッシュメモリには通常空きがないので，メインメモリラインとキャッシュメモリラインとの置き換え（**ライン置換**という）が必要となる．

ライン置換では，メインメモリへ追い出す（内容が更新されている場合）あるいは廃棄する（内容が更新されていない場合）キャッシュラインを決める必要がある．「どのラインをキャッシュメモリからメインメモリへ追い出したり廃棄したりするか」を決める方法を**ライン置換アルゴリズム**という．

キャッシュメモリ機構に組み込む主要な**ライン置換アルゴリズム**には，(1) **LRU (Least Recently Used)**：最終のアクセス時刻が最も古いラインを追い出す；(2) **FIFO (First In First Out)**：一番最初にキャッシュメモリにコピーしたラインを最初に追い出す；(3) **FINUFO (First In Not Used First Out)**：一定時間アクセスのないラインのうちで，最初にキャッシュメモリにコピーしたラインを追い出す；(4) **LFU (Least Frequently Used)**：一定時間内のアクセス回数が最小のラインを追い出す；のほかに，アルゴリズムとは言えないが，(5) **ランダム (random)**：任意あるいは無作為に選んだラインを追い出す；があり，どれかを**ハードウェア**で実装する．

▶《参考》
　現代のコンピュータでは，プロセッサの速度性能とメインメモリの容量性能の両方の向上が著しいため，プロセッサ（メモリ階層では，レジスタにあたる）とメインメモリとの，「アクセス時間」および「容量」指標によるメモリ階層としてのレジスタ–メインメモリ間のギャップは増大する一方である．

　そのため，最近のコンピュータでは，キャッシュメモリ階層を1層ではなく数層にしている．その場合，プロセッサ（メモリ階層では，レジスタ）に最近接するメモリ階層からメインメモリに最近接するメモリ階層へ，順に「1次キャッシュ」，「2次キャッシュ」，「3次キャッシュ」…という．「アクセス時間」指標で「短い」から「長い」へ，「容量」指標で「小さい」から「大きい」へ，それぞれ「1次キャッシュ」，「2次キャッシュ」，「3次キャッシュ」…の順である．

[15] **仮想メモリとキャッシュメモリのアーキテクチャ上の比較（まとめ）**

現代のコンピュータでは，前述した**仮想メモリとキャッシュメモリ**を併用するメモリアーキテクチャを採る．

- 仮想メモリとキャッシュメモリは，「**メモリ階層**と**参照局所性**の活用によって，メインメモリ機能を改善する」ことを目的とする点で，アーキテクチャ上の類似がある．

その結果，仮想メモリとキャッシュメモリともに，メモリアーキテクチャとして，i) アドレス変換を含む**マッピング**；ii) 隣接メモリ階層間での**ブロック置換**（キャッシュメモリでは「ライン置換」）；のそれぞれの機能あるいは機構が必要となる．

　一方，仮想メモリとキャッシュメモリは，それぞれが対象とする**メモリ階層**とそれに起因する導入目的において，次に示すように，アーキテクチャ上の相違がある．

(a) **仮想メモリ**：メインメモリ⇔ファイル装置の**メモリ階層**を対象として，メインメモリの**容量**の拡大を主目的とする．

(b) **キャッシュメモリ**：キャッシュメモリ⇔メインメモリの**メモリ階層**を対象として，メインメモリへの**アクセス時間**の短縮を主目的とする．

- 仮想メモリは，マシン命令を実行するプロセッサ（実際には，マシン命令の実行を管理する OS やマシン命令を生成するコンパイラ）のために，メインメモリの**空間性能**を，OS が管理・制御するファイル装置を利用して，アーキテクチャ的に改善する．したがって，仮想メモリのメモリアーキテクチャは **OS** を主にして実現する．

- キャッシュメモリは，マシン命令を実行するプロセッサのために，メインメモリの**時間性能**をアーキテクチャ的に改善する．したがって，キャッシュメモリのメモリアーキテクチャは**ハードウェア**で実現する．

[16] メモリ管理ユニット (MMU)（まとめ）

本項の最後に，図 4.41 に示す**メモリ管理ユニット** (MMU; Memory Management Unit) を構成する具体的な機構とその機能について，再掲・列挙してまとめておこう．

(1) **メインメモリへのアクセス**：MAR と MDR を使って，メインメモリへのアクセス，すなわち読み出しと書き込みを行う．（[2] で詳述）

(2) **アドレス指定機構**：マシン命令のオペランドに埋め込まれたアドレス指定方式をデコードして，実効アドレスを生成する．（4.1.2 項 [6] で詳述）

(3) **仮想メモリ機構**：アドレス変換（仮想アドレス→実アドレス），マッピング（仮想メモリ⇔メインメモリ⇔ファイル装置），ブロック置換（メインメモリ⇔ファイル装置）などを管理・制御する．（[7]〜[10] で詳述）

(4) **キャッシュメモリ機構**：アドレス変換（メインメモリアドレス→キャッシュメモリアドレス），マッピング（メインメモリ⇔キャッシュメモリ），ライン置換（メインメモリ⇔キャッシュメモリ）などを管理・制御する．（[11]〜[14] で詳述）

▶《参考》
 [16] のまとめでは，メインメモリへのアクセス機能に関係するハードウェア機構である (1)〜(4) を一括して "MMU" としている．実際には，i) (4) のキャッシュメモリ機構を MMU から外す；ii) (3) の仮想メモリ機構だけを MMU とする；iii) (1)〜(4) のすべてを個々に独立した機構として，MMU というハードウェア機構は設けない；などのハードウェア構成もある．

▶《参考》
 図 4.41 では，(3) の仮想メモリ機構の出力である実アドレスを (4) のキャッシュメモリ機構の入力としている．したがって，キャッシュメモリ機構におけるメインメモリアドレスは「実アドレス」であり，このキャッシュメモリを「物理キャッシュ」という．
 一方，(3) と (4)（(4) はキャッシュメモリも一体とする）の位置を入れ替えて，(2) のアドレス指定機構の出力である実効アドレス（仮想アドレス）を (4) のキャッシュメモリ機構の入力とし，その出力を (3) の仮想メモリ機構の入力とするメモリアーキテクチャもある．この構成すなわちメモリアーキテクチャでは，キャッシュメモリ機構におけるメインメモリアドレスは「仮想アドレス」であり，このキャッシュメモリを「論理キャッシュ」という．

4.3 外部装置のアーキテクチャ

本節では，基本アーキテクチャをもとにして，コンピュータの**外部装置**である**入出力装置**，**ファイル装置**，**通信装置**のそれぞれのハードウェアとソフトウェアとの機能分担方式すなわちアーキテクチャについて，掘り下げて考えてみよう．

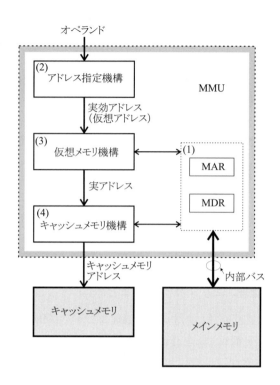

図 4.41　メモリ管理ユニット (MMU)

4.3.1 外部装置　《主要な外部装置には入出力装置とファイル装置と通信装置の 3 種類がある》

　2.1.2 項で概要を述べたように，コンピュータの**外部装置**は，人間（ユーザ）と内部装置（プロセッサ–メインメモリ対）との間に置いて，人間–コンピュータ間の対話を仲介する．

　コンピュータの内部装置であるプロセッサとメインメモリの役割は情報の処理と蓄積であった．しかし，内部装置だけでは，ユーザすなわち私たち人間がコンピュータを使いさらには使いこなすことは不可能である．ユーザが道具として使うコンピュータは単独では動かない．また，ユーザがコンピュータを道具として動作させるときには，ユーザとコンピュータとの間で大量で多種多様な情報の送受すなわちユーザ–コンピュータ間の対話が必要である．このように，ユーザがコンピュータ（の内部装置）を活用するときに，それを補助してくれるハードウェア装置を内部装置に対して**外部装置**，あるいは本体に対して「周辺装置」という．外部装置の主な役割は，ユーザがコンピュータを道具として使うときに，ユーザ–コンピュータ間の対話を補助することである．また，外部装置があることによって，内部装置は情報の処理と蓄積に専念することができる．

　人間がコンピュータのユーザとして，コンピュータの内部装置に情報の

処理や蓄積を行わせるためには，その情報をコンピュータのユーザすなわちコンピュータの外部とコンピュータの内部とで送受する必要がある．2.1.2項で述べたコンピュータの概要を図 4.42 に沿って言い換えると，
- **入力**：外部装置を用いて内部装置に情報を送り込む操作；
- **出力**：外部装置を用いて内部装置から情報を取り出す操作；

となる．いずれも情報の流れをコンピュータから見た場合による呼称である．また，入力と出力を併せて**入出力**という．

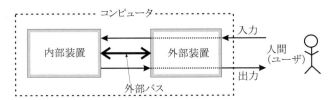

図 4.42 外部装置による入力と出力

また，内部装置と外部装置とを接続し，入出力する情報の転送を行う共用の信号線を**外部バス**[†]という．ユーザがコンピュータを活用したり，あるコンピュータとユーザあるいは他のコンピュータとが情報を送受する場合には，入出力機能を備えたハードウェア装置すなわち外部装置，および外部バスが必要となる．外部バスの種類や仕様ごとに，**入出力制御規格**（次の 4.3.2 項 [8] で詳述）が定めてある．

外部装置は，内部装置を補助する機能の種類によって，次の 3 種類に大別できる．

(A) **入出力装置**：入力機能を備える**入力装置**および出力機能を備える**出力装置**を総称する．入出力装置は，実際に，それを介してユーザがコンピュータに情報を入出力する外部装置である．入出力装置のアーキテクチャすなわち入出力アーキテクチャについては，次の 4.3.2 項で詳述する．

(B) **ファイル装置**：入出力機能の代わりに大量の情報**格納**機能を備える外部装置である．ファイル装置のアーキテクチャについては，4.3.3 項で詳述する．

(C) **通信装置**：「コンピュータ（内部装置）–外部装置–ユーザ」という入出力装置の位置付けにおいて，「ユーザ」を「他のコンピュータ」に置き換えた「コンピュータ（内部装置）–**通信装置**（外部装置）–他のコンピュータ」という関係を実現する外部装置である．通信装置のアーキテクチャすなわち通信アーキテクチャについては，4.3.4 項で詳述する．

▶ [†] **外部バス**
　「入出力バス」，「拡張バス」などいろいろな呼称があるが，本書では，「外部バス」と総称する．

▶ 〔注意〕
　2.1.2 項の「基本ハードウェア構成」では，ファイル装置を入出力装置に含めてしまい，「外部装置は入出力装置と通信装置の 2 種類」としている．一方，本章では，ファイル装置は「メモリ機能と入出力機能を兼備するハードウェア装置」あるいは「メモリ機能を備える入出力装置」として，入出力機能だけを備える通常の入出力装置とは区別して詳述する．したがって，本章特に本節では，「外部装置は入出力装置とファイル装置と通信装置の 3 種類」とする．

4.3.2 入出力アーキテクチャ 《入出力装置と入出力ソフトウェアとの機能分担で入出力機能を実現する》

入出力機能を備えるハードウェア装置である**入出力装置**は代表的な外部装置である．本項では，いろいろな入出力操作に応じて使用する入出力装置の働きや，それを介した人間すなわちユーザと内部装置とのやりとりの仕組みについて考える．特に，入出力装置を中心にして実現する入出力機能におけるハードウェアとソフトウェアの機能分担方式すなわち**入出力アーキテクチャ**について整理してみよう．

[1] 入出力装置の役割と機能

1.1.2 項で述べたように，人間が扱う情報の表現形態すなわち情報メディアは多彩である．たとえば，書き言葉（文字），話し言葉（音声），画像，映像，音楽，香りなどなどである．そして，1.1.3 項で述べたように，人間は，五感を司る五官（3 ページの注釈を参照）を駆使して，いろいろな情報メディアに接し，それらを処理する．ユーザがコンピュータという道具の助けを借りて，これらの情報メディアを処理しようとすると，これらの情報メディアをコンピュータ特に内部装置との間で送受せねばならない．そのとき使われるのが**入出力装置**である．

コンピュータの性能向上とともに，コンピュータの処理対象となる情報メディアは文字から図形，画像，音声などへと広がり，入出力装置も多様化さらには高機能化している．コンピュータの入出力相手が人間の場合，情報処理速度，情報メディア，言語などが人間とコンピュータとで異なることに，配慮する必要がある．1.1.3 項で述べたように，人間が扱う情報は，**多種多様なメディア**（**マルチメディア** (multimedia) という）を介して実在し，**アナログ情報**である．一方，マルチメディア情報を処理するコンピュータの内部装置では，情報はすべて論理値か 2 進数で表現する**デジタル情報**である．したがって，人間–コンピュータ間の対話では，「マルチメディア⇔論理値または 2 進数表現間のメディア変換機能」が必須となる．

また，入出力装置には，ユーザとコンピュータとの両方からいろいろな要件を突きつけられる．たとえば，ユーザが入出力装置に要求する機能としては，「装置の使いやすさなどの操作性」などが，一方，コンピュータが入出力装置に要求する機能としては，「内部装置の性能を最大限に引き出す情報転送能力」などが，それぞれ主となる．これらの要求は相反することも多く，入出力装置には，ユーザの要求とコンピュータの要求との調停機能も要件となる．

入出力装置の入出力機能を評価する指標としては，i) 入出力速度；ii) ユーザの使い勝手；iii) 品質；iv) 故障の頻度すなわち信頼性；v) 取り扱えるメ

ディア，適用性，応用性；vi) 設置に要する面積すなわちサイズや重量；などがある．ユーザは，i)～vi) の指標によって，目的にかなう機能を備えた入出力装置を選択し使用する．

[2] 入出力装置の分類

主な指標によって**入出力装置**を分類してみよう．
(a) 情報の**転送方向**による分類
- **入力装置**：ユーザ（コンピュータ外部）→入力装置→コンピュータ（内部装置）の方向で情報を転送する．アナログ情報→デジタル情報のメディア変換（「AD 変換」という）機能を伴うのが普通である．入力装置の具体例については，次の [3] で列挙する．
- **出力装置**：コンピュータ（内部装置）→出力装置→ユーザ（コンピュータ外部）の方向で情報を転送する．デジタル情報→アナログ情報のメディア変換（「DA 変換」という）機能を伴うのが普通である．出力装置の具体例については，[4] で列挙する．

(b) 情報**メディア**による分類
- **文字**入出力装置：キーボード (keyboard)，ディスプレイ (display; 表示装置)，プリンタ (printer; 印刷装置) など．
- **図形**入出力装置：ペン (pen)，マウス (mouse)，ディスプレイ，プリンタなど．
- **画像**入出力装置：スキャナ (scanner)，カメラ (camera)，ディスプレイなど．
- **音声**入出力装置：マイク (microphone)，スピーカ (speaker) など．

(c) 入出力動作**速度**による分類：入出力機能を実現するハードウェア機構によって，その入出力装置の動作速度は異なる．また，入出力動作速度は，入出力装置の動作速度だけではなく，内部装置（プロセッサ–メインメモリ対）と入出力装置との関係（例：使用する外部バスや入出力インタフェースなど，[8] を参照）からも，大きな影響を受ける．

(d) 入出力機能の**品質**による分類：たとえば，i) 入出力できる情報メディアはモノクロ（monochrome; 白黒）だけか，カラー (color) も可能か；ii) 明るさや色調を段階的に表す「階調」による入出力が可能か；iii) カラーならば何色まで表現さらには入出力が可能か；iv) 単位長さあたりにいくつの識別可能なドット（dot; 点）を入出力できるか（「解像度」という）；なども品質である．

▶ 〔注意〕
「解像度」は「鮮明さ」という入出力品質を定量的（79 ページの注釈を参照）に示している．ディスプレイやプリンタなどは，この解像度で分類することもできる．

[3] 種々の入力装置

ユーザがコンピュータに命令やデータを送り込む装置である**入力装置**は，

「何をどのようにして**入力**するのか」によって，次のように分類できる．

(a) **デジタル信号**入力装置：読み取った**デジタル信号**（論理値の並び，ビット列）をそのまま内部装置に送り込む入力装置である．代表的なものとして，図形や画像の入力装置であるスキャナやカメラなどがある．

(b) **コード入力装置**：入力する情報を内部装置で直接取り扱える数表現にコード（符号）化（4.1.2 項［11］を参照）できる入力装置である．たとえば，キーボードは，押下したキーに対応する（刻印してある）文字をあらかじめ取り決めた 1～2 バイト（8～16 ビット）のコードに変換して内部装置に伝えている．

(c) **位置入力装置**：ディスプレイなどの出力装置を補助的に使って（たとえば，それによって確認しながら），絶対的あるいは相対的な位置座標を内部装置に入力する装置である．たとえば，マウス，ペン，タッチパネル (touch panel)，キーボードのカーソルキー (cursor key)，ジョイスティック (joystick) などがある．位置入力時に，入力装置を使用するユーザの動作（「モーション」(motion) という，(d) を参照）によって，位置以外の情報を入力できる装置が多い．

(d) **モーション入力装置**：入力装置を使用する際のモーション（例：押下する，振る，傾ける，たたく，なぞる，触る，クリック (click) など）そのものでいろいろな情報（例：2 次元さらには 3 次元位置，回数，時間間隔など）を入力する．

[4] **種々の出力装置**

出力装置は，内部装置（プロセッサ–メインメモリ対）が処理した結果をデータとしてユーザが得るためのハードウェア装置であり，コンピュータの言葉である論理値や 2 進数を人間が理解できるメディアとして提示する能力を備えている．出力の方法には，i) 内部装置からのビット列をデジタル信号としてそのまま直接出力する；ii) 内部装置からの情報をコード（符号）として受け取り，それを**フォント** (font) という文字形状や色情報などを含むいろいろなメディアに変換してから出力する；などがある．

代表的な出力装置は，次の 2 種類である．

(a) **プリンタ**（印刷装置）：出力先の印刷メディア上に出力情報をほぼ永続的に記録しておくことができる．プリンタに出力できる情報メディアとしては，文字，図形，静止画像などがあり，また，記録対象となる印刷メディアは紙が普通である．

i) 印刷するときに印刷メディアに印刷機構が接触するかしないか；
ii) 1～数ドットずつ横方向に順次印刷するか，1 ページ分まとめて印刷するか；iii) 印刷機構として機械，熱，光，静電気などのいずれを

▶《参考》
　入力装置 (c) の位置入力装置として挙げている「タッチパネル」は，出力装置 (b) のディスプレイ（表示装置）も兼ねているので，「入出力装置」とも言える．スマホやタブレット（1.2.2 項［6］を参照）が装備して，それらを特徴付けている入出力装置である．

利用しているのか；などの相違によっていろいろな出力装置がある．また，それぞれの方式によって速度や品質などの評価指標が定まる．

(b) ディスプレイ（表示装置）：出力情報の一時的な表示を行う．出力先の表示メディアに永続的な記録性がないので，同一の表示を続けるためには，表示を繰り返す必要がある．このために，ディスプレイの表示制御を専門に行う入出力制御（次の［5］で詳述）機構を備えるのが普通である．その代わり，時間経過とともにすなわち動的に変化する情報（例：映像や動画像）を提示するのに向いている．キーボードやマウスなどの入力装置と組み合わせて，ユーザ-コンピュータ間の対話のための標準的な出力装置として使用する．プリンタに比べると，ディスプレイの出力は速いが，一度に表示できる情報量は，画面の大きさによって，かなり限定される．

［5］ 入出力制御

前の［2］で述べたように，入出力装置を分類するあるいは評価する指標の1つに「入出力装置の動作速度」がある．そして，ユーザとは独立して勝手に動作することができる内部装置とは違い，ユーザ-コンピュータ間の対話を実現する入出力装置の動作はユーザによって決まる．言い換えると，ユーザが入出力装置を使う速さやタイミングが入出力装置の動作速度にも影響を及ぼす．

たとえば，**入力**は，原則として，ユーザがその動作を意志として示すことによって行うものであり，i) いつ入力するか；ii) どれくらいの速さで入力するか；の2点については，ユーザが決める．したがって，「コンピュータの内部装置と入力装置は独立して動作する」のが原則である．

一方，**出力**装置の動作速度は，次のようにして定まる．

- 出力方式や出力機構によって上限が決まってしまう場合：いくら速く動作させようとしても，出力装置のハードウェア機構が追従できない場合であり，この例の代表的出力装置としてプリンタがある．
- ある一定以上の速度を超えて出力しても人間にとって意味がない場合：ディスプレイが代表例であり，約30ミリ秒に1枚の画像しか認識できない人間にとって，それ以上の速度で画像を表示すなわち出力しても意味がない．

いずれの場合も，「コンピュータの内部装置と出力装置は独立して動作する」のが原則である．

- コンピュータの**内部装置**と**入出力装置**は，互いに独立して動作する．

このように，ユーザとは無関係に動作することができる**内部装置**と，ユー

▶［注意］
　スキャナのように，動作速度が，ユーザではなく，入力機構だけで決まる例外もある．しかし，この例でも，入力装置による入力動作の開始はボタン押下などのユーザの意志であるから，i) については，ユーザが決める．

ザの動作が動作速度やタイミングに影響する**入出力装置**とは，独立して動作せざるを得ないし，また，独立して動作させた方が互いに効率が良くなる．コンピュータシステムにおいては，同時に実行できる機能はできる限り並行して動作させることによって，特にハードウェア機構を活用できる．

しかし，一方で，**入出力装置**は，ユーザのためだけではなく，ユーザがコンピュータと対話するために使用するハードウェア装置である．したがって，コンピュータの内部装置の動作と，ユーザが入出力装置によって入出力するタイミングとは，次のように深く関係する．

(A) 入力：内部装置で実行しているプログラム（実際には，マシン命令）には，情報（命令やデータ）を入力してほしいタイミングがある．

- 「いつ，すなわちどのタイミングで，ユーザが入力装置を使用して，情報を内部装置に送り込むか」については，原則として，内部装置は知らないし，知る必要もない．だから，入力は一種の「不測の事態や事象」であり，4.2.2 項［3］で述べた順序制御例（129 ページ）の (8) にあたる．しかし，いったん情報が入力されると，内部装置は入力された情報に対する処理を開始しなければならない．

- 一方で，内部装置が外部からの情報の入力を求めるタイミングがある．このときは，入力命令を実行すればよいが，その指令に応じてユーザがすぐに，あるいは正しく入力装置を使うことによって，情報を入力してくれるかどうかは予測できない．

(B) 出力：内部装置がプログラム（実際には，マシン命令）によって情報を出力することを指令するタイミングは内部装置自身が決める．

- 内部装置が情報を出力したいタイミングがある．このときは，出力命令を実行するが，その指令に応じて出力装置が，直ちにあるいは正常に，動作するかどうかは予測できない．

- 出力装置の動作が完了するタイミングについては，内部装置は知らない，あるいは分からない．これは「内部装置と出力装置が並行して動作する，あるいは動作できる」ことを示している．

このように，**入出力装置**は，「内部装置とそれを使用するユーザとのタイミングを合わせる」機能に代表される入出力動作の制御（**入出力制御**という，OS 機能としては 5.3.1 項で詳述）機能も備えている必要がある．入出力制御機能は，タイミング合わせであるから，内部装置側にも入出力装置側にも備わっていなければならない．

互いに独立しているが協調して動作する内部装置（特に，プロセッサ）と入出力装置（最終的には，入出力装置を使うユーザ）とは，適切なタイミング合わせ，すなわち適切なタイミングでの**同期**が必須となる．

- 入出力制御機能の根幹は，互いに独立して動作する**内部装置**（特に，プロセッサ）と**入出力装置**とのタイミング合わせすなわち**同期**である．

[6] 入出力割り込み

　図 4.43 に示すように，前の [5] で述べたような内部装置（特に，プロセッサ）と入出力装置との実際のタイミング合わせすなわち同期を実現する機能が**入出力割り込み**である．入出力割り込みは入出力装置の動作に起因する**割り込み**（4.2.2 項 [4]〜[7] で詳述）である．

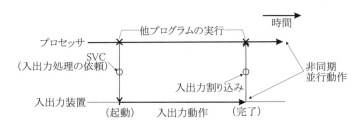

図 4.43　入出力処理と入出力割り込み

入出力割り込みが発生する要因には，次のような具体例がある．
(1)「入力装置が動作した，すなわち人間が情報を入力した」ことを内部装置に知らせる．たとえば，キーボードを押下したり，マウスを動かしたりした場合である．前の [5] での (A) の入力タイミング合わせにあたる．
(2)「出力装置の動作が正常に完了した」ことを内部装置に知らせる．前の [5] での (B) の出力タイミング合わせにあたる．
(3)「入出力装置が故障したり，異常動作した」ことを内部装置に知らせる．

- **入出力割り込み**は，入出力アーキテクチャの観点では，**入出力装置**が，非同期に並行動作する**プロセッサ**に対して送る「**同期したい**」という依頼である．

　主要な OS 機能としての入出力制御における入出力割り込みの具体的な役割については，5.3.1 項で詳述する．

[7] 入出力コントローラ

　入出力制御に関するハードウェア機構としては，図 4.44（特に，入出力装置周辺）に示すように，コンピュータの内部装置側に「コンピュータ（実際には，内部装置）⇔入出力装置（外部装置）間のデータ転送や入出力動作を

制御する機構」（**入出力コントローラ (I/O controller)** という）がある．入出力コントローラは「入出力制御を専門に行う小規模なコンピュータ」である．

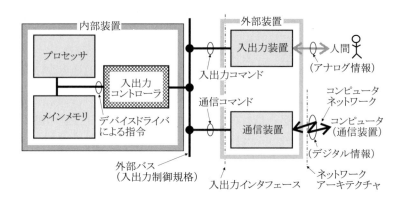

図 4.44 外部装置（入出力装置と通信装置）の位置付け

入出力コントローラは，入出力装置の機能を直接に実行・制御する指令（**入出力コマンド (I/O command)** という）を入出力装置に対して送出して，入出力装置や外部バスを直接制御する．

[8] 入出力制御規格と入出力インタフェース

ユーザ–コンピュータ間の対話の形態に応じていろいろな入出力装置が存在する．しかし，主要な**入出力制御**方式である「**入出力コントローラを介する間接制御**」においても，各入出力装置ごとに個別の入出力コントローラを用意するのは，そのハードウェア機構が巨大規模になり非現実的である．また，入出力装置の変更や追加などに対処しにくい．

そこで，入出力制御方式に対して**入出力制御規格**という一定の規格あるいは仕様を定め，内部装置側には，規格ごとの少数かつ少種類の入出力コントローラ（ハードウェア機構）と，それらを統一して管理・制御する OS とを装備しておく．そして，内部装置と入出力装置との情報転送路としての**外部バス**（4.3.1 項を参照）や入出力コントローラを規格ごとに共用することによって，入出力コントローラのハードウェア規模を劇的に小さくすることが可能となる．

入出力制御規格では，外部バスや制御信号線の種類，本数，媒体などの物理的な仕様，および入出力速度や電気的な仕様などの入出力制御方式を具体的に規定しておく．そして，入出力装置の特徴に合わせてあらかじめ決めてある適切な規格にしたがう入出力制御機能だけを，**入出力コントローラ**というハードウェア機構として，標準装備する．

一方，コンピュータ（特に，入出力コントローラを含む内部装置）が装備

▶《参考》
「入出力コマンド」の具体例としては，i) 入出力コントローラと入出力装置との論理的な（ソフトウェア上の）結合；ii) 入出力装置の状態の読み出しや異常の有無のチェック；iii) 入出力装置あるいは入出力機能の起動や制御；iv) 入出力装置との通信，すなわち入出力コントローラ⇔外部バス⇔入出力装置間データ転送およびその制御；v) 入出力装置あるいは入出力機能の停止や終了の確認；vi) 内部装置との通信（入出力割り込みや内部装置⇔入出力コントローラ間データ転送も含む）；などがある．

▶〔注意〕
「内部装置–入出力装置間の共用情報転送路すなわち外部バスの仕様」である「**入出力制御規格**」と「入出力装置そのものの仕様」である「**入出力インタフェース**」とを併せて「広義の入出力インタフェース」ともいう．
その場合，「入出力装置そのものの仕様」である「**入出力インタフェース**」は「狭義の入出力インタフェース」という．

している入出力制御機能（前の [5]～[7] で詳述）に対して，入出力装置の
それぞれは，「その入出力装置を使用するコンピュータ（特に，入出力制御
を行う入出力コントローラを含む内部装置）に対して示す**仕様**」を持って
おり，これを**入出力インタフェース**（図 4.44 を参照）という．すなわち，
コンピュータ（特に，内部装置）の入出力制御機能は，複数個・複数種類
の**入出力インタフェース**すなわち**入出力装置**そのものを，**入出力制御規格**
によって統一して管理・制御する．

この点で，**入出力制御規格**の主要部分は，「コンピュータそのものの入出
力制御機能が規定する『内部装置-入出力装置間の共用情報転送路』すなわ
ち**外部バスの仕様**」とも言える．

[9] 入出力機能におけるハードウェアとソフトウェアの機能分担例

入出力さらには入出力制御機能におけるハードウェアとソフトウェアの
機能分担方式，すなわち**入出力アーキテクチャ**の代表例を示しておこう．

(a) **ハードウェア**：内部装置側にある**入出力コントローラ**（割り込み処
理機構の一部を含む），**外部バス**，**入出力装置**そのものなどのハード
ウェア機構である．（図 4.44 を併照）

(b) **OS**：入出力そのものや入出力制御に関するプログラムやプロセス
（**入出力プログラム**や**入出力プロセス**である，実際にはマシン命令列，
5.3.1 項 [3] で詳述）の実行，入出力割り込み処理（5.3.1 項 [4] で
詳述）の実行，ユーザインタフェース（206 ページの参考を参照）の
提供などのソフトウェア機能である．実際には，入出力機能そのも
のや入出力制御機能は**入出力管理サービス**（5.3.1 項 [2] を参照）と
いう OS のシステムサービス（5.1.2 項 [6] を参照）として実現す
る．入出力機能における OS の分担については，5.3.1 項 [2] に詳
しくまとめてある．

(c) **ユーザプログラム**：入出力するデータ（「**入出力データ**」という）を
実際に使用あるいは処理するプログラムとして実行するソフトウェ
アである．入出力は，そのユーザプログラム中で，OS に依頼する．
入出力機能を含む入出力プログラムは，実行時には，入出力プロセ
スの一部，さらには (b) の OS プログラムとしての入出力プログラ
ム（例：入出力割り込み処理，入出力管理サービスなど）となる．

[10] 入出力装置の制御手順

OS プログラムとしての**入出力プログラム**は入出力操作や入出力制御を
行うマシン命令（**入出力命令**という，5.3.1 項 [3] を参照）を中心として
構成する．入出力命令の大半は SVC 命令である．

入出力プログラムの実行に伴う実際的な**入出力**および**入出力制御**手順の

▶ 〔注意〕
実際には，ユーザプログラムが OS に「入出力そのものや入出力制御」すなわち「入出力データの実際の入出力」を依頼する．そして，依頼を受けた OS（実際には，システムサーバ）が OS プログラムである入出力プログラム（実際には，入出力管理サービス）を実行して，「入出力そのものや入出力制御」機能を実現する．(5.3.1 項 [3] で詳述)

本書では，「入出力データそのものを入出力する (b) の OS プログラムである入出力プログラム」と「入出力データを実際に使用あるいは処理する (c) のユーザプログラム」とを区別している．

概略について示しておこう．（図 4.44 を併照）

1. OS（実際にはデバイスドライバ，物理的にはプロセッサ）：入出力コントローラと入出力装置とを物理的にすなわちハードウェア上で結合する．
   そして，入出力命令を実行して，入出力コントローラへ入出力指令を送出することで，入出力動作が始まる．
2. 入出力コントローラ：入出力コマンドによって，入出力装置に対して指示する．（[7] を参照）
3. 入出力装置：入出力動作そのものを行う．
   (a) 入力が生起する；(b) 出力が完了する；のそれぞれのタイミングで，「入出力動作の終了」を**入出力割り込み**（4.2.2 項 [6] を参照）として，入出力コントローラを経由して，OS（実際にはデバイスドライバ，物理的にはプロセッサ）に通知する．
4. OS：入出力割り込みを受けて，割り込み処理の一部として，「入出力コントローラと入出力装置との論理的なすなわちソフトウェア上の結合関係」を解放する．
   続いて，必要ならば，「入出力コントローラと入出力装置との物理的なすなわちハードウェア上の結合関係」を解放する．
   これによって，当該入出力命令に対応する入出力コマンド（列）の実行が終わる．

▶〔注意〕
この手順の 1. での「入出力コントローラと入出力装置との物理的な結合」とは，「物理的な信号線などで接続する」ことではなくて，「入出力コントローラによる当該入出力装置の認識」である．

4.3.3 ファイル装置のアーキテクチャ 《大容量メモリ機能と高速入出力機能を兼ね備える外部装置がある》

高速の入出力機能と大容量の格納機能とを兼備する外部装置として，**ファイル装置**がある．ユーザに最も近いところに置かれるメモリ階層としてのファイル装置の役割やアーキテクチャについて考えてみよう．

[1] コンピュータシステムにおけるファイル装置の位置付け

ファイル装置は，ハードウェア構成における位置付けを図 4.45 に示すように，大量の情報を格納する**メモリ機能**とそれをコンピュータの内部装置に対して**入出力**する機能を併せ持つ**外部装置**である．ファイル装置は，内部装置として装備する主要なメモリであるメインメモリと比べると，その**容量性能は格段に大きい**．一方で，ファイル装置のアクセス時間性能はメインメモリよりも劣る．すなわち，図 4.45 に示すように，ファイル装置は，ユーザすなわち人間とメインメモリの間に位置する主要な**メモリ階層**（4.2.4 項 [4] で詳述）で，**ファイル**（5.2.3 項 [1] で定義）という大量の情報（プログラムやデータ）を実際に格納する物理的なハードウェア装置

すなわちメモリの一種である．

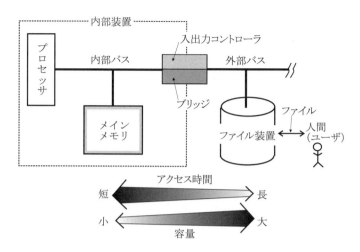

図 4.45 ファイル装置の位置付けとメモリ階層

コンピュータシステムのハードウェア装置としてのファイル装置の役割と特徴は次の通りである．

(1) コンピュータのユーザがプログラムやデータをファイルとして格納する．ユーザが，OS の管理下で，ファイル装置に格納してあるファイルを直接に編集さらには使用する．すなわち，入出力や格納の管理単位は，個々のプログラムやデータではなく，ファイルという「ユーザが直接作成したり取り扱う論理的にひとまとまりの情報」である．

(2) プロセッサからは，メインメモリと相対的に比較すると，アクセス速度よりも格納機能すなわち容量を重視したメモリ階層という位置付けにある．したがって，物理的にすなわちハードウェア上でも，メインメモリの補助メモリあるいはバックアップメモリと言える．特に，メインメモリ機能の空間的改善を図るために利用するメモリ階層として，仮想メモリ機構（4.2.4 項 [8] で詳述）においても，メインメモリ（仮想メモリ機構では「実メモリ」）のバックアップメモリの役割を担う．また，プロセッサからは，直接アクセスではなく，メインメモリを経由する間接アクセスとなる．

(3) 電源を切っても，すなわち電気の供給をやめても，格納している情報が消えない（不揮発性という）」ことが必須の要件である．この要件は，電源を切ると情報が消える（「揮発性」という）メインメモリとの，メモリ階層を決める性能指標以外での明白な相違点でもある．

(4) 外部装置としての，入出力装置（前の 4.3.2 項で詳述）との類似点は次の 2 点である．
 • 内部装置から見ると双方向の入出力機能を備えている．

- 内部装置との情報の送受については，**入出力制御**や**入出力割り込み**の各機能を使う．

(5) 一方，外部装置としての，入出力装置との相違点は次の2点である．
- メモリとしての**格納**が主要な機能であり，入出力は格納を補助する付随的な機能である．
- 「人間（ユーザ）とコンピュータ（内部装置）とが共用する情報格納装置」という位置付けであり，ユーザと内部装置とがファイル装置を介して**間接**的にファイルを送受するが，ユーザが内部装置に情報を直接入出力するためだけに使う入出力装置ではない．

[2] ファイル装置の制御

ファイル装置の**メモリ階層**としての役割は次の2点である．
(a) メインメモリのバックアップメモリ装置という位置付けである．
(b) アクセス時間（ファイル装置では，厳密に言うと，情報転送に要する時間）性能の高速性よりも**格納**機能の大容量性を重視する．

このようなメインメモリとファイル装置の隣接するメモリ階層関係を利用しているのが，4.2.4項 [7]～[10] で述べた**仮想メモリ**である．

一方，ファイル装置は，次の理由で，内部装置からは「高速の**入出力装置**」と見なせる．
- コンピュータの内部装置との情報の送受は**入出力機能**そのものであるが，その送受に人間（ユーザ）が直接には介在しない分だけ高速である．
- 転送する情報の単位が**ファイル**という比較的大きなまとまりなので，高速入出力機能が要求される．

また，図 4.45 に示すように，プロセッサから見るとメインメモリ階層よりも遠くに位置する．すなわち，メインメモリに比べると，大容量であるが低速のメモリ階層である．

したがって，ファイル装置に関する**入出力制御**機能は，次のようにして実現する．

(1) 外部バスを使う入出力制御を専門に行うハードウェア機構（**入出力コントローラ**である）を実装する．
(2) ファイルは，図 4.45 に示すように，メインメモリとファイル装置との間で直接送受すなわち転送する．具体的には，内部バスと外部バスとを結ぶブリッジ（139ページの図 4.22 も参照）と入出力コントローラが制御し，プロセッサが直接制御するわけではない．
(3) プロセッサは，(a) 転送開始時に，転送ファイルの大きさの通知や転送開始指令を**入出力命令**として与える；(b) ファイル転送が完了したことを**入出力割り込み**によって知る；の各場合にだけ，ファイル装置の制御に関与する．

この (2) で示したように，ファイル装置がプロセッサを経由することなくメインメモリと直接に情報の送受をする入出力制御方式を**ダイレクトメモリアクセス** (Direct Memory Access, DMA) という．一方，プロセッサも，メインメモリに格納されているマシン命令やデータにアクセスする必要がある．したがって，「メインメモリの動作タイミングはプロセッサとファイル装置（実際には，DMA による入出力コントローラ）とが奪い合っている」ことになる．

[3] 種々のファイル装置

ファイル装置は，メモリ階層を構成する容量とアクセス時間との 2 つの指標によって，さらに細かいメモリ階層に分けることができる．現代のコンピュータでも，特に身近にあるファイル装置をメモリ階層として列挙しておこう．

(a) **ハードディスクドライブ** (Hard Disk Drive; HDD)：ファイル装置の主流であり，現代のコンピュータの大半が装備している代表的なファイル装置である．「メインファイル装置」と位置付けられる．
i) 磁性体を塗布して表面を磁化した円盤（「ディスク」(disk, disc) である）を高速回転し；ii) それに対して，磁気ヘッドを高速移動して，円盤上の微細な磁気メモリ素子に対する位置決めをして；iii) 磁気メモリ素子の磁化の向きを電気的に制御する；という手順によって，情報を読み書きするドライブ（drive; 駆動）装置である．ディスクの回転やヘッドの移動という機械的なドライブ機構があるので，電気的に動作する IC メモリだけで構成するメインメモリや (b) のフラッシュメモリより動作速度は遅いが，磁性体をメモリ素子としているので単位面積あたりの集積度は高い．

(b) **フラッシュメモリ** (flash memory)：ブロック単位で情報を電気的に一括消去（「フラッシュ」(flash) という）することができる不揮発性の IC メモリである．動作原理上，消去（フラッシュ）・書き込み可能回数が限られている．したがって，ファイル装置としては，消去・書き込みが特定ブロックに集中しないように書き込みを平滑化（書き込みの偏りの防止，「ウェアレベリング」(wear levelling) という）するハードウェア機構（「コントローラ」である）をフラッシュメモリ素子に付加する．
いろいろな入出力制御規格（4.3.2 項 [8] を参照）や外形サイズのフラッシュメモリをメモリ素子として組み込んだファイル装置（例：USB[†] メモリ，SD メモリカード[‡]，SSD など）がある．
特に，SSD (Solid State Drive；「フラッシュ SSD」ともいう) は，ウェアレベリングをはじめとする種々の高機能な制御を行う超小型

▶ [†] USB
"Universal Serial Bus" の略称で，現代のコンピュータにおける標準的な入出力制御規格（4.3.2 項 [8] を参照）の 1 つである．

▶ [‡] SD メモリカード
"SD" という入出力制御規格に適合するフラッシュメモリである．外形サイズが切手大より小さいカードで，家電機器からコンピュータまで，超小型ファイル装置として幅広い利用がある．

プロセッサを組み込んだコントローラを内蔵し，HDDと同じ入出力制御規格を持っている．SSDは，機械的なドライブ機構が不要なので，小型化，軽量化，省電力化および高耐衝撃性の点で，HDDよりも優る．したがって，SSDは，モバイル（携帯用）パソコンで，HDDを置き換えるメインファイル装置になっている．一方，ファイル装置という大容量メモリとして，SSDがHDDよりも劣る点は，消去・書き込み可能回数の制限による寿命および容量あたりの価格（「容量単価」という）の高さである．

(c) 光ディスクドライブ：光学ドライブ装置を使い，光（実際には，半導体レーザ）の反射の度合いによって，円盤状メディアに情報を読み書きする．光メディアには，第1世代（1980年代～）のCD (Compact Disc; 片面1層の最大容量：700メガ[†]バイト程度)，第2世代（1990年代～）のDVD (Digital Versatile Disc; 片面1層の最大容量：4.7ギガ[‡]バイト程度)，第3世代（2000年代～）のブルーレイディスク (Blu-ray Disc, BD; 片面1層の最大容量：25ギガバイト程度) などがある．どの光メディアも，読み出し（再生）専用，追記可能，1回だけの書き込み可能，書き換え可能など種々の型式がある．

HDDと比べると，i) 多様な環境に対する耐久性が高い；ii) アクセス時間は劣る；iii) 可換である；という特徴がある．ソフトウェアや大規模データは，光ディスクで持ち運んだり，配布したりするのが一般的である．

なお，ファイル装置では，アクセス時間の代わりに，「**転送速度**という単位時間あたりの転送データ量」という指標で速度性能を示す．また，転送速度は，ファイル装置そのものへのアクセス時間だけではなく，入出力制御規格（4.3.2項 [8] を参照）によって決まる．

表 4.2 代表的ファイル装置の容量性能例

ファイル装置名	容量（バイト）
フラッシュメモリカード	数百メガ～数百ギガ
ハードディスクドライブ (HDD)	数百ギガ～数テラ[¶]
光ディスクドライブ	数百メガ～数十ギガ [*1]

(*1 可換メディア1枚あたり)

表4.2に，これら (a)～(c) のファイル装置がそれぞれのメモリ階層として示す典型的な容量性能例（154ページの注意を参照）を掲げておく．

▶ [†]メガ；[‡]ギガ；[¶]テラ
　メガ：Mega- (M); $\times 10^6$；ギガ：Giga- (G); $\times 10^9$；テラ：Tera- (T); $\times 10^{12}$；をそれぞれ表す単位の接頭語である．（「ギガ」は再掲）
　それ以外に，キロ：Kiro- (K); $\times 10^3$ およびペタ：Peta- (P); $\times 10^{15}$；などがある．

▶ 《参考》
　そのほかにも，粉末の磁性体を塗布した長い帯状のフィルム（テープ）をメディアにして，巻き取りなどの移動で情報を読み書きする「磁気テープ装置」がある．磁気テープ装置は，テープの巻き取りという構造上，逐次（「シーケンシャル」 (sequential) という）アクセスで，ランダムアクセスはできない．したがって，(a)～(c) のような一般的なファイル装置としては機能しない．しかし，安価な大容量化が可能で，バックアップ用ファイル装置として，一定の用途がある．

4.3.4 通信アーキテクチャ 《通信装置と通信ソフトウェアとの機能分担で通信機能を実現する》

現代のコンピュータは**コンピュータネットワーク**を介して相互に結合する．そして，コンピュータどうしはコンピュータネットワークを介して相互に**通信**する．本項では，コンピュータどうしの対話のための外部装置である**通信装置**の役割について明らかにする．特に，通信装置を中心にして実現する通信機能におけるハードウェアとソフトウェアの機能分担方式すなわち**通信アーキテクチャ**について整理してみよう．

[1] データ通信

前の 4.3.2 項で詳述した入出力装置は，私たち人間が身近にあるコンピュータと対話するときに必要となるハードウェア装置である．しかし，コンピュータの活用の仕方は多種多様となり，たとえば，人間がユーザとして身近のコンピュータを使用して，遠隔に設置されている別のコンピュータが保持する情報を利用することもごく当たり前になっている．

この場合には，結果として，身近にあるコンピュータと遠隔のコンピュータとが情報を送受する必要がある．これはコンピュータどうしの対話であり，**コンピュータネットワーク**（次の[2]で詳述）という通信路を介するデジタル情報（例：数値，文字，図形，画像，音声など）の送受である．人間どうしが音声や文字というアナログ情報によって行うアナログ通信に対して，論理値や 2 進数を表現するデジタル情報やデジタル信号の送受や転送を**デジタル通信**という．特に，「コンピュータどうしのデータ転送や送受信」を**データ通信**という．

人間の代わりにコンピュータネットワークを介して他の入出力装置あるいはコンピュータなどのハードウェア装置を相手に行う**データ通信**では，ハードウェア構成や OS の相違あるいは通信路の形態に配慮しなければならない．したがって，通信方法の規格や通信規約の設定が必須となる．入出力を行う外部バスや入出力インタフェースにいろいろな規格（4.3.2 項[8]で詳述した「入出力制御規格」である）があるように，データ通信にも様々な規格や規約（**通信プロトコル** (protocol) という，[9]を参照）がある．

論理値や 2 進数を使うコンピュータどうしの通信における，共通の通信プロトコルに基づいた情報送受を実現するハードウェア機構を**データ通信装置**，あるいは単に**通信装置**という．

[2] コンピュータネットワーク

コンピュータネットワークは，コンピュータどうしを相互に接続し，コン

▶〔注意〕
　人間どうしの音声による「アナログ通信」も，携帯電話などのデジタル通信装置を介すると，通信装置間の通信は「デジタル通信」となる．

▶〔注意〕
　以降では，特に紛れがない限り，「データ通信」を単に「通信」という．

▶〔注意〕
　本書では，紛れのない限り，「通信装置」を使う．

▶〔注意〕
　以降では，特に紛れがない限り，「コンピュータネットワーク」を単に「ネットワーク」ということもある．

ピュータの処理能力や格納されている情報などを共用するための通信ネットワーク機構である．

コンピュータネットワークの機能は，(1) ネットワークの構成方式，特に，ネットワークの物理的あるいは幾何学的形状；(2) 通信媒体，特に，有線か無線か；(3) 通信方式；(4) 通信制御方式；(5) 通信プロトコル（[9] を参照）；などの組み合わせによって決まる．しかし，ネットワークの機能の相違がそのネットワークに接続するコンピュータから見えては，多種多様なコンピュータによるネットワークそのものの共用は不可能である．

したがって，多種多様なコンピュータシステム（ハードウェアとソフトウェア）とコンピュータネットワークとの間に配置して，コンピュータシステムやそれを利用する私たち人間（ユーザ）が「コンピュータネットワークの存在を意識しなくてもよい」（**ネットワーク透明性**という，5.3.2項 [3] で定義および詳述）ようにする**通信機能および機構**が必要となる．この通信機能や機構は主として通信プロトコルの処理を担うもので，通信専用のハードウェア機構である通信装置と内部装置（のハードウェアとソフトウェア）とで分担して実現する．ネットワーク透明性とは，「ネットワークで接続するコンピュータどうしが互いのハードウェア機構や OS の相違を隠ぺいする機能」と言える．

[3] 通信機能の一般的特徴

通信機能は 4.3.2項で述べた入出力機能の特殊形と考えてもよい．**通信機能の特徴**について，特に，入出力機能との相違点を中心に整理しておこう．

(1) 「内部装置が主で，入出力装置が従」という関係がある入出力機能とは異なり，通信者どうしすなわちコンピュータ間に，原則として，主従関係がなく**対等**である．

(2) 通信は**双方向**で，また，両方の通信者が同時に通信することを許す**同時性**がある．

(3) ファイル（5.2.3項 [1] で定義）としてまとめたデジタル情報をコンピュータどうしで送受する**データ通信**（実際には，ファイル転送）が主である．

(4) **長距離**伝送が主であり，コンピュータネットワークに要するコストを考慮すると，入出力機能のように制御信号線とデータ線を別にしたり，データ線を複数本にする並列転送方式は採用できない．そのために，1本の通信線による**直列転送**が一般的である．

(5) ハードウェアからソフトウェアまでを含めてコンピュータシステムは多種多様であるので，それらを共用のネットワークに接続して自由に相互通信するためには，**通信プロトコル**（[9] を参照）を設定する必要がある．

▶《参考》
　通信媒体を電磁波（電波）とする**無線ネットワーク**には，有線ネットワークに比べて，i) 通信速度と通信距離が限定される；ii) 雑音の影響を受けやすい；iii) 情報セキュリティ（security; 安全確保）に注意せねばならない；という短所がある．しかし，これらの短所が技術革新によって目立たなくなるにつれて，iv) ネットワークに接続するコンピュータの移動が簡単である；という長所がより顕著になって，現代のコンピュータのモバイル環境を支える代表的なコンピュータネットワークとなっている．
　無線ネットワーク特に無線 LAN（11 ページの参考を参照）の世界的な標準規格としては，"Wi-Fi"（ワイファイ (Wireless Fidelity)）が代表的である．

(6) 全世界のコンピュータどうしで通信するためには，ネットワークどうしを相互接続する必要がある．全世界のコンピュータどうしを接続する代表的なコンピュータネットワークが**インターネット**（the Internet）である．

コンピュータネットワークも含めて，(1)〜(6)の機能を実現する外部装置が**通信装置**である．

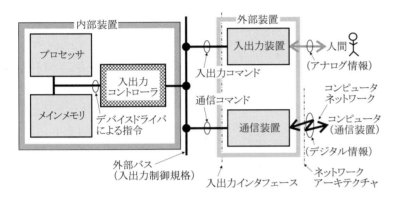

図 4.46　外部装置（入出力装置と通信装置）の位置付け（再掲）

[4] 通信装置

通信装置は入出力装置の一種であり，広義の入出力装置に分類できる．したがって，図 4.46（図 4.44 の再掲）に示すように，コンピュータの内部装置側の通信制御機構（**通信コントローラ**という）は入出力コントローラ（4.3.2 項 [7] で詳述）が兼ねる．この場合，内部装置側の入出力コントローラすなわち通信コントローラと通信装置とのデータ転送路は外部バスである．

通信装置の機能を列挙しておこう．
(1) 通信装置の**制御**：コンピュータ（内部装置）側にある入出力コントローラからの通信コマンドによって通信装置自身の動作や実行を制御する．
(2) **通信プロトコル変換**：通信アーキテクチャとネットワークアーキテクチャ（次の [5] で詳述）とで相異なる通信プロトコル（[9] 項で詳述）の相互変換やそれぞれの通信プロトコルのエンコードおよびデコードを行う．
(3) **ネットワーク制御**：コンピュータネットワークの管理やアクセス競合の調停などである．
(4) **データ変換**：直列⇔並列変換のハードウェア機能レベルから文字コー

▶〔注意〕
以降では，「通信コントローラ」は「入出力コントローラ」に含める．図 4.46 では，「通信コントローラ」を「入出力コントローラ」に含めて示している．

ド変換などのソフトウェア機能レベルまで種々ある．

(5) 通信データのバッファ：内部装置の処理速度とデータ通信（転送）速度との差を吸収するために，通信装置内で通信データを一時的に保持（「バッファ」である）する．パケット交換（[8]で詳述）という通信方式では，「パケットの蓄積」機能を直接実現する．

[5] ネットワークアーキテクチャ

　コンピュータの**通信装置**は**コンピュータネットワーク**を介して他のコンピュータ（の通信装置）と直接通信する．したがって，コンピュータネットワークには通信プロトコル（[9]項を参照）を設定しておき，コンピュータ間のデータ通信はその通信プロトコルに合わせて行う．図4.46に示すように，通信装置から見たネットワークの通信プロトコルを**ネットワークアーキテクチャ**という．

　また，**通信アーキテクチャ**は，同じ図4.46に示すように，通信装置を中心として，入出力（通信）コントローラ側の**入出力インタフェース**とコンピュータネットワーク側のネットワークアーキテクチャとの総称である．したがって，通信装置におけるハードウェアとソフトウェアの機能分担方式すなわち通信アーキテクチャの設計では，入出力インタフェースとネットワークアーキテクチャとの両方を考慮しなければならない．具体的には，**通信装置**は「入出力インタフェースとして示される外部バスの入出力制御規格と，ネットワークアーキテクチャとして示される通信プロトコルとの機能変換を行う機構」となる．

　入出力装置の機能は実現する入出力機能の特性によって決まるので，入出力アーキテクチャの設計ではコンピュータの内部装置と入出力装置すなわち外部装置とのインタフェース（「入出力インタフェース」である）だけを考慮すればよい．これに対して，**通信装置**には**コンピュータネットワーク**を介して多種多様なコンピュータと接続する機能が必須となる．また，通信装置は，コンピュータネットワークというハードウェア機構の両端で，通信するコンピュータどうしを接続する．この点で，通信装置におけるハードウェアとソフトウェアの機能分担方式はコンピュータネットワークの機能やネットワークアーキテクチャの影響を受ける．

[6] 通信装置の制御手順

　コンピュータの内部装置（特に，プロセッサ）から見ると，**通信装置**は外部バスに接続する入出力装置の一種である．したがって，「OSが実行する**通信プログラム**（「入出力プログラム」でもある）と，それによって通信コントローラが通信装置に対して送出する**通信コマンド**との関係」は「入出力プログラムと入出力コマンドとの関係（4.3.2項[10]を参照）」と同

じである．すなわち，実際には，通信プログラムは次の手順で通信装置を制御する．（図 4.46 を参照）
1. OS：プロセッサが，**通信プログラム**（実際には，通信命令すなわち入出力命令を含むマシン命令列，5.3.2 項 [1][2] を参照）によって，通信コントローラに対して指令する．
2. 通信コントローラ：通信コマンド（入出力コマンドである）列によって，通信装置に対して指令する．
3. 通信装置：コンピュータネットワークを介して通信する．

[7] 通信機能におけるハードウェアとソフトウェアの機能分担

データ通信機能におけるハードウェアとソフトウェアの機能分担方式，すなわち**通信アーキテクチャ**の代表例を示しておこう．
  (a) ハードウェア：内部装置側にある**通信コントローラ**，**通信装置**および**通信線**（外部バスを含む信号線や**コンピュータネットワーク**そのもの）などのハードウェア機構である．
  (b) OS：通信そのもの，通信管理，通信制御および通信プロトコル（[9] を参照）処理などの各機能を実現するプログラム（**通信プログラム**である）の実行を管理・制御するソフトウェア機能である．実際には，通信制御機能は**通信管理サービス**（5.3.2 項 [1] を参照）という OS のシステムサービスによって実現する．通信管理サービスによる通信および通信制御の具体例としては，i) 通信プロトコルのチェックや実行；ii) データの送受信そのもの；iii) 通信線の多重使用の管理すなわち使用競合の解決；iv) 障害からの回復処理；などがある．通信機能における OS の分担については，5.3.2 項 [2] に詳しくまとめてある．
  (c) ユーザプログラム：通信機能あるいは通信処理機能の一部は共用できる形式のプログラム（「ライブラリ」という）としておき，必要に応じてユーザプログラムから呼び出して使用する．

[8] パケット交換

現代のコンピュータの代表的なデータ通信方式は，(1) 送信側で送信データを**パケット**†(packet) に分解し，いったん蓄積して，空いている通信路を使用してパケットを順不同で転送する；(2) 受信側で受信したパケットをいったん蓄積し，受信データとして元のデータの形に組み立て直す；という**パケット交換**方式である．また，パケット交換にしたがうコンピュータネットワークを**パケット交換ネットワーク**という．パケット交換は，「通信データを通信装置内にいったん蓄積（「バッファ」である）しておき，通信路の空きあるいは使用状況に適応するように，その伝送や転送を制御し

▶ †パケット
「フレーム」(frame) という一定長のデータブロックを複数個用いて構成する一定長以下の「データ通信時の単位データ」である．

ながら通信する」(**蓄積交換**という) 方式の代表例である．

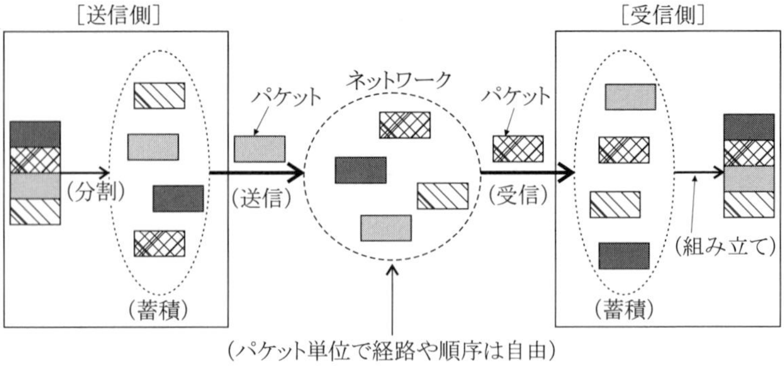

[送信側]　　　　　　　　　　　　　　　　　　　　　　　[受信側]

パケット　　ネットワーク　　パケット

(分割)　(送信)　　　　　　　　(受信)　　(組み立て)

(蓄積)　　　　　　　　　　　　　　　　　(蓄積)

(パケット単位で経路や順序は自由)

図 4.47　パケット交換

> ● 現代のコンピュータネットワークの主流は**パケット交換ネットワーク**である．

[9] **標準通信プロトコルにおけるハードウェアとソフトウェアの機能分担**

　コンピュータネットワークの仕様をハードウェアとソフトウェアの機能分担方式すなわちネットワークアーキテクチャのある一定の機能レベルで統一あるいは標準化するのが**通信プロトコル**である．コンピュータネットワークの仕様を通信プロトコルによって統一あるいは標準化することで，「コンピュータやそのユーザが，物理的にも論理的にも，コンピュータネットワークの存在を意識せずにデータ通信できる」**ネットワーク透明性**が実現できる．

　逆に言うと，ネットワーク透明性は「**通信プロトコルとして統一した共通あるいは標準ネットワークアーキテクチャを規定する**」ことによって実現できる．したがって，通信アーキテクチャやネットワークアーキテクチャの設計では，そのコンピュータネットワークに接続する多種多様なコンピュータや他のコンピュータネットワークに対して示す**標準通信プロトコル**の確立が主となる．

　ネットワーク透明性と通信プロトコルの関係については，特に OS の観点から，5.3.2 項 [3] で詳述している．この 5.3.2 項 [3] では，具体的な**標準通信プロトコル**として，(1) **データリンク層** (data-link layer)：入出力コントローラが発する通信コマンドによって実現する；(2) **ネットワーク層**，および (3) **トランスポート層** (transport layer)：内部装置で実行する OS プログラムで直接実現する；(4) **セッション層** (session layer)：応用プログラムで実現する；という 4 層（下層から上層へ (1)〜(4) の順）の機能

レベルごとに規定する例を示している．

この標準通信プロトコルの例においては，(1) よりも下の最下層として，
(0) **物理層**：「通信装置や信号線を物理的かつ電気的に接続する」機能レベルすなわち**ハードウェア機能レベル**；がある．標準通信プロトコルの物理層は，たとえば，通信装置の外部バス側のコネクタ (connector) の形状や信号条件などの物理的なインタフェースを規定する．また，ネットワークアーキテクチャすなわち通信装置のコンピュータネットワーク側の物理的な規格あるいは仕様も，標準通信プロトコルの物理層で規定する．

[10] **ネットワーク間接続装置とインターネット**

現代の**インターネット** (the Internet) は，無数にあって多種多様なコンピュータネットワーク相互を接続して構成してある．コンピュータネットワーク相互を接続する通信装置を**ネットワーク間接続装置**という．一般に，ネットワーク間接続装置は，コンピュータ本体に接続する一般的な通信装置とは異なり，コンピュータとは独立したハードウェア装置である．したがって，ネットワーク間接続装置そのものがハードウェアとソフトウェアとの機能分担方式すなわち通信アーキテクチャを設定する．

「標準通信プロトコル（前の [9] を参照）のどの機能レベル（層）のどれによってネットワークアーキテクチャを構築するのか」によって，**ネットワーク間接続装置**を分類してみよう．この分類は，ネットワーク間接続装置によって実現するネットワークアーキテクチャにおけるハードウェアとソフトウェアとの機能分担方式すなわち通信アーキテクチャ例でもある．

(a) **リピータ** (repeater)，**ハブ** (hub)：**物理層**での接続機能を実現する．ソフトウェア機能は装備していないので，データすなわちビット列の論理的意味（163 ページの注意を参照）を考慮せずに，信号の物理的な整形と増幅および中継だけを実行する．コンピュータネットワークの物理的な延長や分岐などに使用する．

(b) **ブリッジ** (bridge)：**物理層とデータリンク層**での接続機能を実現する．ブリッジ機能例としては，i) 異なる「ネットワーク使用要求の解決方式」（「アクセス制御」という）を持つネットワーク間の相互接続；ii) 宛先アドレスを抽出かつ認識して，自分がカバーする宛先へのパケットは通し，そうでないパケットは通さない機能（「フィルタリング」(filtering) という）；などがある．

(c) **ルータ** (router)：**物理層からネットワーク層**までの 3 層の接続機能を実現する．通信経路の選択（「ルーティング」(routing) という）機能だけに特化してあるネットワーク間接続装置である．

(d) **ゲートウェイ** (gateway)：ネットワーク間接続専用のコンピュータである．セッション層以上の通信プロトコルを処理する機能を装備す

▶〔注意〕
(b) の「ブリッジ」は，4.2.3 項 [2] で示したコンピュータ内部においてバス間を物理的に接続するブリッジとは異なり，コンピュータネットワーク間を通信プロトコルを含んで，論理的にも接続するネットワーク間接続装置である．

る．また，異なる通信プロトコルを接続する場合には，プロトコル変換機能が稼働し，通信プロトコルやネットワークアーキテクチャの違いにも対処できる．中小規模のコンピュータネットワークどうしの論理的な接続機能を実現するためには必須となるネットワーク間接続装置である．

　現代では，一部地域あるいは構内や建物内規模のコンピュータネットワーク（**LAN** という，11 ページの参考を参照）のほとんどが相互に接続されている．そのため，ネットワークは地球規模で唯一となり，これを**インターネット** (the Internet) と呼んでいる．

　ネットワークどうしを接続する通信装置である**ネットワーク間接続装置**を利用してコンピュータネットワークどうしを相互接続することによって，その全体規模はたちまち大きくなり，インターネットという地球規模のネットワークができている．インターネットを通じて全世界のコンピュータどうしが接続されたのである．

演習問題

1. 現代のコンピュータが必ず装備している基本ハードウェア装置を3点挙げ，それぞれの機能，およびそれらの基本ハードウェア装置によるハードウェア構成について，簡潔に説明しなさい．

2. 現代のコンピュータが内部装置として必ず装備しているレジスタについて，そのアーキテクチャ上の役割や意義を，メインメモリと比較することによって，説明しなさい．

3. 現代のコンピュータが，特に，命令実行順序制御機構として，装備する割り込みについて，次の問に答えなさい．

    (a) 割り込みの必要性を列挙して明らかにしなさい．

    (b) 割り込みを「割り込み要因の発生場所」という指標によって分類しなさい．分類では，それぞれの割り込み要因の具体例を2つずつ挙げて，「どのような場合に生じる割り込みか」についての簡単な説明を添えなさい．

    (c) (b)で挙げた割り込み要因の具体例のそれぞれが，(a)で挙げた必要性のどれ（複数も可）に対応するかについて示しなさい．

4. 8ステージ（ただし，1ステージ時間＝5ナノ秒）で構成する命令実行サイクルを持つ命令パイプライン処理機構がある．この命令パイプライン処理機構に何個以上のマシン命令を投入すると，パイプライン処理しない場合に比べて，7.9倍以上の高速化が達成できるか求めなさい．

5. 負数も扱える2進整数の加算器を構成する場合に，負数を1の補数表現する場合と2の補数表現する場合に生じるアーキテクチャ上の得失について，比較して述べなさい．

6. メモリ階層について，次の問に答えなさい．

    (a) メモリ階層が形成される理由について，メモリ機能を測る2つの指標を明示して，説明しなさい．

    (b) 主要なメモリ階層を4つ挙げて，それらのアーキテクチャ上の特徴を(a)で挙げた2つの指標で具体的に比較して述べなさい．

7. メモリ階層と参照局所性の活用によってメインメモリ機能を改善するメモリアーキテクチャである仮想メモリとキャッシュメモリの導入目的について，両者のアーキテクチャ上の類似点と相違点とを具体的に示して，比較して明らかにしなさい．

8. 現代のコンピュータが装備する代表的な外部装置を，内部装置を補助する機能の違いによって，3種類に大別し，それぞれの役割について説明しなさい．

9. 入出力装置および入出力アーキテクチャについて，次の問に答えなさい．

    (a) 入出力制御について，入力と出力に分けて，それぞれの必要性を具体的に明らかにして，説明しなさい．

    (b) 入出力割り込みについて，入力と出力に分けて，それぞれの要因および必要性を具体的に明ら

かにして，説明しなさい．

10. ファイル装置の機能およびアーキテクチャ上の特徴について，内部装置であるメインメモリや外部装置である入出力装置と比較して述べなさい．

11. 通信装置の機能およびアーキテクチャ上の特徴について，入出力装置や入出力機能と比較して述べなさい．

【鳥瞰】 ヒトと情報とコンピュータ

ヒト（人間）が作る「もの」はヒトの，さらにはヒトのできないことの，代わりをする．したがって，工学も技術開発も**ヒト中心**で行わねばならない．すなわち，「工学における**ヒト中心設計**（英語では "human-centered design" あるいは "human-centric design"）」は，ヒトの喜ぶあるいはヒトを助けるものづくりを意味する．

ヒト（人間）の進化は**情報**の取捨選択から始まる．そして，ヒトの文明や文化は情報の取捨選択で生まれる．ヒトが行う学問は関連する情報の発掘や整理，体系化である．一方で，科学と工学は学問であり，それらを結ぶあるいはそれらの橋渡しをするのはヒトである．そして，科学や工学といういろいろな学問分野をつなぐ「もの」，すなわち媒質，媒体，メディア，媒介物，物質などは情報そのものである．したがって，ヒトが生み出し取捨選択する情報は科学と工学さらには技術をつなぐあるいは融合する触媒となる．

他の工学や科学に比べると格段に新しい学問分野である**情報工学**と**情報科学**（英語では両者を総称して，"information science" または "computer science" という）は，学として，情報の表現，伝達，変換および蓄積に関する技術である**情報処理技術**とともに，1960年代以降に整備・確立されている．両者は，「数学を基盤に，**情報**を対象にする学問である」点では同じである．しかし，学問の手法では，情報科学が科学あるいは解析的であるのに対して，情報工学は工学あるいはものづくり的である点で異なる．情報工学は，情報を対象にして，情報処理（表現，伝達，変換および蓄積の総称）の方法や方式および人工的な機構，機能，仕組み，工夫または理論のそれぞれを，製作，設計，開発，製作，考案，作成，発明または合成する学問である．そして，情報工学というものづくり学に科学的方法を取り入れたり，科学的方法で始めたりするのが有効であることから，「情報を科学して得る情報をもとにして情報を工学する」ことが普通になっている．

現代では，情報科学と情報工学はそれぞれの進展で，両者の境界が溶けてしまっている．その結果として，「もの」を使って**こと**すなわち**情報**をつく（作，創，造）る**ことづくり**に関する学問として，**情報学**（英語では "informatics"）という学問が進展している．情報学のための道具あるいは技術が**情報工学**であり，一方で，情報学の指針となるのは**情報科学**が解明する原理である．情報工学は情報学のための道具を作って提供し，情報科学は情報学の原理を指針として明示する．ものづくりの道具が「もの」であるように，ことづくりの道具は「こと」，すなわち，情報学の道具は情報である．「『もの』による『ことづくり』」が「『ものづくり』から『ことづくり』へ」を後押ししている．ことづくりである情報学にも **PDCA サイクル**（98ページの「鳥瞰」を参照）があり，つくるあるいはつくった「こと」すなわち「情報」についての，設計や評価さらには評価結果の再設計へのフィードバックが重要となる．

情報工学や情報科学の**道具**は**コンピュータ**という高度なシステムすなわち**コンピュータシステム**である．また，**情報工学**は，その道具であるコンピュータやコンピュータシステムそのものを学問対象にすることもある．コンピュータやコンピュータシステムについては，それらを道具として作る**ヒト**と使う**ヒト**がいて，両者の対話や協調が情報科学や情報工学さらには**情報学**を劇的に進展させる．

第 5 章
オペレーティングシステム

[ねらい]

　コンピュータのユーザ（利用者）である私たち人間と，その道具としてのコンピュータそのものとの間に立って，道具であるコンピュータの能力を最大限に引き出したり，コンピュータの使い勝手を高めたりする基盤機能が「オペレーティングシステム」(Operating System; OS) である．OS 自身は，ユーザが道具として使うコンピュータシステム上で稼働するソフトウェア機能であり，その点で，ユーザ自身あるいはユーザ個々が使うソフトウェアと，コンピュータシステムのハードウェアとの間に置く基盤ソフトウェアと言える．基盤ソフトウェアとしての OS 機能のうち，ソフトウェアとハードウェアとの境界（インタフェース）での役割を遂行する機能を「OS の基本機能」という．本章では，コンピュータ工学の一端を担い，ソフトウェアとハードウェアとの接点に位置して，コンピュータの能力を最大限に引き出す「OS の基本機能」について明らかにする．

[この章の項目]
OS の位置付け
OS の機能
OS と割り込み
プロセッサとプロセスの管理
OS と仮想メモリ
ファイル管理
入出力制御
通信制御

5.1 OSの役割と機能

コンピュータシステムは「私たち人間が情報を処理（変換，伝達，表現および蓄積）するために使用する道具」である．そして，私たち人間がコンピュータシステムによって情報を処理する際には，必ず，**オペレーティングシステム**（Operating System; OS̄）という基本的かつ基盤となるソフトウェアの世話になる．本節では，コンピュータシステムの基盤ソフトウェアであるOSのコンピュータシステムにおける位置付けや役割，および，ハードウェアやOS以外のソフトウェアとの関係について明らかにする．

5.1.1 OSの位置付け 《OSはハードウェアとソフトウェアの接点に位置する基盤ソフトウェアだ》

OSは「現代のコンピュータシステムにおいては欠くことのできない」という意味で「基本的なまた基盤となるソフトウェア」である．本項では，「コンピュータシステムにおける基本的なまた基盤となるソフトウェアとしてのOSが，コンピュータシステムの全体機能の実現において，どのような役割を担い遂行しているのか」について明らかにする．また，「OSはシステムプログラムともいう」ことを踏まえて，「なぜ，OSを『システムプログラム』というのか」についても考えてみよう．

[1] コンピュータシステムにおけるOSの位置付け

コンピュータシステムによって行う情報処理（変換，伝達，表現および蓄積）過程とそれぞれの機能レベルについては，図5.1で示すように，時間経過順で，次の通りである．

1. **プログラミング**：ユーザ（厳密には，プログラマ(programmer)）がプログラム（ソフトウェア）をプログラミング言語によって記述する．
2. **コンパイル (compile)**：コンピュータ上で動作するソフトウェアであるコンパイラがプログラム（1.による）を，その実行前すなわち静的に，マシン語（マシン命令）に翻訳あるいは変換する．
3. **実行**：コンピュータのハードウェアがマシン語（2.による）を実行する．

マシン語（2.2.1項を参照）が「プログラム（ソフトウェア）とハードウェアとの接点」であり，（狭義の）**コンピュータアーキテクチャ**（4章で詳述）である．したがって，マシン語は「プログラム（ソフトウェア）とハードウェアの通信に使用する言語」と言える．このコンピュータシステムによる情報処理過程の1.と2.はハードウェアによるソフトウェアの実行前（「静的」という）に行う手順である．一方，3.は，OSの管理・制御下でのハードウェアによるソフトウェアの実行そのものである．

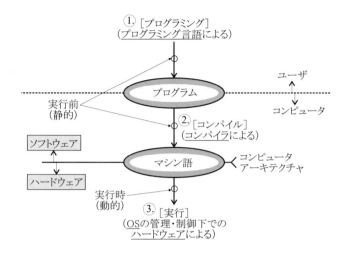

図 5.1 コンピュータシステムによる情報処理過程

[2] 基本ソフトウェアとしての OS

前の [1] および図 5.1 で示したコンピュータシステムによる静的な情報処理過程の 1. と 2. に対して，コンピュータシステムによる実行時（「動的」あるいは「ダイナミック」(dynamic) という）の情報処理過程の 3.，すなわちハードウェアによるソフトウェアの実行過程は，図 5.2 で示すように，ハードウェア上でソフトウェアが動作する機能として表せる．

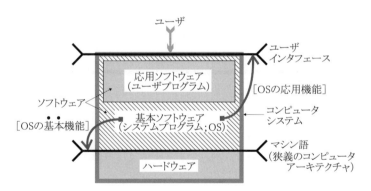

図 5.2 ハードウェア上で動作するソフトウェア

▶《参考》
　一般的に，メーカ（maker；製造業者）が，標準的なハードウェアと，それにあらかじめ組み込んだ基本ソフトウェアや標準的な応用ソフトウェアとをセットにした製品として，コンピュータを製造・販売する．そのコンピュータを購入した一般ユーザが，種々のまた独自の応用ソフトウェアをそれにインストールして使用する．

現代のコンピュータシステムで動作する**ソフトウェア**（**プログラム**である）は次の 2 種に大別できる．

(A) **基本ソフトウェア**：本書の対象である OS を代表とし，コンピュータシステムには原則として唯一搭載する．「**基本プログラム**」，「**システムソフトウェア**」あるいは**システムプログラム**（これを本書では主に使用する）ともいう．

(B) **応用ソフトウェア**：基本ソフトウェアの管理下で動作する種々のソ

▶〔注意〕
　図 5.2 において，ソフトウェアとして示している基本ソフトウェア（システムプログラム，OS）や応用ソフトウェア（ユーザプログラム）はともに，実際には，実行前にコンパイル（前の [1] および図 5.1 を参照）してマシン命令（列）に変換してある．

フトウェアである．「基本ソフトウェア（システムソフトウェア）以外のソフトウェア（プログラム）」であり，「応用プログラム」，「ユーザソフトウェア」あるいは**ユーザプログラム**（これを本書では主に使用する）ともいう．

> **ユーザプログラム**
> コンピュータシステム上で動作するあるいは動作しているプログラム（ソフトウェア）のうち，基本ソフトウェア（システムプログラム）以外の応用ソフトウェア（応用プログラム）を**ユーザプログラム** (user program) という．

　ハードウェア上で動作している**システムプログラム**（基本ソフトウェア）が，同じくハードウェア上で動作する**ユーザプログラム**（応用ソフトウェア）を管理・制御する．

　コンピュータシステムのユーザと，コンピュータシステムを構成するハードウェア（装置や機構）との接点に位置する機能が**システムプログラム**（基本ソフトウェア）である．システムプログラム特にOSは，コンピュータシステムの基本的また基盤となるソフトウェア機能部品として，あらかじめコンピュータシステムに組み込んでおく．

> ● OSは，ユーザプログラムを含むソフトウェアの**実行時**すなわち**動的**に，ハードウェアを含むコンピュータシステム機能全体を管理・制御する代表的な**システムプログラム**である．

[3] OSの基本機能

　「ユーザがコンピュータシステムを使用する」とは，具体的には，「ユーザがユーザプログラムをコンピュータシステム上で動かすあるいは実行する」ことである．その際，コンピュータシステム上で**ユーザプログラム**というソフトウェアをハードウェアによって処理しなければならない．このとき，ユーザプログラム（応用ソフトウェア）とハードウェアとの間に位置して，ユーザプログラムにできるだけハードウェア装置やハードウェア機構を意識させないようにする機能が必要となる．この機能は，図5.2に示すように，「ユーザプログラム（応用ソフトウェア）とハードウェアとの接点に位置する**システムプログラム**（基本ソフトウェア）」すなわち「**OS の基本機能**」と位置付けられる．

　システムプログラムとしてのOS機能のうち，「ユーザを含むユーザプログラムがハードウェアを使用する」という状況に対する代表的な支援機能

▶〔注意〕
　ユーザプログラムを実際にまた直接に使用するのは一般ユーザであるので，本書の以降では，単に「ユーザプログラム」というときも，そのほとんどは，「ユーザおよびユーザプログラム」あるいは「ユーザを含むユーザプログラム」を意味している．

▶《参考》
　もうひとつの代表的なシステムプログラムは前の [1] および図 5.1 で示した「コンパイラ」である．（24ページの注意を参照）

▶《参考》
　「OS の基本機能」に対して，ユーザとコンピュータシステム（実際には，ユーザプログラム）との接点に位置する「OS の応用機能」が「ユーザインタフェース」(User Interface; UI) である．（図 5.2 を参照）

が「OSの基本機能」であり，「狭義のOS」とも言える．

> - OSの基本機能は，ユーザプログラム（応用ソフトウェア）とハードウェア（装置あるいは機構）との接点になっている**システムプログラム**すなわち**基本ソフトウェア**である．（図5.2を参照）

▶〔注意〕
　本書では，コンピュータ工学の一端を担う「OSの基本機能」に絞って説明する．したがって，以降では，紛れのない限り，「OSの基本機能」あるいは「狭義のOS」における「基本機能」や「狭義」を省略して，単に"OS"という．以降で，"OS"は「OSの基本機能」を指す．

　本章の以降では，代表的なシステムプログラムとして，ユーザプログラムとハードウェアとの接点に位置するソフトウェア機能を実現する狭義のOSすなわちOSの**基本機能**について，一般的にかつ体系的に説明する．

5.1.2　OSの機能　《ユーザプログラムとハードウェア装置の機能分担と協調を取り仕切る》

　OSは，コンピュータシステムにおいて，基本的なまた基盤となるソフトウェア機能として必須である．本項では，「何のために，コンピュータシステムはOSを実装しているのか」および「なぜ，コンピュータシステムはOSを必要とするのか」について明らかにする．

　また，ユーザプログラムとハードウェア装置との通信をOSが仲介あるいは代行する機能を「OSの原理」ととらえて，ユーザプログラム（応用ソフトウェア）とハードウェア装置との中間に位置するOSの**基本**機能について詳細に説明する．

［1］OSの実際的な役割と原理

　ユーザプログラムとは，定義（206ページ）によって，「システムプログラムであるOSプログラム以外のプログラム」である．したがって，コンピュータシステム上で動いているプログラムは，
　(a) **システムプログラム**（OSプログラム）；
　(b) **ユーザプログラム**（OS以外のプログラム）；
のどちらかである．

　このうち，コンピュータシステムにおいて基本的なまた基盤となるシステムプログラムとしてのOSの代表的かつ具体的な役割は次の2点である．
　(A) ユーザプログラムから実際のすなわち物理的（1.3.2項［3］を参照）ハードウェア装置を**隠ぺい**する．結果として，逆に，ハードウェア装置からユーザプログラムを隠ぺいする．
　(B) ユーザプログラムが共有あるいは共用するハードウェア装置を**実行時**において管理・制御する．

> **仮想化**
> 実際のハードウェア機構やその機能をソフトウェア（プログラム）によって模擬実行（シミュレーション (simulation) という）し，仮想的なハードウェア機構や機能に見せかけることを**仮想化**という．

(A) の「ハードウェア装置の隠ぺい」は，OS によるハードウェア装置の**仮想化**によって実現する．OS が仮想化の対象とするハードウェア装置は，主として，プロセッサ，メモリおよび入出力装置である．

OS は，図 5.3 に示すように，プロセッサ，メモリ，入出力装置のそれぞれにおける種々のハードウェア上の相違点を吸収し，統一したさらには共通する仮想のハードウェア構成をユーザプログラム（ユーザも含む，206 ページの注意を参照）に提供する．

▶ 〔注意〕
　図 5.3 における（実）ハードウェア装置は，2.1.2 項で示した基本ハードウェア装置の3点としている．（100 ページの注意を参照）

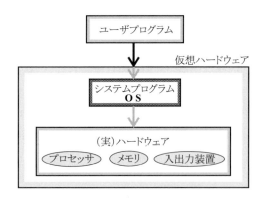

図 **5.3**　ハードウェア装置の仮想化

ハードウェア装置の仮想化による実際的な効果としては，ハードウェア装置やハードウェア構成が異なっていても，OS が共通であれば，
- ユーザや応用プログラムの開発者による開発したユーザプログラムの移植性†や互換性‡の確保；
- 応用プログラムの開発者によるユーザプログラムの開発や保守の支援；
- ユーザによるユーザプログラムの円滑な実行；

のそれぞれを実現できるようになる．

▶ †移植性；‡互換性
　移植性：動作しているハードウェア構成とは異なるハードウェア構成に移しても，プログラムがほぼ修正なしで動作することである．
　互換性：ハードウェア装置（特に，コンピュータ本体）を置き換えても，プログラムが前と同じように動作することである．
　移植性と互換性はほとんど同じ意味を持っている．

また，(B) は，ユーザプログラムの**実行時**に，ユーザプログラム（ユーザも含む）によるハードウェア装置（プロセッサ，メモリ，入出力装置など）の使用を OS が一元的にまた一括して管理・制御することによって実現する．たとえば，OS が，プログラムの実行時（動的）に，ハードウェア資源の共用や共有によって生じる使用競合を調停・解決したり，各種資源を効率的に並行して動作させる．

ユーザプログラムを含むソフトウェアはハードウェア上で動作する．ソ

フトウェアは，ハードウェアに比べると格段に変更可能性が大であるが，その特徴を裏返せば，「ソフトウェアは壊れやすい」ということを意味する．特に，ユーザプログラムは，OSのように基盤ソフトウェアでなく，また不特定多数のプログラムが混在する環境で実行するために，互いに壊れやすい．したがって，これらの壊れやすいソフトウェア，特にユーザプログラムを実行時にすなわち動的に保護することが必要になる．

　ユーザプログラム（ユーザを含む）と**ハードウェア装置**の中間に位置する機能としてのOSの原理は次のようにまとめられる．

- OSは，ユーザプログラムとハードウェア装置を互いの相手から隠ぺいすることによって，ユーザプログラムがハードウェア装置を使う際に必要となるユーザプログラムとハードウェア装置との通信を一元的に代行する．
- OSは，ユーザプログラムとハードウェア装置それぞれを一元的にまた一括して管理・制御することによって，ユーザプログラムとハードウェア装置それぞれからのそれぞれの相手へのいろいろな要求や応答を一元的に取り仕切る．

▶〔注意〕
　本章では，OS機能としての「統一」，「共通化」，「仮想化」あるいは「標準化」などは，「隠ぺい」と同義であり，使用対象に最も適切な言い回しを用いている．

[2] プロセス

　―― プロセス ――――
　あるプログラムをプロセッサで実行する際に，動的にできるひとまとまりの**マシン命令列**やそれらが使用する**データ**の集まりを**プロセス**（process）という．

▶〔注意〕
　「プロセス」を「タスク」（task）ということもある．本書では，「マルチタスキング」（次の[3]を参照）以外のすべてで「プロセス」を用いる．

　プロセスは，実行直前（静的）にメインメモリに割り付け，実行時（動的）にメインメモリで保持しつつ，プロセッサで使用すなわち実行する．また，プロセスは実行制御対象における論理的な単位となる．プロセスの実体については，5.2.1項[5]で述べる．

　プロセッサでプロセスを実行するためには，プロセスをメインメモリにあらかじめ置き（**プロセス割り付け**という，実際については5.2.1項[5]で詳述），それから，プロセッサとプロセスの対応付け（**プロセッサ割り付け**という）を行うことが必要となる．プロセス割り付けとプロセッサ割り付けとはOSの主要な機能である．

▶〔注意〕
　「生成元となるプログラムが『ユーザプログラム』であるプロセス」を「ユーザプロセス」という．一方，「プロセッサで実行中の『システムプログラム（OS）』」は，「プロセス」とはいわずに，単に，「OSプログラム」という．
　したがって，本書においては，「プロセス」とは「ユーザプロセス」だけであり，紛れがない限り，「ユーザプロセス」を単に「プロセス」という．

[3] OSの管理機能

　図5.4で示す典型的なコンピュータシステムを構成するハードウェア装

置ごとに，そのハードウェア装置に対して適用すべき「共用ハードウェア装置を**仮想化**によって一元管理・制御する」OS 機能に焦点を絞って，具体的に列挙すると，次のようになる．

▶〔注意〕
2.1.2 項や図 2.1（23 ページ）で示した基本ハードウェア装置はプロセッサ，メモリおよび入出力装置の 3 点であるのに対して，図 5.4 では，OS 機能との関係で，メモリをメインメモリとファイル装置に分けて，また，入出力装置から通信装置を分離して，5 点のハードウェア装置として示している．

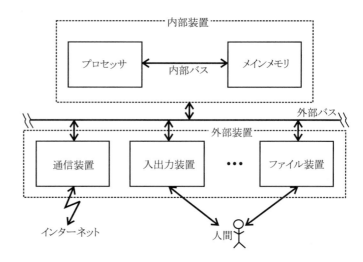

図 5.4　コンピュータシステムのハードウェア構成

(A) プロセッサ管理（プロセス管理）

コンピュータシステムの内部装置であるプロセッサ–メインメモリ対，特にプロセッサを管理する．プロセッサ管理では，「プロセッサ上で実行するあるいは実行しているプログラムすなわち**プロセス**（前の [2] の定義を参照）の管理」が主となるので，プロセッサ管理機能は**プロセス管理**機能でもある．

プロセッサに対する**プロセス管理**機能としては，**時間的管理**が主となる．一般のコンピュータが装備しているプロセッサは単一であり，「一時には唯一のプロセス」を実行する．すなわち，プロセッサの利用時間（**プロセッサ時間**という）軸は 1 本である．

具体的には，図 5.5 に示すように，「プロセッサが実行する時間すなわちプロセッサ時間を一定単位で等分割して（「等分割した時間」を「時間スライス」という），それらを順次プロセス（の一部）へ割り当てて，プロセスを連続して切り替えながら実行する．このプロセスの**プロセッサ割り付け**機能によって，ユーザからは「単一のプロセッサが複数のプロセスを並行して同時実行している」ように見える．

▶〔注意〕
実際の時間スライスは，マイクロ秒からミリ秒の，人間にはその切れ目を感じ取ることができない極小時間である．
また，実際には，ユーザプログラム（ユーザプロセス）だけでなく OS プログラムもプロセッサで実行する，すなわちプロセッサ時間を費やす．したがって，プロセッサ時間は，時間スライスごとに，OSプログラムやユーザプログラムに対応するマシン命令列に割り当てる．
この唯一プロセッサ時間の割り当ておよび切り替えによるプログラム実行方式によって，ユーザからは，単一プロセッサが OS プログラムと複数のユーザプログラムを並行して同時実行しているように見える．

> **マルチタスキング**
>
> 「プロセッサとプロセス（タスク）との対応付けを『1プロセッサ対多プロセス』で多重化し，時間スライス単位でプロセス（タスク）を切り替えながら，プロセッサをはじめとする各種のハードウェア機構を共用する」というOSのプロセッサ管理・制御方式を**マルチタスキング** (multi-tasking) という．（図5.5を参照）

OSによるプロセス管理およびプロセッサ管理機能は**マルチタスキング**を基本にして実現するので，マルチタスキングはOSによるプロセッサやプロセスの時間的管理機能を実現するための「OSの原理」と言える．

プロセッサ管理すなわちプロセス管理については，5.2.1項で詳述する．

▶〔注意〕
本書では，「タスク」は「プロセス」と同義である．これにしたがうと，「マルチタスキング」は「マルチプロセッシング」と同義である．しかし，現代では，「マルチプロセッシング」は，「マルチタスキング」と異なる概念である「並列処理」を表す術語として用いる．したがって，本書では，混乱を避けるため，「マルチプロセッシング」ではなく，「マルチタスキング」だけを使用する．

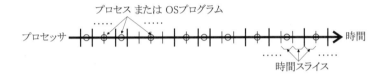

図 **5.5** マルチタスキング

(B) メモリ管理

プロセッサと対となる内部装置である**メインメモリ**（[1]を参照）に対するプロセス管理機能としては，時間的管理だけではなく，**空間的管理**も必須となる．具体的には，メインメモリ上にプロセスを実行するための領域（「プロセス領域」という，5.2.1項[5]で詳述）を確保する**プロセス割り付け**である．プロセス割り付けは「メインメモリを時間的かつ空間的に管理する機能」である．

また，メモリ管理機能が対象とするハードウェア装置としてのメモリは，内部装置である**メインメモリ**だけではなく，外部装置である**ファイル装置**（4.3.1項を参照）も含む．したがって，「メインメモリへのプロセス割り付け機能の実現」はメインメモリとファイル装置上にあるメモリ領域についての時間的および空間的管理が主となる．実際には，i) メインメモリとファイル装置の2種類の情報格納領域を**メモリ**として一元的に管理する；ii) メインメモリの容量や動作速度の違いを隠ぺいする；iii) **仮想メモリ**技術としてメインメモリとファイル装置との連携を支援する；である．

仮想メモリを含むメモリ管理については，5.2.2項で詳述する．

(C) ファイル管理

「ユーザによる**ファイル装置**へのアクセス方法を一元化する」機能が主となる．具体的には，メモリ管理機能（前の(B)を参照）と連携する**仮想**

メモリ技術によって，多種多様なファイル装置を統一して仮想化する．たとえば，i) ファイル装置そのものの仮想化；ii) 物理的ファイル装置と論理的ファイルとの対応付け；などである．

ファイル管理については，5.2.3項で詳述する．

(D) 入出力管理

コンピュータシステム上で動作するOSによって，そのコンピュータシステムに接続する多種多様な**入出力装置**（4.3.1項を参照）およびそれらの接続部分の形状や仕様（「入出力インタフェース」あるいは単に「インタフェース」という）を隠ぺいさらには統合し，各入出力装置における複数プログラムによる使用要求の競合を調停する．

入出力インタフェースを含む入出力管理については，5.3.1項で詳述する．

(E) 通信管理

仕様が相異なるOS間で取り決め統一した**通信プロトコル**によって，多種多様な通信装置やネットワークを経由するコンピュータシステム間通信を実現する．

通信プロトコルを含む通信管理については，5.3.2項で詳述する．

共用するハードウェア装置のそれぞれにおいて統一した管理・制御機能である(A)〜(E)は，ユーザプログラムのためのサービス（「システムサービス」という，後の[6]で詳述）機能として実現する．

[4] ユーザプログラムに対するOS機能

コンピュータシステムを構成する主要なハードウェア装置ごとに，「ユーザプログラムに対するOS機能」について，具体的にまとめておこう．（図5.6を参照，図5.6のハードウェア構成部分は図5.4の再掲）

(A) **プロセッサ**：ユーザプログラム（実際には，マシン命令）を**実行**する．
(B) **メインメモリ**：ユーザプログラム（実際には，プロセス）を一時的に**保持**する．「一時的」とは，プロセスをプロセッサによって実行している時間や期間である．
(C) **ファイル装置**：ユーザプログラムそのもの（実際には，プログラムだけでなく，それらをコンパイルしたマシン命令プログラムを含む）を長期的に**格納**しておく．「プログラム（ソフトウェア）をバックアップ（backup; 退避）する長期保存装置」という位置付けにもなる．
(D) **入出力装置**（広義で**通信装置**も含む）：ユーザプログラムが**利用**あるいは**使用**する．実際には，「ユーザプログラムが要求する入出力機能の実行」になる．

プロセッサ−メインメモリ対という内部装置に限れば，「ユーザプログラ

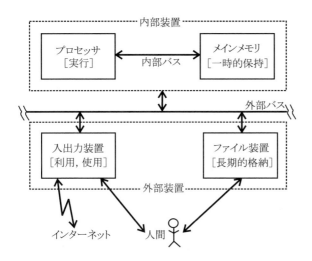

図 5.6 ユーザプログラムに対する OS 機能

ムに対する OS 機能」は「メインメモリが保持するプロセスを**メモリ管理**によって，プロセッサが実行するプロセスを**プロセス管理**によって，それぞれ管理・制御する」機能となる．プロセス管理もメモリ管理もどちらも実行時すなわち動的機能であり，プロセス管理機能とメモリ管理機能との分担と協調の下でプロセス（実際には，マシン命令やデータ）をプロセッサ⇔メインメモリ間で送受・管理する．

[5] OS 経由のユーザプログラム⇔ハードウェア装置間通信

前の[1]で示したように，「ユーザプログラムからハードウェア装置を隠ぺいする」機能が OS の原理である．一方で，[4]で述べたように，ユーザプログラムは，各種のハードウェア装置（特に，ファイル装置や入出力装置といった外部装置）を使用するために，それらのハードウェア装置と通信する必要がある．そして，図 5.7 に示すように，ユーザプログラムとハードウェア装置間の通信（以降では，**ユーザプログラム⇔ハードウェア装置間通信**という）は，両者が直接行うのではなく，OS を経由かつ OS が代行して間接的に行う．このユーザプログラム⇔ハードウェア装置間通信は，OS がユーザプログラムとハードウェア装置のすべてを一元管理・制御する機能を支えている．

ユーザプログラム⇔ハードウェア装置間通信の依頼は**割り込み**（次の 5.1.3 項で詳述）という「通信元であるユーザプログラムあるいはハードウェア装置から，通信先である OS への，統一した通信機能」によって行う．図 5.7 に示すように，通信方向によって「割り込みによるユーザプログラム⇔ハードウェア装置間通信」は次の 2 種類に分類できる．

(A) **ハードウェア割り込み**：「ハードウェア装置による OS への『ユーザ

プログラムとの通信の代行』の要求や依頼」（ハードウェア装置→ OS 通信）である．ハードウェア割り込みの起因となる代表的なハードウェア装置は**外部装置**（ファイル装置，入出力装置および通信装置の総称）であり，ハードウェア割り込みを**外部割り込み**ともいう．

(B) **ソフトウェア割り込み**：「ユーザプログラムによる OS への『ハードウェア装置との通信の代行』の要求や依頼」（ユーザプログラム→ OS 通信）である．ソフトウェア割り込みは「内部装置（特に，プロセッサ）によるユーザプログラムの実行」に起因するので，ソフトウェア割り込みを**内部割り込み**ともいう．

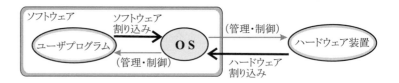

図 5.7　割り込みによるユーザプログラム⇔ハードウェア装置間通信

▶ †モジュール
あるひとまとまりの機能を実現するためのデータ，および，それを操作するプログラム群である．

[6] **OS の構成**

OS を構成する**モジュール**[†](module) は，図 5.8 に示すように，実現する機能によって次の 2 種類に大別できる．

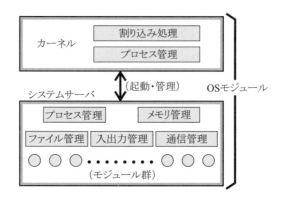

図 5.8　OS の構成（概略）

▶〔注意〕
OS 全体を「広義のカーネル」とすることもある．その場合には，(a) のカーネルは狭義である．

(a) **カーネル**（kernel）：OS の基本のすなわち中核となるモジュールである．前の [3] で述べた OS の基本機能である i) **割り込み処理**（次の 5.1.3 項で詳述）；ii) **プロセス管理**（5.2.1 項で詳述）の主要部分；を統合して，**カーネル**として実現する．

(b) **システムサーバ** (system server)：機能や操作および対象ごとの個別の OS 機能（**システムサービス** (system service) という）を提供するモジュールのそれぞれである．(a) のカーネルが起動し管理する．[3]

で述べた OS の管理機能のうち, i) プロセス管理機能の一部 (例：プロセススイッチ, プロセススケジューリング, 5.2.1 項で詳述)；ii) メモリ管理 (例：仮想メモリの管理・制御, 5.2.2 項で詳述)；iii) ファイル管理 (例：ディレクトリ管理, 5.2.3 項で詳述)；iv) 入出力管理 (例：デバイスドライバ, 入出力制御, 5.3.1 項で詳述)；v) 通信管理 (例：通信プロトコル処理, 通信制御, 5.3.2 項で詳述)；の各部分機能は, このシステムサービスとして実現する.

5.1.3　OS と割り込み　《ユーザプログラムとハードウェア装置との通信を取り仕切る》

コンピュータシステムにおけるハードウェア機構とソフトウェア機能の機能分担を実現する基本的な仕組みとして, **割り込み**がある. 割り込みは, ユーザプログラムおよびハードウェア装置のそれぞれが「OS への多種多様な業務依頼」のために行う OS との通信を, 統一的に管理・制御する仕組みで, コンピュータの原理 (1.2.1 項を参照) を実現するためになくてはならない基盤技術である.

ハードウェアとソフトウェアの機能分担のためにハードウェアとソフトウェアとが行う通信を実現する仕組みである割り込みについての, 代表的かつ基本的なコンピュータアーキテクチャとしての説明は 4.2.2 項で述べている. 本項では, **割り込み**について, ユーザプログラム (ソフトウェア) とハードウェア装置の間に位置する OS やその基本機能とのかかわり合いの観点から, 整理してみよう.

[1]　OS 機能としての割り込み

コンピュータのユーザは, コンピュータシステムに実行させたいあるいはコンピュータシステムで実行することのすべての場合をあらかじめ予測してプログラムとして記述 (「プログラミング」という) しておかねばならない. しかし, コンピュータシステムでのプログラムの実行時には,「実行前には予測できない事態や事象」すなわち「不測の事態や事象」がしばしば発生する. 不測の事態や事象は実行時に動的に発生するので, 実行前にあらかじめ対処することができない. したがって, 不測のあるいは通常でない (「例外」ともいう) 事態や事象すべてへの対処や処理の方法を実行前にプログラムとして記述すなわちプログラミングしておくことは不可能である.

このために, コンピュータシステムは, 本来のプログラムとして決まっているマシン命令 (列) の実行フローを, 不測の事態や事象の発生時に, 強制的かつ動的に変更する手段として**割り込み機構および機能**を装備している.

図5.9（図4.20の再掲）に示すように，不測の事態や事象（**割り込み要因**という，後の［4］で詳述）が生じて割り込み機構が発動（「**割り込みの発生**」という）すると，実行中のプログラムを一時中断して，割り込み要因の処理（**割り込み処理**という）へ制御フローが分岐する．

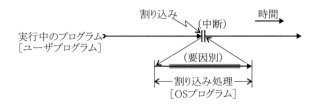

図 **5.9** 割り込みと制御フロー（再掲）

割り込まれる方の実行中のプログラムはユーザプログラム（実際には，**プロセス**）であり，割り込む方のプログラムすなわち割り込み処理プログラムの大部分はOSプログラムとして実現する．

コンピュータシステムでは，OS自身や多数のユーザプログラムが時間的あるいは空間的多重化によってハードウェア装置を共用している．したがって，それらハードウェア装置やそれらの共用を原因とする不測の事態や事象は頻繁に発生する．「共用するハードウェアおよびソフトウェアの管理と制御」が主要な役割であるOSにおいて，**割り込み処理**は必須でかつ基本的な機能を果たしている．

［2］　ユーザプログラム⇔OS⇔ハードウェア装置間通信

コンピュータシステムにおいて，OSは，ハードウェア装置やハードウェア機構と役割分担して機能する基本ソフトウェアである．そして，コンピュータシステムで動作するソフトウェア機能には，OSとそれ以外のユーザプログラムとがある．すなわち，コンピュータシステムにおいては，**ユーザプログラムとOSとハードウェア装置**とが機能分担および協調して動作している．

ユーザプログラムとOSとハードウェア装置との機能分担および協調のためには，それら相互間での通信が必須となる．実際には，ユーザプログラムとハードウェア装置の間に位置するOSが**ユーザプログラム⇔ハードウェア装置間通信**を管理する．すなわち，ユーザプログラム⇔ハードウェア装置間通信は両者が直接行うのではなく，ユーザプログラムおよびハードウェア装置のそれぞれがOSにそれを依頼し代行してもらう．したがって，ユーザプログラム⇔ハードウェア装置間通信は，(a) ユーザプログラム⇔OS間通信；(b) OS⇔ハードウェア装置間通信；を組み合わせるOS経由の間接的なユーザプログラム⇔ハードウェア装置間通信，厳密には，**ユー**

ザプログラム⇔OS⇔ハードウェア装置間通信となる．

　この (a) のユーザプログラム⇔OS 間通信のうちのユーザプログラム→OS 通信すなわちユーザプログラムから OS への通信の代行依頼が前の 5.1.2 項 [5] で分類・整理したソフトウェア割り込みである．これに対して，(b) の OS⇔ハードウェア装置間通信のうちのハードウェア装置→OS 通信すなわちハードウェア装置から OS への通信の代行依頼がハードウェア割り込みである．

[3] 割り込みの必要性と OS

「割り込みの必要性」は 4.2.2 項 [5] でコンピュータアーキテクチャの観点から詳述している．ここでは，「割り込みの必要性」について列挙・再掲しておこう．
 (1) 不測の事態や事象
 (2) 異常や例外の検知
 (3) ユーザプログラム→OS 通信
 (4) ハードウェア装置→OS 通信
 (5) 競合する外部装置利用要求の調停
 (6) 非同期動作しているハードウェア間の通信

　このうち，特に，(3) と (4) が，前の [2] で述べた「OS 経由の間接的なユーザプログラム⇔ハードウェア装置間通信」の実現である．

[4] 割り込み要因と OS

　割り込みを引き起こす具体的な原因や事象を割り込み要因という．割り込み要因についても，4.2.2 項 [6] でコンピュータアーキテクチャの観点から詳述している．ここでは，「割り込み要因の発生場所」という指標での割り込み要因の分類に沿って，あらためて OS 機能との関係の観点から，割り込み要因について整理しておこう．
 (A) 内部割り込み
　　(1) 内部装置（プロセッサとメインメモリ，特にプロセッサ自身）で生じる不測の事態や事象を原因とする．
　　(2) プロセッサによるマシン命令の実行に起因して，すなわちマシン命令の実行に同期して，発生する．
　　(3) ユーザプログラム→OS 通信（前の 5.1.2 項 [5] および本項の [2][3] も参照）すなわちソフトウェア（プログラム）どうしの通信を実現する．
　　(4) 「ユーザプログラムに対応するマシン命令の実行」というソフトウェア的事象によって発生し，またユーザプログラムというソフトウェアから OS への通信手段であるので，ソフトウェア

割り込み（5.1.2 項 [5] を参照）ともいう．

(B) 外部割り込み

(1) **外部装置**（主として入出力装置）で生じる不測の事態や事象を原因とする．

(2) プロセッサによるマシン命令の実行とは独立してすなわち非同期に発生する．

(3) **ハードウェア装置→OS 通信**（前の 5.1.2 項 [5] および本項の [2] [3] も参照）を実現する．

(4) ハードウェア装置に起因する事象によって発生し，またハードウェア装置から OS への通信手段であるので，**ハードウェア割り込み**（5.1.2 項 [5] を参照）ともいう．

▶〔注意〕
　SVC (SuperVisor Call) の "SuperVisor"（日本語では「管理者」）とは "OS" である．SVC の別名である「システムコール」(system call) における「システム」も，「システムプログラム」(5.1.1 項 [2] を参照）の「システム」と同様に，"OS" を意味する．

4.2.2 項でコンピュータアーキテクチャの観点から詳述した**内部割り込み**の代表例である SVC（スーパバイザコール；SuperVisor Call）は明示的割り込みである．"SVC" というマシン命令の実行が割り込みを発生させて，結果として，OS へ制御フローが移る．すなわち，「OS を呼び出す」ことがこの SVC というマシン命令の明示的機能である．「内部装置（プロセッサ–メインメモリ対）の使用権をユーザプログラム（ユーザプロセス）から OS（カーネル）に移す」機能を実現する．

SVC は「OS を明示的に呼び出す」マシン命令の総称である．SVC の代表例として，「入出力装置に対して『入出力動作の実行』を OS に依頼あるいは指示する」機能を持つ「入出力命令」（後の 5.3.1 項で詳述）がある．

一方，4.2.2 項でコンピュータアーキテクチャの観点から詳述した**外部割り込み**の代表例である**入出力割り込み**は入出力装置からの「入出力動作の完了」や「装置の異常」などの状態の通知すなわち応答である．OS 機能としての入出力割り込みについても，5.3.1 項で詳述する．

[5] **OS 機能の観点での割り込み要因とその必要性との関係**

前の [4] で再掲した割り込み要因と [3] で列挙した割り込みの必要性との対応関係について再考してみよう．

それによると，**内部割り込み要因は必要性の (3) ユーザプログラム→OS 通信**に対応する．一方，**外部割り込み要因は必要性の (4) ハードウェア装置→OS 通信**に対応する．

● 割り込みは，ユーザプログラム⇔OS⇔ハードウェア装置間通信のうち，**ユーザプログラム→OS 通信**すなわち「ユーザプログラムから OS への通信の代行依頼」と，**ハードウェア装置→OS 通信**すなわち「ハードウェア装置から OS への通信の代行依頼」とを，統一して実現する仕組みである．

また，OS は，動的に発生する割り込みを受け付けると，実行中のユーザプログラムを一時中断させて，**割り込み処理**（次の［6］で詳述）と呼ぶ OS プログラム（システムプログラム）を強制的に実行する．

> ● **割り込み**は，「OS プログラムが，OS 機能を実行するために，ユーザプログラムからプロセッサ（時間）を**強制的**かつ**動的**に奪い取る機能」，あるいは「唯一プロセッサ（時間）上に今ある，すなわちプロセッサで今実行しているユーザプログラムを，OS プログラムへ切り替える仕組み」でもある．

［6］ **割り込み処理における OS の役割**

割り込みが生じると，実行中のプログラムは一時中断され，OS プログラムの実行に制御フローが移る，すなわち，OS プログラムがプロセッサ時間に割り込む．割り込んだ OS プログラムは「割り込み要因に対する個別の処理」を実行する．この OS の「割り込み要因に対する個別の処理」を**割り込み処理**と総称する．

種々の要因による**割り込み**は，基本的な OS 機能すなわち OS カーネルが共用する機能や統一した手順で，処理する．ユーザプログラム（ユーザプロセス）の実行中に発生する割り込みに対する割り込み処理の概略手順（コンピュータアーキテクチャの観点からは，4.2.2 項［7］で詳述）を再掲（詳細手順の一部は省略）しておこう．

0. **割り込みの発生**

1. **割り込みの受付**
2. **割り込み要因の識別**
3. **割り込みハンドラへの分岐**：割り込み要因ごとの割り込み処理プログラム（「割り込みハンドラ」である）へ分岐する．
4. 割り込まれたプロセスの**退避**
5. **割り込みハンドラによる要因ごとの処理**：割り込みハンドラの本体は，「割り込むすなわち切り替え先の OS プログラムそのもの」である．
6. 割り込まれたプロセスの**回復**
7. 割り込み受け付け時点への**復帰**

図 5.10 に示すように，**割り込みハンドラ**（3.～6.）以外の割り込み処理（一般的な前処理の 1. と 2. および一般的な後処理の 7.）は，OS カーネルや共用ハードウェア機構で分担して，割り込み要因にかかわらず「統一した手順」として実行する．

▶〔注意〕
割り込まれる「実行中のプログラム」はユーザプログラムであることが多い．その場合，実際に割り込まれるのは「ユーザプロセス」である．

▶〔注意〕
プロセススケジューリング（5.2.1 項［7］で詳述）によって異なるプロセスに切り替わる場合には，割り込まれたプログラム（プロセス）に復帰しない．

図 5.10 割り込み処理の手順

- 割り込みハンドラとは,「あらかじめ(コンピュータアーキテクチャの設計時に)決めておいたいくつかの**割り込み要因**のそれぞれに対して,OS として装備しておくソフトウェアすなわち OS プログラム」である.
- 割り込みとは,「OS が,ユーザプログラムとの通信すなわち**ソフトウェア割り込み**,および,ハードウェア装置との通信すなわち**ハードウェア割り込み**の両機能を,共用の機能や機構を用いて実現する統一した仕組み」である.

5.2 プロセッサとメモリの管理

コンピュータを構成するハードウェア装置のうちで,プロセッサとメモリは,コンピュータの内部装置として対となって,機能分担しつつ協調動作する.そして,システムプログラム(基本ソフトウェア)である OS が,プロセッサ–メモリ対の機能分担・協調動作を統括して一元管理する.本節では,プロセッサ上でのプロセスの実行すなわちプロセッサ時間を一元管理する OS 機能である**プロセス管理**について明らかにする.また,メインメモリとファイル装置とを仮想的に一体化したメモリ空間をユーザプログラムに見せかける仕組みである**仮想メモリ**について,OS 機能の観点から詳述する.

5.2.1 プロセッサとプロセスの管理 《プロセッサで実行するプログラムを無駄なく切り替える》

「プロセッサを時間的に管理する」とは,具体的に,「唯一のプロセッサ上でプロセスをどのような順序で切り替えて実行するか」であり,**プロセッサ管理**は**プロセス管理**でもある.本項では,「唯一のプロセッサ時間軸上に,プロセスをどのような順序で並べるか」というプロセッサとプロセスの時間的管理方法を具体的に考えてみよう.

[1] プロセスとプロセッサ

5.1.2 項 [2] で定義したように，**プロセス**は「実際に実行するあるいは実行しているプログラム」，すなわち「動的に生成するマシン命令列やそれが使用するデータの集まり」である．したがって，プロセスは OS が管理や実行制御の対象とする論理的な単位である．

一方，**プロセッサ**は，「マシン命令を実行するハードウェア装置」であり，OS が管理や実行制御の対象とする物理的な単位である．

OS が担う「論理的なプロセスと物理的なプロセッサとの対応付け」とは，
- あらかじめすなわち実行（直）前にプロセスをメインメモリに置く**プロセス割り付け**（後の [5] で詳述）；
- プロセスに，プロセッサで実行するために，プロセッサ時間を割り当てる**プロセススイッチ** (process switch)；

の 2 点である．

したがって，OS による主要な**プロセス管理**機能は，具体的に，次の 3 点になる．
(1) プロセスの状態（**プロセス状態**という）の管理（次の [2] で詳述）；
(2) 実行しているプロセスの切り替え（**プロセススイッチ**という，[6] で詳述）；
(3) プロセス実行順序，特に，次に実行するプロセスの選定（**プロセススケジューリング** (process scheduling) という，[7] で詳述）；

▶ 〔注意〕
「OS によるプロセス管理の対象となるプロセス」は，209 ページの注意でも述べたように，「ユーザプロセス」である．引き続き以降でも，紛れのない限り，「ユーザプロセス」を単に「プロセス」という．

[2] プロセスの状態とその遷移

OS は**プロセス管理**を「**プロセス状態の管理**」によって行う．OS は，図 5.11 に示すように，プロセスを，次の 3 状態（**プロセス状態**である）およびそれらの状態間の遷移（**プロセス状態遷移**という）によって管理・制御する．

┌─ 実行可能 ─────────────────────
│ そのプロセスは「いつでもプロセッサで実行できる」状態である．
└───────────────────────────

┌─ 実行中 ──────────────────────
│ そのプロセスは「現在プロセッサで実行している」状態である．ある
│ 時刻にプロセッサ時間上に存在する，すなわち実行中状態のプロセス
│ は唯一である．
└───────────────────────────

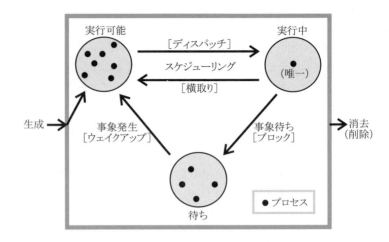

図 5.11 プロセスの状態と状態遷移

── 待ち ──────────────────────
そのプロセスは「自身に起因する**事象**（後の定義を参照）の発生を待っている」状態である．

　OSは，プロセスを**生成**すると，そのプロセスをまず**実行可能**状態に置く．また，OSは，実行可能，実行中，待ちのどの状態にあるプロセスも**消去**できる．プロセスは，生成から消去までの（「生きている」という）間，実行可能，実行中，待ちの3状態のうちのどれかにある．
　OSによる「次に実行するすなわち**実行中**状態にするプロセスについてのスケジューリング（選定，後の［7］で詳述）」は，原則として，「プロセスの**実行可能⇔実行中**状態遷移の管理・制御」となる．

── ディスパッチ ──────────────
プロセスの**実行可能→実行中**状態遷移を**ディスパッチ** (dispatch) という．

── 横取り ────────────────────
ディスパッチとは逆に，OSによる強制的なプロセスの**実行中→実行可能**状態遷移を**横取り**という．

　実行可能状態のプロセスのうちから1個を選定して，そのプロセスを実行可能→実行中状態遷移させる機能が**プロセススケジューリング**（図5.11では，単に「スケジューリング」としている）である．実行可能⇔実行中状態遷移すなわちディスパッチと横取りの総称が**プロセススケジューリン**

グとも言える．

> **事象**
>
> プロセスの**実行中→待ち**状態遷移や**待ち→実行可能**状態遷移を起こす要因を**事象**という．当該プロセスの**実行中→待ち**状態遷移が「事象待ち」（次の定義「ブロック」を参照）であり，**待ち→実行可能**状態遷移が「事象発生」（次の定義「ウェイクアップ」を参照）である．

> **ブロック**
>
> プロセスの**実行中→待ち**状態遷移を**ブロック** (block) という．ブロックは，「実行中状態のプロセスが自身の実行に起因する事象の発生を待ちに行くための，当該プロセスの**実行中→待ち**状態遷移」である．事象待ちを指す．

> **ウェイクアップ**
>
> プロセスの**待ち→実行可能**状態遷移を**ウェイクアップ** (wake-up) という．ウェイクアップは，「待ち状態のプロセスが待っている事象の発生による，当該プロセスの**待ち→実行可能**状態遷移」である．**事象発生**を指す．

実行可能，実行中，待ちの3プロセス状態間の**プロセス状態遷移**について，図5.11にしたがって，まとめておこう．

- 実行中状態からの遷移は，**横取り**による実行可能状態への遷移か，ブロックによる待ち状態への遷移，のどちらかである．
- 実行中状態への遷移は，ディスパッチによる実行可能状態からの遷移だけである．逆に言うと，実行可能状態からの遷移は，ディスパッチによる実行中状態への遷移だけである．
- 実行可能状態への遷移は，**横取り**による実行中状態からの遷移か，ウェイクアップによる待ち状態からの遷移，のどちらかである．
- 待ち状態への遷移は，ブロックによる実行中状態からの遷移だけである．
- 待ち状態からの遷移は，ウェイクアップによる実行可能状態への遷移だけである．
- 実行中状態のプロセスは**唯一**である．したがって，ディスパッチによる実行可能→実行中状態遷移は，ブロックによる実行中→待ち状態遷移（後の [7] での「(B) 横取りなし」に該当する），または，**横取り**による実行中→実行可能状態遷移（[7] での「(A) 横取りあり」に該当する）のどちらかに連動して生起する．

[3] プロセス管理と割り込み

5.1.3 項 [5] でまとめたように，**割り込み**は，「OS プログラムが，OS 機能を実行するために，ユーザプログラムからプロセッサ時間を強制的かつ動的に奪い取る」，具体的には「プロセッサで実行しているユーザプログラムを**割り込み処理**という OS プログラムへ強制的かつ動的に切り替える」仕組みである．そして，ユーザプロセスの管理という OS カーネル機能の観点では，**割り込み**の発生によって始まる**割り込み処理**のタイミングで（実際には，割り込み処理に引き続いて），必要ならば，「ユーザプロセスから，原則として，別のユーザプロセスへの切り替え」（**プロセススイッチ**という，後の [6] で詳述）を実行する．

▶〔注意〕
図 5.10（220 ページ）を含む 5.1.3 項 [6] までは，「割り込み処理が終了すれば，原則として，割り込まれたプログラムへ戻る」としていた．しかし，実際には，本項（以降）で述べるように，「割り込み処理に引き続いて，プロセス管理（プロセススケジューリングとプロセスディスパッチ）を行って，プロセススイッチする」が詳細として正確である．（226 ページの注意も参照）

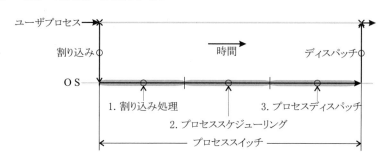

図 5.12　割り込みによるプロセス管理手順（時間線図）

「割り込みによるプロセス管理手順」の概要について，割り込み処理も含めてまとめると，次のようになる．（時間経過に沿うプロセス管理手順については，図 5.12 を併照）

1. **割り込み処理**：実行中状態プロセスから OS に切り替えて，割り込み要因に対する処理を始める．プロセススイッチの開始でもある．（前の 5.1.3 項 [6] で詳述）
2. **プロセススケジューリング**：原則として，実行可能状態プロセスのうちから次に実行する，すなわち切り替え先のプロセスを選定する．（後の [7] で詳述）
3. **プロセスディスパッチ**：2. で選定したプロセスを実行可能→実行中状態遷移させる，すなわちディスパッチ（前の [2] で定義）する．プロセススイッチの終了である．（後の [6] で定義）

1.〜3. はどれも OS 機能であり，この順で実行する．これら 1.〜3. の全体は，結果として，**プロセススイッチ**（後の [6] で定義）となる．

[4] 割り込みによるプロセス状態遷移

OS のプロセス管理（手順は前の 1.〜3.）操作を開始するきっかけとなる**割り込み**について，当該割り込み要因とそれによって引き起こされる事象

すなわち「引き起こされる**プロセス状態遷移**は何か」を指標にして分類・整理しておこう．（図5.13を参照）

(A) **ブロック割り込み**：「実行中プロセスを強制的にブロックすなわち**実行中→待ち**状態遷移させる」割り込みである．ブロック割り込みは，当該プロセス自身を割り込み要因（「ブロック要因」という）として，当該プロセス自身に割り込む．割り込まれた実行中の当該プロセス自身はブロックする，すなわち**事象待ち**のために待ち状態に遷移する．

内部割り込み（代表例：入出力命令のようなSVC，5.3.1項 [3] を参照）の大半は**ブロック割り込み**である．

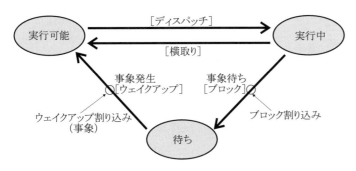

図 **5.13** 割り込みとプロセス状態遷移

(B) **ウェイクアップ割り込み**：「待ち状態プロセスを**ウェイクアップ**すなわち**待ち→実行可能**状態遷移させる」割り込みである．ウェイクアップ割り込みでは，当該割り込みそのものが**事象発生**という要因（「ウェイクアップ要因」という）となる．当該事象発生を待っている待ち状態プロセスがウェイクアップする，すなわち事象発生によって実行可能状態に遷移する．

主要な**外部割り込み**（代表例：入出力割り込み，5.3.1項 [3] を参照）は**ウェイクアップ割り込み**である．

実際の入出力処理における，ブロック割り込みを引き起こす入出力命令 (SVC) の実行，および，ウェイクアップ割り込みそのものである入出力割り込みの発生のそれぞれによって生じるプロセス状態遷移については，5.3.1項 [5] で詳述する．

[5] **プロセス割り付けとプロセス領域**

実行するプログラムとしての**プロセス**の実体は，「OSが**プロセス割り付け**によって確保し，プロセス管理対象として保持するメインメモリ空間の一部」であり，これを**プロセス領域**という．

プロセス領域は次のような論理的意味（163 ページの注意に具体例）のある部分領域で構成する．

- そのまま直ちに実行できる状態のプログラム：OS が実行前（静的）にメインメモリ上に確保したプロセス領域に置くマシン命令（列，群）やそれらが使うデータである．**コード** (code) あるいは「実行可能プログラム」という．これらのサイズは実行前に決まり，実行中は固定すなわち不変である．
- マシン命令やデータ用の一時作業領域：OS が実行時（動的）に生成し使用するので，これらのサイズは実行中に伸縮し可変である．

仮想メモリにおけるプロセス割り付けについては，次の 5.2.2 項 [5] で詳述する．

[6] プロセススイッチ

> **プロセススイッチ**
>
> 実行中（状態）のユーザプロセスを別の実行可能状態のユーザプロセスに切り替える（スイッチする）OS 機能を**プロセススイッチ** (process switch) という．

プロセススイッチでは，(a) 実行中状態のプロセスが実行可能または待ち状態へ；(b) 実行可能状態のプロセスのうちから，プロセススケジューリングによって選定されたプロセスが実行中状態へ；それぞれ遷移することによって，実行中状態の唯一プロセスが入れ替わる．

実際には，図 5.14 に示すように，唯一プロセッサ時間上で，

1. 切り替え元のユーザプロセス（"X" とする）：割り込みによる実行中→実行可能または待ち状態遷移；
2. OS：プロセス管理（割り込み処理，プロセススケジューリング）；
3. 切り替え先のユーザプロセス（"Y" とする）：プロセスディスパッチによる実行可能→実行中状態遷移；

をこの順で連続実行することによって，OS によるユーザプロセス X からユーザプロセス Y への**プロセススイッチ**を実現する．

これら 1.～3. によるプロセス管理および**プロセススイッチ**は割り込みおよびそれに伴う割り込み処理をきっかけとする．すなわち，1. の「プロセッサ時間のプロセス X から OS への切り替え」は割り込みによる．割り込みは「プロセス X が使用しているプロセッサ時間の OS による強制的な乗っ取りあるいは取り上げ」である．5.1.3 項 [6] で述べたように，割り込みの発生によって OS は**割り込み処理**を始め，それに引き続いて，プロセス管理およびプロセススイッチを実行する．

▶ 〔注意〕
「プロセスを構成する部分領域」としての「コード」は，本書でも既出（出現順での例：グレイコード，命令コード，2 進コード）の「符号」という一般的な意味での「コード」とは異なる．「実行可能プログラム」という特定の意味を指す術語である．

▶ 〔注意〕
5.1.3 項 [6] での割り込み処理手順の列挙時点では，まだ「プロセス管理」について詳述していなかったので，「割り込み処理が終了すると，原則として，割り込まれたプロセスへ復帰する」としていた．
しかし，実際には，割り込み処理には，1.～3. によるプロセス管理およびプロセススイッチが連続して後続する．したがって，そのプロセス管理およびプロセススイッチの結果によっては，219 ページの注意にも示したように，「割り込まれたプロセスへ復帰せずに，別のプロセスに切り替わる」ことも多々ある．（224 ページの注意も参照）

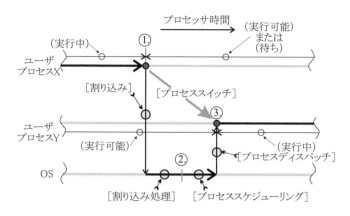

図 5.14 ユーザプロセス間プロセススイッチ

プロセスディスパッチ

OSが，プロセススイッチに際して，プロセスをプロセッサ（時間）に割り付ける機能を**プロセスディスパッチ** (process dispatch) という．

プロセススイッチ手順の 2. では，OSが，前の [3] と図 5.12 で述べた割り込みによるプロセス管理手順の (1) 割り込み処理；(2) プロセススケジューリング；(3) プロセスディスパッチ；のそれぞれを，この順で，実行する．(1) の割り込み処理が終了すると，(2) のプロセススケジューリング（次の [7] を参照）によって，切り替え先のプロセス Y を選定する．(3) のプロセスディスパッチは，次の手順 3. を兼ねている機能であり，「OSからプロセス Y への切り替え」を実現する．プロセスディスパッチは「OSが使用しているプロセッサ時間のユーザプロセス Y への切り替え」である．

このように，ユーザプロセス間のプロセススイッチは，実際には，「OSを仲介するユーザプロセス間のプロセススイッチ」，すなわち，2回の「OS⇔ユーザプロセス間スイッチ」によって実現している．

[7] **プロセススケジューリング**

実行可能状態のプロセスはどれもが「いつでも実行できる，すなわち実行中状態へ遷移できる」プロセスである．また，実行中状態へ遷移できるプロセスは実行可能状態のプロセスだけである．

プロセススケジューリング

OSが，次に実行する，すなわちプロセススイッチにおける切り替え先の，プロセスを選定する機能を**プロセススケジューリング** (process scheduling) という．また，このシステムサービスを実現するOSプログラムを**プロセススケジューラ** (process scheduler) という．

▶〔注意〕
前の [2] で定義（222 ページ）した「ディスパッチ」と，この [6] で定義する「プロセスディスパッチ」は本質的には同義である．
「あるプロセスをプロセッサ時間に割り付ける」という「プロセスディスパッチ」によって生じる「そのプロセスの実行可能→実行中状態遷移」が「ディスパッチ」である．

▶〔注意〕
X = Y ならば，プロセスX (= Y) の再開である．本書では，この再開も含めて，「プロセススイッチ」としている．

「複数の実行可能状態プロセスのうちからどれを実行中状態へ遷移させるか」を選定する方式や規則を**プロセススケジューリングアルゴリズム**(process scheduling algorithm) という．

前の [6] で示したように，プロセススイッチ手順の 1. は「切り替え元のユーザプロセスが実行中状態から実行可能または待ち状態へ遷移する」ことである．このうち，プロセスの**実行中→実行可能状態遷移**を**横取り**と定義（222 ページ）している．「横取り」の意味は，「OS が実行中プロセスからプロセッサ時間を強制的に奪い取ってすなわち能動的に横取りして，当該プロセスを実行可能状態に戻す」である．

一方，プロセスの**実行中→待ち状態遷移**は**ブロック**と定義（223 ページ）している．ブロックは当該プロセス自身による自律的な実行中→待ち状態遷移であり，OS は「ブロック」という状態遷移には能動的には関与しない．

この「実行中プロセスの状態遷移への OS の関与の仕方が能動的かそうでないか」によって，**プロセススケジューリングアルゴリズム**は次のように大別できる．

(A) **横取りあり**（「横取り可能」ともいう）：OS が，強制的すなわち**能動**的に，実行中状態のプロセスを実行可能状態に遷移させる．すなわち，実行中プロセスからプロセッサ時間を**横取り**する．そして，代わりに，スケジューリングアルゴリズムにしたがって，実行可能状態プロセスのうちから 1 個のプロセスを選定して，それを実行中状態に遷移させる．

スケジューリングアルゴリズムの代表例としては，(a) **優先度順**：あらかじめ設定しておく基準にしたがって各プロセスに付与した優先度にしたがう；(b) **ラウンドロビン**[†](round robin)：一定時間ごとにプロセスをあらかじめ決めておいた順で切り替える；がある．

(B) **横取りなし**（「横取り不可能」ともいう）：「いったん実行中状態になったプロセスは，自身が自律的に待ち状態へ遷移するか終了するまで，プロセッサ時間を解放しないすなわち実行中状態であり続ける」を原則とする．このスケジューリングアルゴリズムによるプロセススイッチに対しては，OS は**受動**的に動作する．すなわち，OS は「実行中プロセスが自律的に待ち状態に遷移するか終了する」のを待つ．

スケジューリングアルゴリズムの代表例としては，(a) **到着順**：実行可能状態に遷移した順；(b) **最短要求時間順**：「最も短いプロセッサ時間すなわち実行中状態時間」を要求するプロセスを最優先する；がある．

▶《参考》
　横取りありスケジューリングアルゴリズム例の (a) 優先度順における「優先度」の具体的な指標には，i) プロセッサでの累積実行時間；ii) 割り当てられたうちで未使用のプロセッサ時間；iii) 実行可能状態への到着順；iv) 割り付けからのメインメモリでの滞在時間；などがある．

▶[†]ラウンドロビン
　一般的には，「ある役割をたくさんの人員で順番に交替して平等に分担する」方法を指す．
　「ラウンドロビン」は，一律に平等で，戦略的でなく，厳密には，アルゴリズムとは言えない．

[8] 割り込みとOS（まとめ）

OSの基本的な機能を実現する**OSカーネル**は各種の割り込みによって起動し，必要なシステムサービスによって，(1) **割り込み処理**；(2) **プロセス管理**（特に，「プロセス状態およびその遷移」の管理；(3) **プロセススイッチ**（主として，プロセスディスパッチ）；をこの順で実行する．

割り込みがOSとハードウェア装置に与える実際的な効果についてまとめると，次のようになる．
(1) ユーザプログラム（実際には，マシン命令列）の実行を**強制的**かつ**動的**に中断し，OSプログラムの実行へ分岐あるいは変更する．
(2) ユーザプロセス間での**プロセススイッチ**が発生する．
(3) ブロック割り込みは「実行中状態のユーザプロセスを待ち状態へ遷移させる」ブロック要因そのものとなる．
(4) ウェイクアップ割り込みは「待ち状態のユーザプロセスを実行可能状態へ遷移させる」事象としてウェイクアップ要因となる．

- これら(1)〜(4)という実際的な効果の点で，**割り込み**はハードウェア装置やユーザプログラムによる「OSの呼び出し」または「OSへの依頼」機能と言える．

5.2.2　OSと仮想メモリ　《メインメモリを大容量に見せかける》

仮想メモリ機構は，4.2.4項[7]〜[10]でコンピュータアーキテクチャの観点から詳述したように，ハードウェア装置（特に，メインメモリと対になる内部装置であるプロセッサ）やプログラムから実際のすなわち物理的なメインメモリを隠ぺいする．そして，その代わり，プロセッサやプログラムには，一定サイズの巨大な仮想のすなわち論理的なメモリを見せる．本項では，仮想メモリについて，「メインメモリというハードウェアをプロセッサやプログラムから隠ぺいする」というOSの**メモリ管理**機能を支える原理としての観点から再考してみよう．

[1] 仮想メモリとメモリ階層

メモリアーキテクチャおよびメモリ機能に関する重要な性質は，(a) **メモリ階層**：ハードウェア装置としてのメモリ（特に，メインメモリとファイル装置）が示す特徴（4.2.4項[4]で詳述）；(b) **参照局所性**：メインメモリで実行時に保持するプログラム（OSからは，プロセス）が示す特徴（4.2.4項[6]で詳述）；の2点である．仮想メモリ機能は，このメモリ階

層と参照局所性の2種類の性質どうしの関連付けやそれらの活用によって実現する．

仮想メモリは，「メインメモリとファイル装置の隣接する2種類のメモリ階層およびメインメモリで保持するプログラムが備える参照局所性を利用して，メインメモリ性能を空間的に改善する」ことを目標する．具体的には，仮想メモリは「プロセッサやユーザプログラムから見えるメインメモリの物理的アドレス空間」という空間的制限を撤廃する．

そして，仮想メモリは，図5.15に示すように，

- **ファイル装置をメインメモリのバックアップメモリとして用いる**；
- メインメモリというハードウェア装置に付けてある実際のすなわち物理的アドレス（**実アドレス**という）とは独立して，マシン命令中のオペランドをもとにして生成する実効アドレスを論理的アドレス（**仮想アドレスという**）とする；
- 実アドレスと仮想アドレスを相互に対応付ける（**マッピング (mapping)** という）；

という仕組みによって実現している．この仕組みによって，マシン命令を直接実行するプロセッサ，およびマシン命令列そのものであるプログラムは，メインメモリのアドレス空間を，仮想的に拡大し，かつ一定サイズに固定できる．

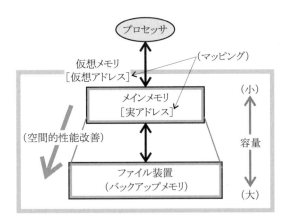

図 5.15　メモリ階層による仮想メモリの実現

[2] OSから見る仮想メモリ

仮想メモリは，実メモリであるメインメモリの多種多様な性能仕様，特に，容量の相違を隠ぺいし，統一したメモリ領域やアドレス空間をOSに提示あるいは提供する．したがって，仮想メモリ機能を備えているOS自身からも，図5.16に示すように，実メモリや実アドレス空間ではなく，一

定サイズに固定した，また巨大サイズの仮想メモリが見える．結局，「仮想メモリ機能を実装する OS によるメモリ管理」は，実際には仮想メモリ管理となる．

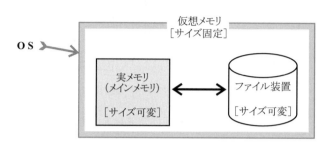

図 5.16　OS から見る仮想メモリ

▶《参考》
　たとえば，仮想アドレスに 32 ビットを用いることができるプロセッサを搭載する現代の代表的な 32 ビット版パソコンでは，OS からは，4 ギガ (Giga-, G; $\times 10^9$, $\approx 2^{32}$) バイトという巨大で一定サイズの仮想アドレス空間が見える．さらに，64 ビット版パソコンでは，仮想アドレス空間を 16 エクサ (Exsa-, E; $\times 10^{18}$, $\approx 2^{64}$) バイトにできる．

仮想メモリ機能が OS のプロセス割り付け機能に与える具体的な効果は次のようになる．
(1) プログラムの論理的意味（163 ページの注意に具体例）やサイズに配慮したプロセス割り付けやプロセス管理およびファイル管理が可能となる．
(2) 一定サイズで格段に広い仮想メモリの連続領域をプロセスに割り付けられるので，割り付けたプロセスの管理やそのプロセス領域へのアクセスを効率良く行える．
(3) 仮想メモリに対するプロセス割り付けであるので，プロセス割り付け時に実アドレス空間のサイズへの配慮が不要となる．
(4) 仮想メモリ（の一部）を切り替えるだけで，プログラムを動的にメインメモリ（実メモリ）上でリロケーション[†]（relocation; 再配置）できるので，プロセス割り付けやプロセススイッチが容易になる．

▶[†]リロケーション
　メインメモリにおいて，「プログラム全体を，アドレスすなわち場所を変えて，保持し直す」ことをいう．

[3] OS による多重仮想アドレス空間の管理

　現代の OS のほとんどは，図 5.17 に示すように，複数また多数の仮想アドレス空間を管理して，プロセスなどの論理的意味のあるプログラムブロック[‡]（block; かたまり）ごとに仮想アドレス空間を割り付ける**多重仮想アドレス空間**方式を採用している．

　多重仮想アドレス空間によって得られる「OS に対する効果」は，具体的に，次のようにまとめられる．
- プロセスごとに個別の独立した論理アドレス空間を割り付けて管理できるので，プロセススイッチが簡単になり，また，プロセスどうしの干渉による誤動作を防止できる．（後の [5] で詳述）
- 「仮想アドレス空間を実アドレス空間から独立して設定可能である」と

▶[‡]ブロック
　ここでは，5.2.1 項 [2]（223 ページ）で定義した「実行中→待ち状態遷移」を意味する「ブロック」とは違う．単なる「かたまり」の意味である．

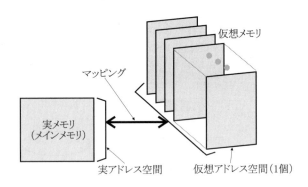

図 5.17 多重仮想アドレス空間

いう仮想メモリの効果をマルチタスキング（5.1.2項［3］で定義）でさらに高められる．

[4] 仮想メモリ機構での割り込みとOSによる割り込み処理

仮想メモリ機構は，4.2.4項［8］でコンピュータアーキテクチャの観点から詳述したように，ハードウェアとOSとが機能分担して実現する．

図5.18に示すように，仮想メモリ機構は，アクセス対象の仮想アドレスを含むブロック（代表例では，**ページ (page)** という，固定された一定サイズの領域）が実メモリ上に，

(A) ある場合：仮想アドレス→実アドレスという**アドレス変換**だけを行う．

(B) ない場合（ページフォールトである）：まず，実メモリとそのバックアップメモリであるファイル装置間でのページの入れ替えである**ページ置換**を行い，その後に，仮想アドレス→実アドレスというアドレス変換を行う．

この(B)のページフォールト時に発生するページフォールト割り込みは，仮想メモリ機構におけるハードウェア装置→OS通信（5.1.3項［2］を参照），すなわち「ハードウェアのアドレス変換機構からOSへの『ページ置換』の依頼」である．

[5] 仮想メモリへのプロセス割り付けとマッピング

仮想メモリ⇔実メモリ（メインメモリ）間の**マッピング**（4.2.4項［9］で詳述）は，実際には，「仮想メモリの一部のコピーを実メモリ領域へ割り付ける」機能である．この点で，仮想メモリ機能を実現するために必須となるマッピングはOSのメモリ管理機能の中核となる．

図5.18に示すように，仮想メモリ機構において，「仮想メモリ⇔実メモリ間のマッピング単位」は，(1) 仮想メモリのうちの参照局所性の高い部分の実メモリ（メインメモリ）領域への割り付け単位；(2) 実メモリ⇔バックアップメモリ（ファイル装置）間のデータ転送単位；を兼ねる．すなわち，

▶〔注意〕
仮想アドレス空間上のページは「仮想ページ」，実アドレス空間上のページは「実ページ」とそれぞれいう．
「ページ置換」は，ブロックを「ページ」とする場合のブロック置換である．

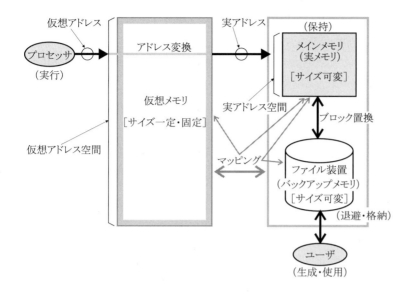

図 5.18 仮想メモリ機構（再掲）

参照局所性を活用するために，マッピングやデータ転送はブロックで行う．

現代の OS の仮想メモリ機構を支える代表的マッピング方式であるページセグメンテーション（4.2.4 項 [9] で詳述）では，

1. 全体では，セグメント単位（セグメンテーションという）；
2. 各セグメント内では，ページ単位（ページングという）；

の 2 種類のマッピングをこの順で適用する．また，仮想アドレス空間も実アドレス空間も一定かつ固定長のページサイズで分割する．

「OS によるメモリ管理」の観点から見たページセグメンテーションの特徴は次のようになる．(1) が長所であり，(2) が短所である．

(1) 最初のマッピングは，論理的意味（163 ページの注意に具体例）を持つまとまりであるセグメント（例：ユーザプロセスの部分領域，5.2.1 項 [5] で詳述）単位で行うので，そのセグメント（例：プロセス領域）の論理的意味を活用できる．一方，最終的なセグメントどうしのマッピングは通常のページングによるので，実メモリすなわちメインメモリの管理が簡単になり，その利用効率も格段に良くなる．

(2) 1 個のセグメントテーブルと実セグメント総数分のページテーブル（どれもすべてが可変長）の 2 種類のアドレス変換テーブルが必要となり，テーブル全体が占める領域，および 2 段階のアドレス変換すなわちテーブル検索にかかる時間，のそれぞれが大きくなる．

- 現代の OS の大半は，**多重仮想アドレス空間**と**ページセグメンテーション**によるマッピングとを組み合わせて，仮想メモリ機能を構成している．

▶〔注意〕
マッピングテーブルは，通常は，メインメモリに置くが，参照局所性が高いテーブル（の一部）は，ハードウェア機構（162 ページで注釈した「動的アドレス変換機構」(DAT) である）で構成する．また，現代のコンピュータのメインメモリは大容量である．結果として，ページセグメンテーションの (2) の短所は目立たなくなっている．

代表的な仮想メモリ機構において，実際の**プロセス割り付け**は，図 5.19 に示すように，次の方針で行う．

(1) ユーザプロセス領域ごとに，それを 1 個の独立した**仮想アドレス空間**とする．

(2) ユーザプロセス領域を構成するコードや一時作業領域など（前の 5.2.1 項 [5] を参照）の各部分領域はそれぞれ独立した**セグメント**とする．

(3) OS 自身は，仮想メモリおよびそれによるブロック置換の対象外とし，実メモリに一定サイズの領域を OS 自身で直接確保し，その領域に常駐[†]する．

▶ [†]常駐
「メインメモリに常駐する」とは，「コンピュータシステムにおいて仮想メモリが稼働中のときにも，常時メインメモリ上にあって，ファイル装置へ追い出さない，すなわち仮想メモリの対象としない」という意味である．

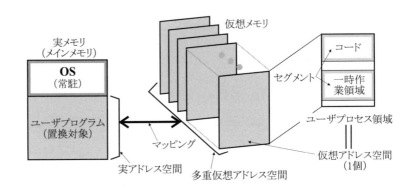

図 5.19　仮想メモリへのプロセス割り付け

プロセッサが実行するプログラムは，OS が，**プロセス**として，メインメモリに割り付ける．このとき，仮想メモリ機構が，ブロック置換によって，必要とするプロセスをファイル装置から読み出してメインメモリに置く，すなわち**プロセス割り付け**を行う．一方，「不要」と判定できるプロセスは仮想メモリ機構が，**ブロック置換**によって，メインメモリからファイル装置へ追い出す．

[6] 割り込みとブロック置換

前の [5] で述べたように，**ページセグメンテーション**というページを単位とするマッピングにおいて，「アクセスを要求した仮想ページが実メモリ上にない，すなわちページフォールトである」場合に生じる割り込みが**ページフォールト割り込み**である．

そして，ページフォールト割り込みによって「ページフォールトの発生」という通知を受けた OS は，その**割り込み処理**において，仮想メモリのバックアップメモリであるファイル装置に格納してある当該仮想ページをメインメモリの不要な実ページと置き換える**ブロック置換**を行う．

- **ブロック置換**は，仮想メモリ機構のハードウェア機能部分であるブロック置換管理機構と分担する，OS による**割り込み処理**である．

5.2.3　ファイル管理　《種々雑多な大量ソフトウェアを簡潔に一元管理する》

　ファイル装置は，コンピュータシステムのハードウェア装置としてのメモリをメインメモリとともに構成する．本項では，ファイル装置におけるメモリ管理機能である**ファイル管理**について詳述する．ファイル管理機能とは，具体的には，論理的情報の格納単位である**ファイル**をファイル装置という物理的なメモリ領域上で一元管理する OS 機能であり，**ファイルシステム**と呼ぶ OS のシステムサービスによって実現する．OS 機能としてのファイルシステムの原理は「ユーザプログラムからハードウェアであるファイル装置を隠ぺいする」，さらには，「ファイル装置へのファイルの格納形式およびユーザプログラムによるファイルの操作方式を一元化する」の 2 点である．

[1] ファイルとファイル装置

　ソフトウェアである**ファイル**とそれを格納するハードウェア装置としての**ファイル装置**の相違点を明らかにしておこう．

> **ファイル**
> 情報（プログラムやデータ）を格納あるいは保持するために名前付けた論理的単位を**ファイル** (file) という．

　ファイルは「コンピュータシステムのユーザが作成するソフトウェア」である．実際には，「ファイルを作成するユーザ」とは，ユーザプログラムや OS というソフトウェア自身である．また，ファイルは各々が，型[†]および論理的構造（**ファイル構造**という，後の [3] で詳述）を持つ．
　ファイルの代表例としては，(a) **プログラム**：ユーザが直接作成し編集する，あるいはコンパイラが生成する；(d) **データ**：ユーザが作成する，あるいはユーザプログラムが生成する；などがある．また，図 5.20 に示すように，「ファイルを構成する最小単位は固定すなわち一定長のブロック（**ファイルブロック** (file block) という）とする」のが一般的である．
　一方，「ファイルを実際に格納する物理的なハードウェア装置」が**ファイル装置**である．ファイル装置は，4.3.3 項で述べたように，「アクセス速度よりも容量を重視するメモリ階層」であり，隣接するメモリ階層であるメイ

▶ [†] 型
4.1.2 項 [10][11] で述べた「データ型」と同義である．「タイプ」(type) ともいう．

▶ [注意]
　本章では，これまでに，「実行中→待ち状態遷移」を意味する「ブロック」と，単なる「かたまり」の意味である「ブロック」とが出てきた．
　ここでの「ファイルブロック」の「ブロック」は後者の意味である．以降では，紛れがない場合に，「ファイルブロック」を単に「ブロック」という．

ンメモリと相対的に比較すると，アクセス速度では劣るが，容量では優る．

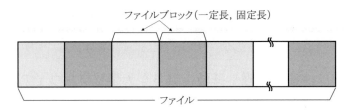

図 5.20　ファイルの構成単位

[2]　ファイルシステムとファイル操作

　OS の**ファイル管理**機能は，ユーザプログラムやユーザに対して，ソフトウェアとしての多種多様なファイル，および，それらを格納するハードウェア装置としての多種多様なファイル装置の，それぞれに対する管理および操作機能を統一あるいは一元化して提供する．

　ファイル管理機能は**ファイルシステム** (file system) という OS のシステムサービスによって実現する．ファイルシステムは，ユーザおよび OS をはじめとするすべてのプログラムに対して，ファイルに対する統一的なあるいは一元化した管理と操作機能を提供する．

　ファイルシステムが提供する具体的な機能は次の 2 点である．

- **ファイル**と**ファイル装置**（実際には，その部分領域）とを対応付ける（これも「マッピング」である）．「ファイルをファイル装置上へ割り付ける」すなわち「ファイルにファイル装置の領域を割り当てる」機能（「ファイル割り付け」という）は，「ファイル装置でのメモリ領域管理」と言える．
- ファイルに対する簡便な**構造化方式**と**アクセス方式**（次の [3] で詳述）を統一して，ユーザに提供する．

　さらに，ファイルシステムは，ファイルに対する構造化方式やアクセス方式を用いて，実行時にファイルに対して行う処理を統一あるいは一元化した操作（**ファイル操作**という）にして，ユーザやユーザプログラムに提供する．

　主要な**ファイル操作**を列挙しておこう．

(1) **生成**：ファイル装置上でファイル格納のために領域を確保する．確保した領域にファイルを格納する ((4) の書き込み) 操作を含める場合もある．

(2) **消去**または**削除**：ファイル装置上でファイル格納のために確保していた領域を解放する．

(3) **読み出し**：ファイル装置からファイルを読み出す．

(4) **書き込み**：ファイル装置へファイルを書き込む．
(5) **コピー** (copy) または**複写**：ファイル装置上でファイルのコピー（複製）を作る．
(6) **移動**：ファイル装置上でファイルの格納領域すなわち場所を変更する

[3] **ファイル構造とファイルアクセス方式**

　ファイルシステムが規定する「ファイルの論理的な構造」を**ファイル構造**という．OSのファイルシステムは，ユーザプログラム（実際には，ユーザプロセス）によるファイル操作のために，一元的あるいは統一したファイル構造を提供する．言い換えると，ファイルシステムは，それが規定するファイル構造に対する「一元的あるいは統一したファイル操作」を実現する．ユーザプログラムは，ファイルシステムを介して，すなわち，ファイルシステムが提供する論理的なファイル操作機能によって，それらのファイルに間接的にアクセスする．

　一方，ファイルシステムが規定する「ファイル構造にしたがうファイルへのアクセス方式」を**ファイルアクセス** (file access) **方式**という．

　ファイルアクセス方式は，ファイルシステムの機能として，ファイルシステムが規定するファイル構造にしたがって実現あるいは実装する．したがって，ファイルシステムの主要な機能として，ファイルアクセス方式にファイル構造を含めてしまうこともある．

　ファイル構造を含むファイルアクセス方式の目的は「ファイルそのものおよびファイルへのアクセスをユーザプログラムから隠ぺいする」ことである．具体的には，「ファイルへのアクセス主体であるユーザプログラムが，ファイル装置に格納してあるファイルの場所や格納形式（「ファイル割り付け」であり「物理構造」である）をまったく意識することなく，ファイル構造（「論理構造」である）にアクセスできる」ことである．

▶〔注意〕
　ここでの「アクセス」とは，「読み出し」と「書き込み」の総称である．すなわち，「ファイルへのアクセス」とは，「ファイル装置からのファイルの読み出し」と「ファイル装置へのファイルの書き込み」の両方を意味する．

- **ファイルアクセス方式**は「ファイル構造に対するファイル操作の一元化あるいは統一」によって「ファイル構造やファイルアクセスのユーザプログラムからの隠ぺい」を実現する．

　ファイルアクセス方式としては，対象とするファイル装置に合わせて，(a) **逐次アクセス**：ファイルを構成するブロックの先頭から順に並び順でアクセスする；(b) **ランダムアクセス** (random access)：ファイルを構成するブロックのどれにも任意順すなわち順不同でアクセスできる；が代表的である．

▶《参考》
　4.3.3項 [3] で列挙した代表的なファイル装置の「アクセス方式」は (b) の「ランダムアクセス」である．
　(a) の「逐次アクセス」については，190ページの参考で実例に言及している．

[4] ディレクトリ管理

> **ディレクトリ**
> ファイルシステムにおいて，ファイル装置に格納してある「すべてのファイルおよびそれらの管理や操作に関する情報」(「ファイル情報」という）のうちから，ファイル管理とファイル操作に必須で重要な項目だけを抜粋して，かつ，それらを体系化および一元化して構成するリスト（list；一覧表）を**ディレクトリ** (directory) という．．

ディレクトリは，(a) ファイル名（「論理名」である）；(b) そのファイルが格納してある場所，すなわちファイル装置上の物理アドレス；(c) (a) のファイル名と (b) のファイルがある場所との対応付け（「ファイル割り付け」である）に関する情報；で構成する．

OS のファイルシステム自身が，ファイル管理およびファイル操作のために，ディレクトリを参照あるいは更新する．また，ファイルシステムは，ディレクトリを保持して，その情報をユーザプログラムに提示あるいは提供する．

ディレクトリそのものもファイル装置上に置く．したがって，通常，「ファイル装置上のファイルへのアクセス」すなわち**ファイルアクセス**は，(1) ディレクトリ；(2) ファイルそのもの；のそれぞれへの，2 回のまたこの順での「ファイル装置へのアクセス」となる．(1) によって，そのファイルがあるファイル装置上の物理アドレスを得て，その物理アドレスによって，(2) のファイルそのものへのアクセスを行う．

「ディレクトリを利用する，すなわちディレクトリによる管理」（**ディレクトリ管理**という）は，
- OS のファイルシステムによる**ファイル管理**；
- OS さらにはユーザプログラムによる**ファイル操作**；

を併せた統一的な機能として実現する．

5.3 外部装置の管理と制御

本節では，コンピュータ本体に接続して使う**入出力装置**および**通信装置**を代表とする種々雑多で多数ある**外部装置**を一括して集中的に管理・制御する OS 機能について明らかにする．

5.3.1 入出力制御 《人間とコンピュータとの情報の送受を取り仕切る》

OSは，ユーザプログラム（「ユーザ」を含む）から多種多様な入出力装置，特にその仕様を隠ぺいし，また，ユーザプログラムに対して，入出力装置を対象とする多種多様な制御機能を統一して提供する．本項では，「入出力装置を管理・制御する」（入出力制御という）OS機能について詳述する．

[1] 入出力制御の必要性

OSによる入出力制御とは，「多種多様な入出力装置の多種多様な入出力機能を，統一的にあるいは一元化して，管理・制御する」ことである．

入出力制御の要件は次の2点である．

(a) コンピュータの内部装置（具体的には，プロセッサ–メインメモリ対），特にプロセッサに比べると格段に低速動作である入出力装置に対する制御機能をプロセッサやメインメモリの本来の機能から独立させる．

- 非同期動作するプロセッサ–メインメモリ対である内部装置と，入出力装置を代表とする外部装置とが，共用する種々のハードウェアおよびソフトウェアを相互に効率良く利用できるようになり，コンピュータシステムとしての全体性能が向上する．

(b) 人間が扱う多種多様な情報メディアに合わせて用意する種々の入出力装置と，プロセッサ–メインメモリ対との接続形態の多彩な組み合わせを実現する．

- コンピュータ本体と入出力装置とのインタフェースを一元化し，その統一したインタフェースで多種多様な入出力装置の制御を行える．

したがって，これらの要件を満たす入出力制御は，入出力装置がプロセッサやメインメモリと非同期かつ独立に並行して動作するように制御する機能と言える．

コンピュータを使う人間すなわちユーザから見ると超高速に動作するプロセッサ–メインメモリ対と，コンピュータから見ると超低速の人間の動作が動作速度そのものに影響する入出力装置とは，独立して動作させる，また独立して動作する方が互いに性能を発揮できる．すなわち，コンピュータシステムにおいては，独立して実行できる機能はできる限り並行動作させることによって，特に，共用するハードウェア機構の効率的な活用が可能となる．

[2] 入出力機能における OS の分担

入出力装置は，物理的には，図 5.21（184 ページの図 4.44 の再掲）で示すように，主要な内部装置であるプロセッサ-メインメモリ対と，内部装置が装備する**入出力コントローラ**を介して，外部バスで接続する．これが，内部装置（プロセッサ-メインメモリ対）と外部装置（入出力装置）の物理的な接続である．

一方，内部装置で動作している OS は，入出力コントローラに対して入出力そのものや入出力制御に関する指令を発することで，入出力装置の入出力機能を制御する．すなわち，OS は，内部装置（プロセッサ-メインメモリ対）と外部装置（入出力装置）の論理的な接続を実現する．

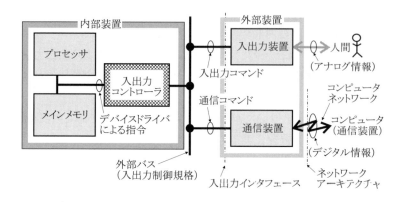

図 5.21 外部装置（入出力装置と通信装置）の位置付け（再掲）

入出力機能そのものにおけるハードウェアとソフトウェアの機能分担例については，4.3.2 項 [9] で述べている．

入出力全般に関連する機能において OS が分担する論理的機能は，具体的には，入出力そのものや入出力制御を行う**入出力管理サービス**（5.1.2 項 [6] で述べたシステムサービスの一種）である．入出力管理サービス機能の具体例には，(1) 入出力装置が「使用中」か「空き（不使用）」かのチェック；(2) 入出力動作の開始処理；(3) 入出力動作の終了処理；(4) 入出力処理の再（くり返し）実行；(5) 入出力管理サービス自身の管理；などがある．

入出力管理サービスは入出力制御を担うシステムサービスであり，入出力そのものを含む入出力制御機能を実行する OS プログラム（**デバイスドライバ**という）によって実現する．

入出力管理サービスの機能は，図 5.21 に示すように，i) デバイスドライバという入出力装置ごとにあらかじめ用意してある OS プログラムによって，プロセッサが入出力コントローラに対して指令を発する；ii) その指令を受けて，入出力コントローラが入出力装置に対して直接指令（**入出力コマンド**である，4.3.2 項 [7] を参照）を送出する；によって実現する．す

なわち，入出力コントローラが入出力装置に対して送出する入出力コマンドは，プロセッサで実行する OS プログラムであるデバイスドライバをもとにして生成する．デバイスドライバは「OS が実行する，入出力装置ごとの，入出力制御用 OS プログラム」である．

実際には，ユーザがコンピュータシステムに入出力装置を新たに接続すると，OS が，割り込み（入出力割り込みの一種である）によってそれを検知して，その装置に対応するデバイスドライバを OS 自身に組み込む，すなわち OS 機能の一部とする．その後は，OS が各入出力コントローラへの指令を発するデバイスドライバ（実際には，入出力命令を中心とするマシン命令列）を入出力管理サービス機能の一部として実行する．

[3] 入出力プロセスと入出力命令

一方，「入出力データの処理」は普通ユーザプログラムとして記述する．入出力データを要求するユーザプログラムの実行が，「OS に入出力処理を依頼する」ユーザプロセス（**入出力プロセス**という）を生成する．そして，実際には，この入出力プロセスが，統一的な入出力制御を行う OS のシステムサービスである入出力管理サービス（結果として，デバイスドライバ）に，入出力そのものや入出力制御を依頼する．

実際には，入出力プロセスもマシン命令列であり，この中に，内部装置（プロセッサ–メインメモリ対）⇔入出力装置間でのデータを直接送受するすなわち入出力する（「入出力命令」である），さらには，入出力を制御するマシン命令（「入出力制御命令」という）が含まれている．

また，実際の入出力命令や入出力制御命令は SVC 命令（割り込み要因としての SVC については，5.1.3 項 [4] で詳述）である．SVC は，内部割り込みあるいはブロック割り込みに分類できる代表的な割り込み要因である．したがって，**入出力命令**や**入出力制御命令**をプロセスの一部として実行した入出力プロセスは**ブロック**する．このブロックした入出力プロセスは入出力の完了などの事象発生による**入出力割り込み**によって**ウェイクアップ**する．入出力プロセスと入出力割り込みとの関係については，次の [4] や [5] で例を示して詳述する．

[4] 入出力割り込みと入出力プロセス

OS を介して入出力装置に入出力処理を依頼する**入出力プロセス**を例にとって，**事象としての入出力割り込み**について考えてみよう．（図 4.43 に加筆した図 5.22 を参照）

入出力プロセス（図 5.22 では，プロセス X）は，内部割り込みである SVC（実際には，入出力命令や入出力制御命令である，前の [3] の注意を参照）によって，「入出力処理の実行」を OS に依頼する．この SVC を発したプロ

▶〔注意〕
入出力命令や入出力制御命令としての SVC では，そのオペランド（4.1.2 項 [2] を参照）によって，OS への依頼事項，すなわちこの場合は，入出力や入出力制御に関する選択肢（例：どの入出力装置に対してか，入力か出力かどちらかなど）を指定する．

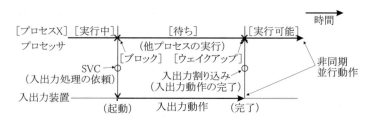

図 5.22 入出力処理（入出力プロセス）と入出力割り込み

セス X は，「自身が依頼した入出力処理すなわち入出力装置の動作の完了」という事象待ちのために，ブロックすなわち実行中→待ち状態遷移する．

これに対して，代表的な外部割り込みである**入出力割り込み**は，プロセッサとは非同期に動作している入出力装置が「自分で実行した入出力動作の完了」を事象発生として OS に通知して，プロセス X をウェイクアップすなわち待ち→実行可能状態遷移させる．

入出力装置による入出力動作中は，入出力処理を依頼したユーザプロセス X が待ち状態で「入出力割り込み」という事象の発生を待っている，すなわち事象待ちの間に，(a) **プロセッサはプロセス X 以外のプロセス**；(b) **入出力装置はプロセス X が要求した入出力動作**；をそれぞれ独立してすなわち非同期に実行できる．すなわち，内部装置であるプロセッサ–メインメモリ対と外部装置である入出力装置とが相互に独立かつ並行して動作可能となる．

- 入出力割り込みは「それぞれ非同期動作している**入出力装置**（外部装置）からプロセッサ（内部装置）への装置状態の通知および同期処理の要求」という**事象**そのものである．

▶〔注意〕
統一的なハードウェア装置→ OS 通信を実現する「入出力割り込み」は，高速動作するプロセッサ（内部装置）と，それとは相対的に低速でかつ独立に動作する入出力装置（外部装置）とを，必要時に，同期させる．すなわち，ハードウェアの観点では，入出力割り込みは，「入出力装置が非同期に並行動作するプロセッサに同期をとってもらうための通知機能の実現」である．（4.3.2 項［6］を参照）

OS が管理・制御する「割り込みによる入出力プロセスと入出力装置との通信」をまとめると，次のようになる．（図 5.23 を併照）

- 入出力処理を依頼する SVC は，「当該入出力プロセス自身が『入出力動作の完了』という事象待ちのために，プロセッサ時間を他のプロセスに譲り渡す」という依頼機能を実現するマシン命令である．OS から見ると，この SVC は**ブロック割り込み**であり，「入出力プロセス自身が自律的に実行中→待ち状態遷移すなわちブロックする」通知である．
- 事象発生としての**入出力割り込み**は「入出力装置が非同期に並行動作するプロセッサに同期をとってもらう」通知機能の実現である．OS から見ると，この入出力割り込みは**ウェイクアップ割り込み**であり，「入出力処理を依頼した入出力プロセスを強制的に待ち→実行可能状態遷移すなわちウェイクアップさせる」事象である．

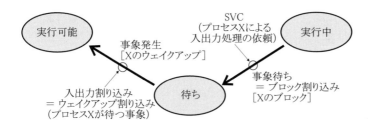

図 5.23　入出力処理におけるプロセス状態遷移

[5] 割り込みによる入出力プロセスと入出力装置との通信

入出力処理を入出力装置に指令する入出力プロセス（"X" とする），および，その入出力プロセス X からの指令を受けて入出力処理を直接に行う入出力装置，のそれぞれが発生要因元となる割り込みとそれによるプロセス状態遷移について，時間順およびハードウェア装置別にまとめておこう．（図 5.23 を併照）

[OS]

1. 「入出力処理を OS に依頼する」入出力命令である SVC（「ブロック割り込み」である）を実行したプロセス X は自律的に**実行中→待ち**状態遷移（ブロック）する．
2. 1. の割り込みをきっかけとするプロセススイッチによって，別のプロセスを**実行可能→実行中**状態遷移させ，そのプロセスに切り替える．

[入出力装置]

3. OS（実際には，デバイスドライバ）からの指令によって入出力動作を開始する．
4. 入出力動作を完了すると，OS に対して，**入出力割り込み**という事象によって，「入出力動作の完了」を通知する．

[OS]

5. 入出力割り込みを受け付け，**割り込み処理**を開始する．「入出力動作の完了」という割り込み要因に対する割り込み処理とは，具体的には，(a) 入力の場合：入力された情報を内部装置内に取り込むために，入力命令などで構成する入力処理プログラム（入力プロセス）を実行する；(b) 出力の場合：その出力動作を指令した出力命令に関係する出力処理プログラム（出力プロセス；例：新しいあるいは次の情報を作成し出力する）を実行する；などである．
6. 5. の割り込み処理をプロセス X として実行するために，「**入出力割り込み**（「ウェイクアップ割り込み」である）の発生」という事象を待っているプロセス X を**待ち→実行可能**状態遷移（ウェイクアップ）させ

る．以降，ウェイクアップしたプロセスXはいつでも再開・実行可能となる．

　入出力装置が入出力動作中の3.～4.の間は，OSによるプロセス管理の下で，プロセッサは入出力装置の動作とは非同期かつ独立にX以外のプロセスを実行できる．

5.3.2　通信制御　《コンピュータネットワークを介した情報の送受を取り仕切る》

　現代のコンピュータシステムのユーザどうしで行う**通信**は，**通信装置**や**コンピュータネットワーク**によって相互接続したコンピュータを介して行う．OSは，コンピュータネットワークを含む通信装置の多種多様な仕様，および，それらの通信装置を使用して行う通信そのものの多種多様な形態を，通信者すなわちユーザを含むユーザプログラムから隠ぺいする．また，OSは，ユーザプログラムに，通信装置や通信そのものを対象とする多種多様な制御機能を統一して提供する．本項では，コンピュータネットワークを含む通信装置およびコンピュータネットワークによる通信を管理・制御するOS機能（**通信制御**という）について明らかにする．

[1]　OS機能としての通信と入出力との相違

　図5.21（240ページ）に示したように，入出力は「コンピュータ–人間（ユーザ）間でアナログ情報（1.1.3項で既述）を送受する機能」である．これに対して，**通信**は「**コンピュータ–コンピュータ間でデジタル情報（1.1.3項で既述）を送受する機能**」である．

　この入出力機能との対比から派生する通信機能の特徴については，4.3.4項[3]で述べている．このうち，OSにおける通信制御機能の必要性および入出力制御機能との相違を直接に導く特徴は，次の通りである．

- 通信相手のコンピュータのOSおよび通信装置や通信制御機能や機構は多種多様であり，それら相互間の通信には規約（**通信プロトコル**という，後の[3]を参照）を設定する必要がある．

　ハードウェア構成としては，図5.21に示したように，内部装置（プロセッサ–メインメモリ対）⇔通信装置間の物理的なデータ転送路（「外部バス」である）は内部装置⇔入出力装置間のそれと共用である．また，通信装置は，主要な内部装置であるプロセッサ–メインメモリ対と，内部装置に装備する**入出力コントローラ**を介して，信号線で接続する．これが，内部装置（プロセッサ–メインメモリ対）と外部装置（通信装置）の物理的な接続である．

　一方，内部装置で動作しているOSは，この入出力コントローラに対して通信や通信制御に関する指令を発することで，通信装置の通信機能を制

御する．すなわち，OSは，内部装置（プロセッサ-メインメモリ対）と外部装置（通信装置）の論理的な接続を実現する．

OSの通信管理サービス機能としての通信装置用デバイスドライバ（前の5.3.1項[2]を参照）は，当該すなわち通信元のコンピュータおよびそれに接続した通信装置だけではなく，それが接続するコンピュータネットワーク，さらには通信先のコンピュータおよびそれに接続した通信装置，のすべてを対象として機能するOSプログラムである．この点で，通信プログラムや通信制御プログラムで実現する必要がある機能は，入出力装置そのものやそれを使用する人間すなわちユーザを対象とする入出力プログラムや入出力制御プログラムの機能とは異なる．すなわち，OS機能の観点では，通信プログラムや通信制御プログラムの実行によって生成する**通信管理サービス機能**は入出力管理サービス機能とは異なる．

[2] 通信制御の必要性と通信機能におけるOSの分担

通信装置を含むコンピュータやそのOSは多種多様である．したがって，それらのコンピュータ（実際には，そのソフトウェア）間を論理的に相互接続したり，実際のすなわち物理的なコンピュータネットワークを用いて論理的な相互通信を実現し制御するには，OSのある機能レベルで統一あるいは標準化した**通信プロトコル**（**標準通信プロトコル**である，単に「プロトコル」ともいう，通信アーキテクチャとしては4.3.4項[9]を参照）が必須となる．特に，物理的に相異なる通信装置やコンピュータネットワークを用いる相異なるOSどうしの論理的な通信は，それらの相異なるハードウェア装置やその上で動くソフトウェアを標準あるいは共通の通信プロトコルによって相互に制御することで初めて実現できる．

OSは，通信機能および通信制御機能を分担することによって，ユーザプログラムを通信処理や通信制御処理から解放する．また，OSのシステムサービスである**通信管理サービス**は，通信プログラムや通信装置用デバイスドライバによって，通信装置の制御や通信コントローラへの指令を実行する．したがって，ユーザプログラムは，通信にあたって，論理的な通信開始指令を出すだけで済む．

OSの通信管理サービスによる通信および通信制御の具体例としては，i) 通信プロトコルのチェックや実行；ii) データの送受信そのものの管理・制御；iii) 通信線の多重利用の管理および使用競合の解決；(4) 障害からの回復処理；などがある．

図5.21で示したように，コンピュータの内部装置（特に，プロセッサ）から見ると，通信装置は外部バスに接続する入出力装置の一種である．したがって，「OSが実行する通信プログラムとそれによって通信コントローラが通信装置に対して送出する通信コマンドとの関係」は「入出力プログ

ラムと入出力コマンドとの関係（5.3.1 項 [2] を参照）」と形式的には同じである．通信コマンドを生成するもとになる通信命令も入出力命令と同じく SVC である．

[3] コンピュータネットワークと通信プロトコル

> **ネットワーク透明性**
> 「コンピュータのユーザが，物理的にも論理的にも，**コンピュータネットワーク**の存在を意識せずに，それを使う通信が可能である」ことを**ネットワーク透明性**あるいは「ネットワーク透明性がある」という．

　OS がユーザプログラムに対して統一した通信および通信制御機能を提供するためには，「OS の通信および通信制御機能における**ネットワーク透明性**の確保と保持」が重要な要件となる．ネットワーク透明性が確保してあれば，コンピュータネットワークの仕様の相違を意識せずに，OS の通信機能および通信制御機能を設計し実現できる．

　あるコンピュータネットワークに接続する種々のコンピュータやその OS から見た「コンピュータネットワークの機能や仕様」（「ネットワークアーキテクチャ」という，4.3.4 項 [5] を参照）は，そのコンピュータネットワークに接続しようとする種々のコンピュータや OS に対して，通信および通信制御機能を**通信プロトコル**として提示する．

　ネットワーク透明性は「通信プロトコルとして統一した共通あるいは標準のネットワークアーキテクチャを規定する」ことによって実現できる．そして，ネットワークアーキテクチャの設計では，そのコンピュータネットワークに接続する多種多様なコンピュータや他のコンピュータネットワークに対して，それらの標準的な通信機能を統一的に示す通信プロトコル（**標準通信プロトコルである**）の確立が重要である．標準通信プロトコルの要件は，(a) 適用するコンピュータネットワーク全体のネットワークアーキテクチャとして唯一である；(b) 種々のネットワーク規模に対応できる；の 2 点である．

　あるコンピュータネットワークの仕様を規定するのが「そのコンピュータネットワークの通信プロトコル」である．したがって，コンピュータネットワークどうしの相互接続機能や機構の実現では，「接続するコンピュータやコンピュータネットワークを管理・制御している OS 相互で通信プロトコルを合わせる，すなわち**標準通信プロトコルを共用する**」ことが要件となる．

　具体的な**標準通信プロトコル**の例では，相互接続するコンピュータやコンピュータネットワークの通信機能を，(1) **データリンク層**：誤りなしで

通信を行う；(2) **ネットワーク層**：コンピュータネットワークの両端にある通信装置（「エンドシステム」(end system) という）間で正確な通信を行う；(3) **トランスポート層**：エンドシステム間通信に必要な速度や品質などについての一定の性能を保証する；(4) **セッション層**：通信やコンピュータネットワークの応用を実現するプログラム（「応用プログラム」という）間での論理的通信を実現する；というように，特に OS プログラムの機能レベルごとに，規定している．この標準通信プロトコルにおいては，たとえば，(2)～(3) は内部装置で実行する OS プログラムで直接に，(1) は OS が入出力コントローラを介して当該通信装置に対して発する通信コマンドによる制御で，それぞれ実現する．

[4] TCP/IP

現代の**インターネット**（後の [6] を参照）において，事実上の**標準通信プロトコル**となっているのが **TCP/IP** (Transmission Control Protocol / Internet Protocol) である．

TCP/IP は次の 2 種類の通信プロトコルを併せたものである．

(A) TCP (Transmission Control Protocol)：2 台の通信装置による 1 対 1 通信（「ポイントツーポイント (point-to-point) 通信」という）における通信制御機能として，(1) 送信確認；(2) 到着順序制御；(3) フロー (flow) 制御（例：「今は受信可能なので送信を許可する」，「今は受信不可能なので送信を禁止する」など）；の各機能を備えている．

(B) IP (Internet Protocol)：パケット交換（4.3.4 項 [8] で詳述，196 ページの図 4.47 も併照）にしたがうコンピュータネットワーク（「パケット交換ネットワーク」である）の通信制御機能を実現する．送信確認，到着順序制御およびフロー制御の機能は，上位の TCP に任せる．インターネットへの接続では，この IP による接続（**IP 接続**という，次の [5] で詳述）が事実上の標準となっている．

[5] IP 接続

IP 接続は，前の [4] で述べた IP によって統一した論理的接続形態である．すなわち，身近な例として示す図 5.24 のように，IP 接続においては，IP という標準通信プロトコルで，

(a) 物理的すなわちハードウェアの機能レベルが相異なるネットワークどうしの物理的かつ論理的な接続；

(b) 相異なる上位層（例：TCP）のソフトウェア間の通信，すなわち論理的な接続；

の両方を実現している．特に，(b) では，相異なる OS（図 5.24 の例では，UNIX と Windows）間の通信，さらには，各 OS が管理している種々のユー

ザプログラムすなわち応用プログラム間の通信を実現している．

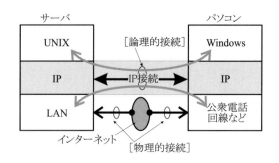

図 5.24 IP 接続の実例

[6] インターネットと OS

　現代世界で最も大規模なコンピュータネットワークである**インターネット** (the Internet) は，コンピュータネットワーク（例：LAN，11 ページの参考を参照）どうしを **IP 接続**（前の [5] で詳述）によって相互接続することによって実現している．すなわち，全世界にまたがるインターネットの標準通信プロトコルは IP である．

　また，現代のコンピュータのほとんどの OS が TCP/IP とその応用ソフトウェアを標準装備していることもインターネットの普及を後押しし，TCP/IP や IP 接続がインターネットの事実上の標準プロトコルとなっている．

演 習 問 題

1. OS の本質的かつ実際的な役割である (1) ユーザプログラムからハードウェア装置を隠ぺいする；(2) ユーザプログラムが共用するハードウェア装置を実行時に管理・制御する；の機能に関する (1) (2) の具体例を明示することによって，プロセッサ管理機能およびメモリ管理機能について，それぞれの要点を簡潔に説明しなさい．

2. OS によるプロセス管理機能について，プロセスの状態遷移図を明示して，簡潔に説明しなさい．

3. OS によるプロセス状態とその遷移の管理・制御における割り込みの役割について，割り込み処理，プロセススケジューリング，プロセスディスパッチの各機能をこの順で実行するプロセススイッチ全体の時間線図を明示して，簡潔に説明しなさい．

4. OS のメモリ管理機能を支える仮想メモリの原理について，仮想メモリが OS に与える効果，および仮想メモリ機構での OS の役割のそれぞれを具体的に列挙することによって，説明しなさい．

5. 入出力制御を担う入出力プロセスについて，入出力命令 (SVC) による入出力装置の起動から入出力割り込みによる入出力動作の完了通知に至る間に生じる当該入出力プロセスの実行中→待ち→実行可能状態遷移と，それらのきっかけとなる割り込みとの関係図を示して，簡潔に説明しなさい．

【鳥瞰】 ホワットツーと設計

ある技術のハウツー (how-to) とは,「その技術を実現するためにはどんな方法を使えばいいのか」あるいは「どうしたらその技術を実現できるのか」である.これに対して,技術のホワットツー (what-to) とは,「その技術によって何を実現したいのか,あるいは,何を実現するのか」,「その技術によって何をしようとしているのか」,「その技術の目標は何か」,さらには「その技術は何の役に立つのか」である.ホワットツーとは,英語での 5W (What; Who; When; Where; Why) すなわち「何が」と「誰が」と「いつ」と「どこで」と「なぜ (どうして)」の代表あるいは総称であるから,「ホワットツーの明示」は「5W の明示」でもある.

ものづくりの PDCA サイクル (98 ページの「鳥瞰」を参照) の最初のステージである設計 (Plan) は,企画や広義のデザインと同じである.したがって,設計力とは,構想力,問題設定力,創造力さらには表現力と言える.具体的に,設計あるいはデザイン (広義) とは,構想を練って表現する,問題を設定あるいは創造する,継続的に計画および実施する,制約条件下で解を見出す,さらには工学と技術すなわち学術を総合的に応用することであり,エンジニアリングデザイン (255 ページの「鳥瞰」を参照) の肝(きも)となる.

設計において確立すべき方針 (ポリシ; policy) を「設計思想」ともいう.ものづくりの PDCA サイクルでの最初の設計 (Plan) が「方針の設計」すなわち「設計思想の確立」ステージとなる.ものづくりでは,方針 (ポリシ) は,つくる「もの」の心,精神,理念あるいは思想である.これに対して,機構 (メカニズム; mechanism) は,つくる「もの」の体(からだ),肉体あるいは実体である.方針はホワットツーで,機構はハウツーと見なせる点で,ものづくりには方針も機構もどちらも必要となるが,「方針と機構の関係を熟慮しつつも,それらを分離して設計する」ことがより良いものづくりに有効となる.たとえば,ものづくりでの設計とは「1 つの方針を立てる (ホワットツー)」ことだから,「その方針に基づくメカニズムを複数個設計して,それらを選択肢として列挙する (ハウツー)」ことが,エンジニアリングデザイン能力の形成を主導する.特に,ものづくりは方針と機構のハーモニー (harmony; 調和) によって成立する.したがって,ものづくりの設計すなわちデザイン (広義) ステージでは,「方針や設計思想の確立」のために,「方針と機構の分離」は必須となる.

シンプルな (simple; 簡潔な)「もの」についてのホワットツーや 5W についての説明や宣伝は簡単で明快である.シンプルな方針 (ポリシ) がシンプルな機構 (メカニズム) を生み出し,それらによって実現する「もの」やその「もの」づくりは美しい (beautiful; ビューティフル).科学が希求する真理も,工学を支える原理も,シンプルで美しい.「簡潔なものは美しい」("simple is beautiful"; シンプル イズ ビューティフル) を合い言葉にして,設計を遂行し,ホワットツーを探求しよう.

シンプルだけれど骨太(ほねぶと)な設計方針が強靱(きょうじん)でしなやかな機構を生み出すように,堅固な 1 つのホワットツーの裏付けのあるハウツーには,いくつもの選択肢がぶら下がっている.「ホワットツーは理念で,ハウツーは実際」とも言えるから,ものづくりや技術開発においては,ハウツーの追究にホワットツーは必須である.また,ホワットツーがあれば研究や開発は多彩になって楽しい.ぜひ,ホワットツーの探究を学習や研究の動機にしよう.

演習問題の略解

[1 章]

1. （1.2.1 項を参照，省略）

2. （1.2.1 項最後の枠囲みの個条書きを参照，省略）

3. （1.2.2 項 [6] を参照，省略）

[2 章]

1. （2.1.2 項を参照，省略）

2. （2.2.2 項を参照，省略）

3. （2.2.3 項を参照，省略）

4. $0.1 \times 2 = \underline{0}.2,\quad 0.2 \times 2 = \underline{0}.4,\quad 0.4 \times 2 = \underline{0}.8,\quad 0.8 \times 2 = \underline{1}.6$
   $0.6 \times 2 = \underline{1}.2,\quad 0.2 \times 2 = \underline{0}.4,\quad 0.4 \times 2 = \underline{0}.8,\quad 0.8 \times 2 = \underline{1}.6$
   $(0.1)_{10} \approx (0.\underline{00011001})_2 = \frac{1}{2^4} + \frac{1}{2^5} + \frac{1}{2^8} = 0.0625 + 0.03125 + 0.00390625$
   $= (0.09765625)_{10}$

（一般的な 10 進数→2 進数変換の方法や手順については 2.3.3 項を，逆の 2 進数→10 進数変換については 2.3.2 項を，それぞれ参照）

[3 章]

1. （(a) についての証明）

   $Y + Z = P$ とおく．
   - $X = 0$ の場合：（左辺）$= 0 \cdot P = 0$ （定理 3.2 の式 3.4 による）
     （右辺）$= 0 \cdot Y + 0 \cdot Z = 0 + 0 = 0$ （定理 3.2 の式 3.4 による）
   - $X = 1$ の場合：（左辺）$= 1 \cdot P = P = Y + Z$ （定理 3.3 の式 3.6 による）
     （右辺）$= 1 \cdot Y + 1 \cdot Z = Y + Z$ （定理 3.3 の式 3.6 による）

   $X = 0, 1$ どちらの場合も，（左辺）$=$（右辺）である．（証明終り）

   （(b) についても，$Y \cdot Z = Q$ などとして，同様に証明できる，省略）

2. (a)（真理値表）

X	Y	I	$S(X,Y,I)$
0	0	0	0
0	0	1	1
0	1	0	1
0	1	1	0
1	0	0	1
1	0	1	0
1	1	0	0
1	1	1	1

X	Y	I	$C(X,Y,I)$
0	0	0	0
0	0	1	0
0	1	0	0
0	1	1	1
1	0	0	0
1	0	1	1
1	1	0	1
1	1	1	1

(b)（カルノー図）

S:
I \ AB	00	01	11	10
0		1		1
1	1		1	

C:
I \ AB	00	01	11	10
0			1	
1		1	1	1

(c)（標準積和形論理式）

$$S(X,Y,I) = \overline{X}\,\overline{Y}I + \overline{X}Y\overline{I} + X\overline{Y}\,\overline{I} + XYI$$
$$C(X,Y,I) = \overline{X}YI + X\overline{Y}I + XY\overline{I} + XYI$$

3. (a)（真理値表（横書き））

A	0	0	0	0	0	0	0	0	1	1	1	1	1	1	1	1
B	0	0	0	0	1	1	1	1	0	0	0	0	1	1	1	1
C	0	0	1	1	0	0	1	1	0	0	1	1	0	0	1	1
D	0	1	0	1	0	1	0	1	0	1	0	1	0	1	0	1
f	0	0	0	0	0	0	0	1	0	0	1	1	1	1	1	1
(※)	0	1	2	3	3	4	5	6	4	5	6	7	7	8	9	10

（※）賛成票ののべ合計（参考）

（カルノー図）

CD \ AB	00	01	11	10
00			1	
01			1	
11		1	1	1
10			1	1

（標準積和形論理式）（式(a)）

$$f = \overline{A}BCD + A\overline{B}C\overline{D} + A\overline{B}CD + AB\overline{C}\,\overline{D} + AB\overline{C}D + ABC\overline{D} + ABCD$$

(b)（カルノー図による最小化）

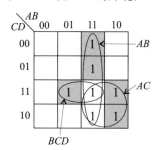

（参考：陰影で示した1個マス目は特異最小項）

（最小積和形）（式 (b)）
$$f = AB + AC + BCD$$

(c)（回路図）

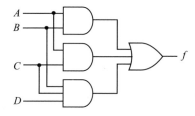

(d) 式 (a) のリテラル総数は "28" で，式 (b) のそれは "7" である．したがって，式 (a) に対応する AND-OR 回路の空間サイズ（2 入力 AND/OR 素子数）は "27" で，式 (b) に対応する最小 AND-OR 回路のそれは "6" である．

[4 章]

1. （4.1.1 項を参照，省略）
   （2 章の演習問題の 1. と題意は同じ）

2. （4.1.2 項 [3] を参照，省略）

3. （(a) は 4.2.2 項 [5]，(b) は同項 [6]，(c) は同項 [5] および [6] を参照，省略）

4. 求めるすなわち実行するマシン命令数を n とする．$8 \times 5 = 40$ であるから，n 個のマシン命令の総実行時間は，
   - パイプライン処理しない場合：$40 \times n$
   - パイプライン処理する場合：$5 \times n + 7$

   となる．題意は $\frac{40 \times n}{5 \times n + 7} \geq 7.9$ であるから，これを n について解くと，
   $$40 \times n \geq 39.5 \times n + 55.3 \quad 0.5 \times n \geq 55.3 \quad n \geq 110.6$$
   となるので，答えは 111 個以上．

5. （4.2.3 項 [4] [5] を参照，省略）

6. (a)（4.2.4 項 [4] を参照，省略）
   (b)（4.2.4 項 [5] を参照，省略）

7. （4.2.4 項 [15] を参照，省略）

8. （4.3.1 項を参照，省略）

9. (a) （4.3.2 項 [5] を参照，省略）
   (b) （4.3.2 項 [6] を参照，省略）

10. （4.3.3 項 [1] を参照，省略）

11. （4.3.4 項を参照，省略）

[5 章]

1. （(1) (2) のどちらも 5.1.2 項を参照，省略）

2. （5.2.1 項 [2] および図 5.11 のプロセスの状態遷移図を参照，省略）

3. （5.2.1 項 [3] および図 5.12 のプロセススイッチの時間線図を参照，省略）

4. （5.2.2 項を参照，省略）

5. （5.3.1 項 [5] および図 5.23 の入出力処理におけるプロセス状態遷移図を参照，省略）

【鳥瞰】　　　　　　　　　　　　　　　　　　　　　　　　　　　エンジニアリングデザインと開発

エンジニアリングデザイン (engineering design) は，文字通り，**工学** (engineering; エンジニアリング) に**設計** (design; 広義の**デザイン**，98ページの鳥瞰を参照) 手法を適用する「工学の方法論」である．エンジニアリングデザインは，「工学をデザイン（広義）する」，「工学の分野や方法を設計する」あるいは「工学での学修に広義のデザイン手法を利活用する」という具体的な方法論として，広範な工学分野を貫く屋台骨になっている．エンジニアリングデザイン力の要は設計（広義のデザイン）力である．そして，エンジニアリングデザイン力は，「必ずしも解が1つでない課題に対して，実現可能な複数の解を見つけ出して比較できる」および「Plan（設計，広義のデザイン）ステージで始めるものづくりのPDCAサイクル（98ページの鳥瞰を参照）全般を総合的に見渡せて，かつPDCAのどのステージもこなせる」という実際的な能力でもある．

一方，**開発**は，工学と技術を掛け合わせた概念であり，「工学の裏付けがある技術」逆に「技術の裏付けがある工学」，さらには「設計（広義のデザイン）で始めるエンジニアリングデザイン」と言える．その点で，開発では，ハウツーすなわち機構（メカニズム）だけではなく，**ホワットツー**すなわち**方針**（ポリシ）（250ページの鳥瞰を参照）を具体的に示せるエンジニアリングデザイン力が必須となる．

開発に必要な技能であるエンジニアリングデザイン力を備える技術者（エンジニア；engineer）が**高度専門技術者**（「高度専門職業人」ともいう）である．エンジニアリングデザイン力は，具体的には，ものづくりにおいて，「目的を達成するために1つの方針を打ち立てて，それに基づく複数の機構を選択肢として列挙し，さらに，それらの機構を相対的に比較・評価して，それらのうちから目的に最適なものを選ぶ」技能と言える．高度専門技術者にエンジニアリングデザイン力は必須であり，逆に，エンジニアリングデザイン力を身に付ければ，ものづくり過程全体を設計できる高度専門技術者すなわちエンジニアリングデザイナと言える．エンジニアリングデザイン力を備えている高度専門技術者は，ものづくり学の実践者として，「つく（作，創，造）る『もの』の設計（広義のデザイン）ステージにおいて，つくる『もの』の開発戦略すなわちホワットツーを明示できる」技能を修得し装備している．

「戦略的」（英語では"strategic"という）は「最も大切な部分を構成する」，「体系の中で重要な位置を占める」あるいは「重要で効果的な」という意味を総称する言葉である．これを冠する**戦略的研究**は，科学に近い**基礎的研究**と技術に近い**応用的研究**との中間に位置して，「（工学の）新たな地平を拓く」という意味でのエンジニアリングデザイン，また「設計（広義のデザイン）ステージから始める」という意味での**開発**，のそれぞれと同義と見なせる．

工学を学修して，ものづくりに従事するときには，**開発**や**戦略的研究**に挑戦する**高度専門技術者**すなわちエンジニアリングデザイナを目指してみよう．

索　引

あ　行

アクセス時間 152
アクセス速度 152
アドレス 101
アドレス指定 110
アドレス変換テーブル 161
アナログ 3
アナログ情報 3
アナログ表現 3
アナログ量 3

インターネット 11, 198, 248
インデックス 114

ウェイクアップ 223
ウェイクアップ割り込み 225

演算機構 139
演算順位 37
演算例外 132

応用ソフトウェア 205
オペランド 104
オペレーティングシステム 16, 204

か　行

外部装置 22, 100, 176
外部割り込み 133, 218
回路図 70
会話型 10
加算器 140
仮数 146
仮想化 208

仮想メモリ 158, 229
カーネル 214
可変長命令形式 107
カルノー図 62
関係演算 121
間接アドレス指定 111

偽 36
基本ソフトウェア 205
基本データ型 116
基本ハードウェア装置 100
基本命令セット 120
基本論理演算 37
基本論理素子 69
キャッシュメモリ 166
近似値 30

空間最適化 79
組み合わせ回路 73
クライアント–サーバモデル 11
クラウド 12
グレイコード 64

桁上げ 140
結合則 47

交換則 46
肯定形 38
誤差 30
固定小数点数表現 138
固定長命令形式 107
コンピュータアーキテクチャ 15
コンピュータ工学 13, 14
コンピュータシステム 14
コンピュータネットワーク 11

さ　行

最小化 80
最小項 58
最小積和形論理式 88
最適化設計 79
サーバ 11
サブルーチン 125
サブルーチン分岐 124
算術演算 31, 121
算術シフト 122
参照局所性 156

事象 223
指数 146
システム 14
システムサーバ 214
システムサービス 214
システムソフトウェア 16
システムプログラム 16, 205
四則演算 121
実効アドレス 110
実行可能 221
実行中 221
実数 117
シフト 122
シミュレーション 208
出力 21, 69
出力装置 22
循環桁上げ 144
循環シフト 122
順序制御命令 123
条件 124
条件分岐 123
小数点 27
小数部 27
情報 2
情報処理 3

真 36
真空管 9
真理値表 53

スイッチ 71
数値 3, 116
数表現 27
ストア 123

制御機構 126
制御信号 126
制御メモリ 127
整数 117
整数部 27
成立 39
積和形 55
セグメンテーション 163
セグメント 163
世代 9
絶対アドレス指定 112
セットアソシアティブ 171
全加算器 140

相対アドレス指定 113
双対 42
双対性 43
相補則 46
即値指定 112
ソースオペランド 104
ソフトウェア 5, 6, 14
ソフトウェア割り込み 214, 218

た　行

ダイレクト 170
ダウンサイジング 10
多項 AND 38
多項 OR 38

多重仮想アドレス空間 231
多重レベル割り込み 133
多入力 AND 素子 75
多入力 OR 素子 75
単項演算 121
端末装置 10

逐次アクセス 237
蓄積 3
直接アドレス指定 111

通信 22, 244
通信コントローラ 193
通信装置 22, 191
通信プロトコル 196, 245

ディスパッチ 222
ディスプレイ 181
ディレクトリ 238
デジタル 4
デジタル化 4
デジタル情報 4
デジタル通信 191
デジタル表現 4
デジタル量 4
デスチネーションオペランド 104
データ 5
データ型 116
データキャッシュ 168
データ形式 116
データ通信 191
データ転送 122
データバス 139
デバイスドライバ 240
展開形 51
展開積和形 56
展開定理 50
伝達 3

同一則 45
ド・モルガンの定理 47
トランジスタ 9, 71

な 行

内部装置 21, 100
内部バス 101
内部割り込み 132, 217

入出力 21
入出力アーキテクチャ 102
入出力インタフェース 185
入出力管理サービス 240
入出力コマンド 184
入出力コントローラ 184
入出力制御 182, 239
入出力制御規格 184
入出力装置 21, 100
入出力プロセス 241
入出力割り込み 133, 218
入力 21, 69
入力装置 22

ネットワークアーキテクチャ 194
ネットワーク間接続装置 197
ネットワーク透明性 192, 246

は 行

媒体 3
パイプライン処理 137
パケット交換 195
パケット交換ネットワーク 195
パソコン 10
バッチ処理 9
ハードウェア 6, 7, 14

ハードウェア障害 133
ハードウェア割り込み 213, 218
ハードディスクドライブ 189

光ディスクドライブ 190
ビット 24
ビット列操作 122
否定 37
否定形 38
表現 3
標準積和形 60
標本化 3

ファイル 235
ファイルアクセス方式 237
ファイル管理 235
ファイル構造 237
ファイルシステム 235
ファイル操作 236
ファイル装置 235
不正オペランド 132
不正命令 132
物理層 197
物理的 15
浮動小数点数表現 146
フラッシュメモリ 189
プリンタ 180
フルアソシアティブ 171
プログラミング 24
プログラミング言語 24
プログラム 5
プログラム内蔵 24
プロセス 209, 221
プロセス管理 210
プロセス状態 221
プロセス状態遷移 221
プロセススイッチ 226
プロセススケジューリング 227

プロセスディスパッチ 227
プロセス領域 225
プロセス割り付け 209
プロセッサ 21, 100, 221
プロセッサアーキテクチャ 102
プロセッサ時間 210
プロセッサ–メインメモリ対 100
プロセッサ割り付け 209
ブロック 223
ブロック置換 161
ブロック割り込み 225
ブロードバンド 11
分岐命令 123
分散処理 11
分配則 47

併合 83
ページ 162
ページセグメンテーション 163, 233
ページ置換アルゴリズム 166
ページフォールト割り込み 234
ページング 162
ベース 115
変換 3
変数値 36

包含 86
ホストコンピュータ 10

ま 行

マイクロプログラム 127
マイクロプロセッサ 10
マシン語 16, 23
マシン命令 23
待ち 222
マッピング 232
マルチタスキング 211

マルチメディア 26
丸め 30

無条件分岐 123
無線 11

命令 5
命令キャッシュ 167
命令形式 107
命令コード 104
命令実行サイクル 25, 118
命令実行例外 132
命令セット 120
命令パイプライン処理 137
メインメモリ 100
メディア 3
メモリ 21
メモリアーキテクチャ 102
メモリアクセス例外 132
メモリアドレスレジスタ 150
メモリオペランド 106
メモリ階層 153
メモリデータレジスタ 150

や 行

ユーザプログラム 206

容量 152
横取り 222

ら 行

ライン置換 173
ランダムアクセス 237
ランダムアクセスメモリ 150

離散量 4

リセット 133
リテラル 54
量 3
量子化 4
隣接 63

レジスタ 106
レジスタオペランド 106
レジスタ間接 113
連続量 3

ロード 123
論理演算 26, 31, 122
論理回路 15, 72
論理関係 39
論理関数 41
論理関数値 41
論理式 39
論理シフト 122
論理積 37
論理積項 54
論理素子 69
論理代数 36
論理値 23, 26, 30, 117
論理定数 36
論理的 15
論理変数 36
論理和 37
論理和項 55

わ 行

ワークステーション 10
和積形 55
割り込み 130, 215
割り込み処理 219
割り込みハンドラ 135
割り込み要因 132, 217

数　字

10 進数 26
10 進数→ 2 進数変換 28
10 進法 27
1 の補数 142
2 アドレス形式 108
2 項演算 121
2 重否定 46
2 進コード 117
2 進数 4, 23, 27
2 進数→ 10 進数変換 27
2 進数値 30
2 進法 27
2 の補数 143

英　字

ALU 148
AND 37
AND-OR 回路 78
AND-OR 形 55
AND 素子 70

C 10

IP 247
ISA 103

LSI 10

MMU 151

NOT 37
NOT 素子 70

OR 37
OR-AND 形 55
OR 素子 71

OS 204
RAM 150
SSD 189
SVC 132, 218

TCP 247
TCP/IP 247
TSS 10

ULSI 12
UNIX 10

VLSI 11

著者略歴

柴 山　　潔（しばやま　きよし）
1974 年　京都大学工学部卒業
1979 年　京都大学大学院工学研究科
　　　　博士後期課程単位修得退学
　　　　（京都大学工学博士）
現　在　京都工芸繊維大学教授
　　　　http://www.ark.is.kit.ac.jp/~shibayam/

主要著書

並列記号処理（コロナ社，1991）
コンピュータアーキテクチャ（オーム社，1997）
ハードウェア入門（サイエンス社，1997）
コンピュータサイエンスで学ぶ 論理回路とその設計（近代科学社，1999）
改訂新版 コンピュータアーキテクチャの基礎（近代科学社，2003）
コンピュータサイエンスで学ぶ オペレーティングシステム ─ OS学 ─（近代科学社，2007）

コンピュータ工学への招待
ⓒ 2015　Kiyoshi Shibayama　　　Printed in Japan
2015 年 2 月 28 日　初 版 発 行

著　者　柴　山　　潔
発行者　小　山　　透
発行所　株式会社 近代科学社
〒162-0843　東京都新宿区市谷田町 2-7-15
電話 03-3260-6161　　振替 00160-5-7625
http://www.kindaikagaku.co.jp

藤原印刷　　ISBN978-4-7649-0475-0
　　　　　　定価はカバーに表示してあります．